International
Business Management
International
usiness Management
international

國際
企業管理

陳弘信博士　著

三民書局

國家圖書館出版品預行編目資料

國際企業管理 / 陳弘信著.－－初版一刷.－－臺
北市：三民，2007
　　　　面；　　公分

　　ISBN 978–957–14–4757–5　　(平裝)

　　1.國際企業－管理

494　　　　　　　　　　　　　　　　96010310

©　國際企業管理

著 作 人	陳弘信
責任編輯	張本怡
美術設計	陳健茹
發 行 人	劉振強
著作財產權人	三民書局股份有限公司
發 行 所	三民書局股份有限公司
	地址　臺北市復興北路386號
	電話　(02)25006600
	郵撥帳號　0009998–5
門 市 部	(復北店) 臺北市復興北路386號
	(重南店) 臺北市重慶南路一段61號
出版日期	初版一刷　2007年8月
編 號	S 493670
基本定價	玖元捌角

行政院新聞局登記證局版臺業字第○二○○號

有著作權　不准侵害

ISBN　978–957–14–4757–5　　(平裝)

http://www.sanmin.com.tw　三民網路書店
※本書如有缺頁、破損或裝訂錯誤，請寄回本公司更換。

序

　　隨著國際化的趨勢發展，企業海外活動相對重要，因此跨國投資與經營管理也成為經理人重要能力之一。臺灣是一個蕞爾小島，在天然資源與內部市場不足之下，企業未來只有更積極地走向國際化，開拓新的市場，這樣才能再創造另外一個臺灣奇蹟與經濟高峰。回顧本書撰寫過程，從一開始收集資料到最後完成，其主要目的只有一個——希望本書可以為大家帶來更多有關國際企業管理的知識，以培養更加寬廣的視野。除此之外，為了能將實務與理論連結在一起，本書內容不僅介紹理論，每章節也放入兩個個案討論與一些小案例。再者，為了可以讓學習效果加分，本書是採用外國教科書編排方式，讓讀者可以輕鬆閱讀與快速掌握重點，用字遣詞也都是相當淺顯易懂，不像傳統中文教科書繁文瑣字很多，當然這些精心設計都是希望讀者可以快速進入國際企業管理的世界中，瞭解書本中重要的意涵。

　　最後，本書得以順利完成，當感謝三民書局文化同仁的協助。尤其感謝兩位博士生泊諺與雅惠的協助與幫忙，使得本書可以如期順利出版。另外，本書在撰寫與審校過程中，難免因為疏忽或學有未逮之故，因而發生錯誤，希望各界先進不吝告知與指教，謝謝大家。

陳弘信

民國九十六年七月

國際企業管理
International Business Management

目次

序

本書使用建議

Contents

Contents

本書使用建議

實務現場

每章章前皆附有與該章有關的引導案例，透過該篇文章之關鍵思考，迅速掌握作者本意。

本章架構

作者為了替每位讀者建立國際企業管理學習架構，特別繪製架構圖，讓讀者瞭解該章位於國際企業管理中的哪一個部分，加強整體架構建立，減少分章零散的學習感。

本章學習目標

學習前可預先清楚方向，學習中可以迅速掌握重點，學習後可利用學習目標自我測驗。

案例探討

章末之案例探討附有進階思考，可以作為閱讀過後的活用練習測驗，或與同學共同討論，將之視為一個企業個案，運用所學解決問題。

重點回顧

正文套色設計，套色文字可讓讀者於短時間理解重點所在。

企業網址

隨文有各個著名企業或組織之企業網址，可利用課餘時間多認識各個企業，增加國際視野掌握企業脈動。

從教育學習觀點看全球化

從全球化的觀點來看，時空的距離早已消失，國家的疆界也在毀壞當中，所有地區面臨的是不受阻隔的全球市場，充滿了多層面的相互作用和影響，因此今天臺灣在思考很多問題時，不能僅僅從一個內在面向切入，忽略了旁人和國際化的觀點，將可能為自己帶來不穩定的因素，陷國家及企業於孤立無援的危機之中。

在全球化時代，產業為了克服區域市場飽和的問題，已紛紛將營運的觸角伸向國際，並藉由散布在各地的物料、人力資源，進行產業輸送帶上中下游的串連和調整，以提升企業的競爭力。尤其是要找到「區隔化」的運籌策略，雖然不是第一，但可能是唯一，便有潛在的商機。

近年來網路學習 (E-Learning) 的概念逐步衍生為移動式學習 (M-Learning)，學習已經即時化、隨處化，教育不再是奢侈品，而是必需品。值此知識經濟時代，教育正是一把開啟國際化的鑰匙，藉由教育不僅能夠增進國際的互動與交流，同時可以因應國內學齡人口減少的現象，解決現行國內教育市場飽和的問題。尤其不可忽略的是，教育產業背後的商機。據統計，1999 年 OECD 國家整體教育產業市場達到 300 億美元，約佔 OECD 國家全部服務貿易額的 3%，教育產業的興起是知識經濟發展必然的結果。

面對企業全球化的營運布局，臺灣的教育可以有幾項作法：一、配合原物料、生產據點與配銷通路的串連和改變，培育不同目標性的跨國人才；二、因應企業的區隔化，走出教育國際化的獨特性；三、因應消費者對服務和品質需求的增加，重視人文教育；四、進行人才概念的切割，現代企業並非是從生產到行銷的統包制，必須切割成一塊塊專業領域的工作人才；五、人才培育應依競爭的需要，如地理配置的分散度、活動之間的協調度，做供應鏈的拆解；六、教育布局要具有敏銳度，隨時能依據產

業需求調整，對課程的方向和教學的方案進行規劃。

　　目前教育存在著一種迷思，以為學好了英語就是國際化，曾經有外國學者就呼籲，學外語不只是在學語言的本身，而是在培養一種國際器識，與對跨文化的尊重，因此國內的英語扎根，不能只有工具性的思維，而缺乏對國際的理解。大學開設外語課程亦是如此，充實外語能力固然重要，但絕不能讓專業內涵因而打折扣，否則無法真正達到水乳交融的國際化。

　　國際化不等於美國化，也不等於一元化。美國固然是強權國家，主導國際潮流發展，但全球化是多層面的交流，絕非哪一個強權國家可以主導。因此，臺灣不必抗拒美國化，也不必擔心國際化，全球化已經打破了區域的疆界，交相作用下，強勢區域有機會冒出頭。在確保自己特性之際，如果能夠兼籌並顧國際化，對國際化的重要性有更為深刻的體認，相信這會讓臺灣的教育及企業有更多國際伸展的空間，相信這是我們生活在這片土地人們的福祉。

資料來源：節錄自徐明珠 (2004/12/28)，〈從教育國際化找尋台灣出路〉，《國改分析》，財團法人國家政策研究基金會。

◎關鍵思考

　　在現今的教育模式中，我們已經漸漸擺脫過去填鴨式的教學方式，我們的教育制度也較以前鬆綁許多，變得更活潑及具豐富性，許多的大學教育也愈來愈重視國際語言及國際管理的學習，這是非常值得我們欣慰的，畢竟國家或企業要走上國際化，要提升國際競爭能力，不能只有喊口號而已。現在有愈來愈多的人對國際企業經營與管理的學習都有著濃厚的興趣，許多大學的國際企業系也都是學生選填志願的最佳選擇，所以希望成為未來下一個世紀優秀管理者的你，更應好好學習本課程才是。

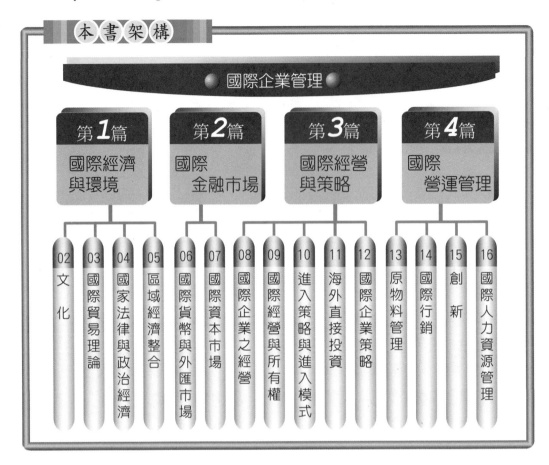

本書架構

國際企業管理

| 第1篇 國際經濟與環境 | 第2篇 國際金融市場 | 第3篇 國際經營與策略 | 第4篇 國際營運管理 |

- 02 文化
- 03 國際貿易理論
- 04 國家法律與政治經濟
- 05 區域經濟整合
- 06 國際貨幣與外匯市場
- 07 國際資本市場
- 08 國際企業之經營
- 09 國際經營與所有權
- 10 進入策略與進入模式
- 11 海外直接投資
- 12 國際企業策略
- 13 原物料管理
- 14 國際行銷
- 15 創新
- 16 國際人力資源管理

▶ 本章學習目標

1. 瞭解國際企業經營的趨勢。

2. 瞭解國際經營的三個思考邏輯。

3. 明瞭國際企業的意涵。

4. 明瞭研讀國際企業管理的理由。

5. 明瞭應如何學習國際企業管理。

際化是本世紀最響亮的口頭禪，全世界都在吶喊與推行，不只是經濟、政府政策、企業經營，甚至是教育也都標榜要國際化，要與世界接軌。現今的世界可以說是一個地球村的社會，各種的資訊無時無刻在全世界交流，知識的學習也變得輕而易舉，所以在這樣國際交流的社會裡，企業如何做好國際經營的準備，個人如何去學習成為一個具有國際觀的國際企業經營者，都是因應未來國際化競爭的重要功課。

1.1　國際企業經營的趨勢

拜資訊科技的蓬勃發展，使得過去國界的藩籬已經漸漸的不存在，人與人之間的距離已經不再遙不可及，人與人的溝通可以透過資訊網路，於瞬間將所需的訊息予以傳達，新的資訊科技漸漸的成為溝通與交流的必需品，國際的各種交流也都變得更為互相依賴，所以說現今的社會好比是一個地球村的社會，是一個相互依賴的社會網絡，也由於這樣的關係，導致了資源與競爭的「全球化」。

www.cocacola.com
www.coke.com.tw

所謂的全球化概念，其實涵蓋了政治、經濟、科技、勞動、文化、媒體、生態環境和社會認同等等的面向，這些因素間互為系統性、動態性的影響，強調超越國家界線、跨越世界性的活動，並且形成一種動態連線的效果，所以在這趨勢下，有愈來愈多的國際組織、國際企業及全球網絡的各種非營利組織等等，如雨後春筍般的誕生。當然隨之而來的效應便是市場競爭國際化的趨勢，在市場漸趨國際化競爭的情況下，現今的企業想要脫

➡ 行遍天下的可口可樂

可口可樂遍及全球，圖為埃及商店前的可口可樂廣告，幾乎在世界各個角落都可以喝到可口可樂。

離這樣的競爭框架，自閉於單一的國內市場經營，可以說是愈來愈不可能了，其實從一些過去在國際市場很成功的商品或公司可以窺知一二，例如像可口可樂的商品、麥當勞、諾基亞手機、微軟公司等等，多得不勝枚舉，這些都是全球化、國際化經營的好範例。

舉凡我們日常生活有太多機會會接觸到全球化下的商品或服務，只是我們沒有去細微體察罷了，所以說其實整個經濟市場是呈現愈來愈全球化、國際化的傾向。因此現今的企業更應要思考如何有效地運用這種多樣經營的趨勢、利用國際市場有用的資源，將這些可用資源轉化成有利企業經營的利基，將資源演化成企業不可替代的競爭優勢，以因應日益激烈的市場競爭與挑戰，這才是企業經營者所要關心的議題。

企業國際化可以說是企業持續增加其國際營運投入的一個過程，也就是說企業涉入國際市場程度逐步增加之過程，我們可以稱之為「企業國際化」，當然在這個過程中的確充滿了許多的風險與危機，但反過來說，企業國際化也正充滿了無限的挑戰與機會，雖然企業的國際經營與國際化並非一蹴可幾，但隨著國際經營經驗與知識的累積，企業對於國際經營所隱含的風險與不確定性便可以逐漸的瞭解及適應，所以說企業國際化（國際經營）對一個企業來說，其實也不是那麼的難。相信現今許多的企業家也都體認到國際競爭的壓力，在全球經濟漸趨開放的情況下，這種國際競爭的壓力只會增加而不會降低，任何想避免或逃避的企業，勢必遭到競爭市場無情的淘汰。企業國際化（國際經營）也不見得都是危機與壓力，因為在國際市場上總是充滿了許多的商機，例如國際經營有可能帶來市場成長、銷售成長、利潤成長等等，這些都是非國際化經營企業所不能想像的，所以我們可以瞭解企業之所以要國際化，之所以要國際經營，至少有三個基本思考邏輯，分別敘述如下。

1.1.1 價值鏈之經濟效益

現今的企業總是面臨著製造效率方面極大的經濟壓力，企業為了降

低生產的成本，便積極思考各種可以降低生產成本或風險的可行辦法，將各種可能的成本或風險放置在企業系統外部，例如像是生產零庫存、原料零庫存等等；或是提出各種的合作策略，將生產及銷售中可能的風險加諸在上游供應商、下游的零售商或配銷商，因此會漸漸的延伸其事業合作的領域；當這種合作的價值鏈愈拉愈長時，企業的價值鏈有可能逐步延伸到海外市場，因此企業也就順理成章的踏入國際經營的情況。例如現階段臺灣有許多的企業都到中國大陸設廠，或是三角貿易，造成國際分工情形愈來愈普遍，所以從價值鏈的經濟效益來看，臺灣企業接觸國際經營的情況，似乎是無可阻擋的趨勢。

1.1.2 價值資源的考量

全球的營運對於企業生存之所以重要，是因為企業可藉由國際市場的資源，例如像是生產資源、財務資源、市場資源等等，來增加企業經營優勢、來提升企業競爭力。當企業的資源槽 (resource portfolio) 不侷限在單一區域時，那麼企業經營操作的組合就變得非常的多，自然而然的企業可以做最佳的資源組合，那麼優勢也可以較單一市場時提升許多。例如企業可以積極開發國際市場，將企業的商品行銷到國際上其他規模市場，來克服區域市場飽和的經營障礙等因素。

1.1.3 無限發展空間的國際經營利潤

企業國際經營通常擁有較高的獲利空間與成長空間，這是許多學者提出的研究證據，當企業的經營能量放眼在全球的市場規模，將會為企業未來開拓一個廣闊的營運範疇與獲利成長空間；同時企業將可妥善應用散布在世界各地的物料、人力資源，來生產低成本與高附加價值的商品，這就是全球市場的競爭與資源全球化的潮流概念；當每一家企業基於市場的需求與營運成本的評估，或者是企業基於未來獲利的成長與考量，企業可以將營運的範疇與目標朝多方擴展，那麼企業便可以走出狹

➡ 晶圓代工龍頭台積電

台灣積體電路公司創立於 1987 年，現在是全球半導體產業前十名的晶圓代工公司，其經營理念中特別強調「放眼世界市場，國際化經營」，不論國籍唯才適用，創立於臺灣，卻運用全球化的視野經營，使得台積電能夠成為今日半導體產業中的佼佼者。（圖片由台灣積體電路製造股份有限公司提供）

隘與飽和的區域市場，來做整體性、全球性的策略思考，並發展出前瞻性的全球統籌與布局，進而創造無限可能的國際經濟利潤。

當然過去由於臺灣產業生態的關係，使得臺灣企業在全球競爭的價值鏈中，一直是扮演生產製造、專業代工的角色，因此臺灣產業就逐漸的演化成具備在生產製造方面的競爭優勢，因而成為許多世界級大廠的代工合作對象。然而在市場規模不足與生產資源的迫切需求下，現階段臺灣企業對於國際化的推動是刻不容緩之議題。當然有不少學者主張臺灣企業可以藉由海外購併、策略聯盟、合資等方式，逐漸地打開臺灣企業之國際市場，且這個方式又可以降低國際化的不確定風險及國際市場的進入障礙等等，雖然上述的說法是可以將臺灣產業推向國際市場，但上述的海外經營策略也不是絕對成功的保證，因為上述的方法僅僅是企業國際化的一個過程與手段罷了，並不是企業國際化（國際經營）的最終目的；企業在國際化的過程中必須藉由與其他國際企業合作的機會，吸收國際營運的經驗，逐步地發展國際化，包括像是建構自身的行銷通路、全球運籌的網絡、價值鏈延伸方式等等，將企業的品牌、商品與服務行銷至全世界，這樣才是我們所認為企業國際經營的真諦，也才是企業追求永續經營的方針。

所以說現今的企業都將難逃國際競爭的壓力，特別是在未來整個地球村競爭的環境裡，在這一個演化的過程中，企業如何去吸取國際經營的經驗，累積國際經營的知識與實力，並在國際市場中打一場勝戰，這

www.tsmc.com.tw

些都有賴於企業經營者更進一步思考國際市場的競爭與目的，仔細地評估自身的產業利基，方能走出一條撥雲見日的國際經營大道。

 ## 1.2　國際企業的意涵

在研讀及探討本書後續的章節內容之前，我們首先要釐清的就是，什麼是國際企業之定義；國際企業的定義在過去也有許多的學者提出一些不同的看法，但最簡單及最易於明瞭的定義就是：一個企業的經營活動領域，不侷限在單一的國家，而是橫跨國家界線的國際性操作。企業的經營活動主要包括有資源的移轉、商品的移轉、服務的移轉、知識及技術的移轉、資訊的移轉等等；資源的內容包括像是：原物料、資金、智慧資本、人力資本等；商品則不單指最終成品而已，還包括半成品或已完成待組裝的半製品等；服務的移轉包括像是會計、法律諮詢、銀行融資、保險服務、管理顧問、交易服務、教育訓練等；知識及技術方面則包括管理知識、技術支援、技術創新、專利權、商標及品牌等；資訊的內容則包括資料庫建置、資訊網路提供與網路串連等。所以說國際企業的意義是不同於國際貿易或單純股權性質的國際投資活動，它強調的是不同國界的資源及經營活動的運作。所以由上述定義看來，國際企業其所涵蓋的範圍及經營活動探討的內容也是相當的寬廣。

國際企業所強調的是企業跨國經營的活動，至於公司規模的大小就不是一個國際企業涵蓋的重點。假若一個企業與其他國家從事許多的國際貿易，其主要目的是在增加其產品的國際銷售能力，擴大其產品的國際市場知名度，則我們稱這種企業為國際型的企業。至於若一個企業它直接將經營活動拓展至海外其他國家，例如投資於海外至少一個工廠、分公司，或從事有影響力的企業組織活動，其主要的目的是企業的國際經營操作，則我們便可以以國際企業這名詞來統稱，這也是本書前段所說的定義。

企業為什麼要跨越國家疆界，從事跨國之經營活動呢？這的確是很難回答的一個問題，因為它的原因有很多，但是有一大部分比例的理由是基於國際經營利益的考量。企業有時也是基於國際市場的考量，例如海外有絕佳的市場利潤機會或是企業本身的生產效率太高，國內市場規模無法完全吸納企業所生產的產品，因此企業基於滿足股東最大利潤考量下，不得不去開發國際市場的操作，不得不去國際經營；當然也有一部分是基於資源使用角度、市場失靈所導致之交易成本問題或企業的策略動機等等因素，例如：企業國際市場的成長、企業執行擴張性策略的理由等等。但其實有不少公司之所以願意積極參與國際經營活動，有絕大多數的比率是企業擁有特殊的國際資源競爭優勢或企業具備特殊的核心發展能力的優勢（例如：特殊技術能力、規模經濟優勢等等），企業藉著資源優勢與核心優勢的布署，去增加國際生產、國際行銷、國際運籌等國際活動，以擴大國際經營利潤的機會。

www.motorola.com
www.motorola.com/tw
www.microsoft.com
www.microsoft.com/taiwan

像國際知名公司摩托羅拉 (Motorola) 在全球 45 個國家，擁有 1,000 個以上營業據點或製造基地，僱用超過 140,000 名以上的員工，在 1999 年時其營收貢獻度有超過 50% 以上的比率是來自海外子公司的貢獻。摩托羅拉這個龐大的國際企業，其所使用之財務資金的來源更是相當廣泛，包括有來自全世界的金融市場，像是紐約、倫敦、巴黎、蘇黎世、新加坡、日本及香港等地；其在世界各地大大小小的公司，例如在中國大陸、印度、

➡ 微軟創辦人之一比爾蓋茲 (Bill Gates)

微軟是在 1975 年 4 月 4 日由威廉・蓋茲三世 (William H. Gates III) 及保羅・艾倫 (Paul G. Allen) 攜手創建。（圖片由 Microsoft Corporation 提供）

巴西、蘇聯等製造基地，便充分利用當地勞動成本價格、便宜的資源、市場機會等，創造他們的利潤；充分利用歐洲、以色列當地高技術水平發展研發設計任務，再將商品賣到全世界的市場。其他的國際知名企業，例如：IBM 及微軟 (Microsoft) 也是充分利用印度國家的優質軟體市場資源從事研發設計工作，再配合全世界其他國家的優勢資源，例如：財務資本、人力資源、知識資源及生產資源，將產品組裝完成，再行銷到全球。上述舉例的企業都是國際企業經營很成功的例子，所以要回答企業為什麼要跨越國家疆界，從事跨國之經營活動？這個問題其實是多重因素組成的，因此在接下來的 1.3 及 1.4 節中將對一個學習管理的人，其為何要研讀國際企業管理的理由及如何學習國際企業管理一學門做說明。

1.3 研讀國際企業管理的理由

現今有許多的統計資料顯示，全世界各地的國際企業有逐漸增加的趨勢，且這種增加的速度是很快的，這也證明了 1.1 節所提，現今的經濟體拜科技發達所影響，漸漸的朝向國際化、全球化的途徑發展；在現今整個世界的競爭已經跨入了知識經濟競爭時代，任何企業想要在這個環境裡繼續生存，就必須要有自己的特色，要有自己的優勢；換句話說，就是要不斷的革新，要不斷的成長，任何拒絕競爭的企業都將遭到市場無情淘汰的悲慘命運。

至於我們為什麼要研讀國際企業管理一學門，其最主要的理由如下：

1.培養開闊及前瞻性的國際觀

因為未來不論是企業或經營者所面臨的管理問題，都不是過去所學的管理經驗可以解決或找到合理的答案，當競爭國際化、自由化的時候，任何企業或管理者都要面對複雜且多變的國際競爭與挑戰，因此具備有開闊及前瞻性的國際觀，對一個二十一世紀的管理者來說是很重要的，因為如此才能做最佳、最有利的決策判斷。

2.對國際經營環境有良好的掌握

現今的企業勢必避免不了要面對全球市場競爭的壓力，所以在企業國際化過程中所面臨最大的挑戰就是對國際營運環境、國際經濟發展及產業趨勢的瞭解和掌握。研讀國際企業管理一學門，正可以強化企業及管理者對國際營運環境、經濟發展和產業趨勢的掌握，有助於降低企業面對國際化的風險，也讓企業更能有效掌握國際化的脈動，充分掌握企業國際化的進度和前景。

3.創造國際競爭的優勢

如何在日益競爭激烈的國際市場中生存，如何在激烈的國際競爭環境中持續創造優勢，這都是一個企業或經營者所必須要思考的重要課題，如果不能生存甚至創造優勢，那麼又如何能面對國際化、全球化的競爭，所以不論是管理者或企業都要培養這種國際競爭優勢，並蓄積國際經營的能力與實力，方能面對國際環境的競爭與挑戰。

1.4　如何學習國際企業管理

學習國際企業管理一學門很重要的概念就是需先從外部的國際經濟情勢、金融環境先瞭解，接著再瞭解內部的經營與管理的部分，按著這個先後次序學習，必能對整個國際企業管理所探討的內容有最充分及堅實的理解。本書在編排上也是按照這個架構，先從外部整體的國際經濟環境、金融環境先瞭解，接著再討論國際經營與管理的部分；因此本書將內容概分為四大議題：也就是國際經濟與環境、國際金融市場、國際經營與策略、國際營運管理等四大部分，請參照圖1.1。

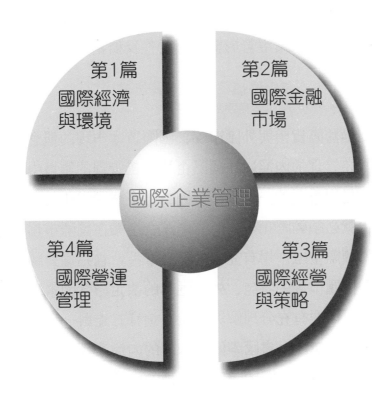

圖 1.1　本書內容架構

1.4.1　國際經濟與環境部分

　　我們首先討論了影響國際企業很重要的一環，也就是文化的部分，其次從國際企業的最初演化基礎，國際貿易理論做理論的認識與瞭解，接著再討論國家法律與政治經濟等層面問題，最後到區域經濟整合問題的探討。讀者在這一部分的閱讀中，可以從各國差異的文化中，體悟到文化常是造成區域經濟特色的原因及它對國際企業所產生的重要影響；其次讀者必須去瞭解各種國際貿易理論的基礎學說，透過學說的印證去瞭解各區域市場為何會有國際互通有無的國際貿易發生，因為國際貿易的發生是國際企業經營的最初始概念，所以此一部分的認識非常重要；當然要有國際貿易的發生就必須注意各國法律、政治、經濟及區域經濟整合等層面的問題，學習者可以在這部分的章節裡對整體國際企業管理

多元構面的認識，體驗到國際企業管理此學門的複雜性問題，也讓讀者對國際經濟與環境對企業經營影響有重要性及概括性認識。

1.4.2 國際金融市場部分

我們分別從國際貨幣與外匯市場、國際資本市場的概念開始介紹，最後到國際財務管理的內涵；在國際企業經營管理的領域中，國際金融市場的部分也是很重要的一個環節，因為當企業國際化後，他的金融及財務的部分也就必須國際化，如此方能配合企業在國際市場的成長；所以學習者要對國際金融市場有充分的概念掌握，包括像對國際貨幣市場的現況、國際外匯市場的特色、外匯匯率的決定影響因素、如何運用國際資本市場工具等要有充分理解與認識，這樣方能對一個國際企業有較多的財務及金融貢獻。本書國際財務管理的內涵涵蓋在國際資本市場的最後章節裡面做探討，有關國際財務管理的內涵在本書中只做初步性的介紹，因此內容是較少的，如果讀者對國際財務管理有很大的興趣，可以參考國際財務管理的教科書，會有較為完整及詳盡的介紹。

1.4.3 國際經營與策略部分

本書是從國際經營的障礙及國際化的議題開始探討，接著討論進入策略與進入模式、海外直接投資、所有權與風險問題、策略及資源基礎的競爭問題，讓讀者對國際障礙、國際經營、國際競爭策略有連貫性的理解。讀者在研讀這些章節時必須去留意有哪些國際經營的障礙以及這些障礙會導致什麼結果，然後再去理解進入策略及進入模式決定的影響因素，最後則是要留意國際企業控制權及策略的關聯問題，且讀者最好能反覆邏輯思考，相信必能對國際經營及策略這部分有深刻認知，必能領悟到國際經營的前因與後果的關聯性，這對培養讀者的國際環境、資源等問題之觀察與邏輯分析能力的提升是很有幫助的。

1.4.4　國際營運管理部分

　　研讀的過程中，必須留意國際企業管理所討論的構面與過去我們所學管理操作面的討論是不同的，因為國際管理它包含了更廣泛的概念，在這部分的章節裡讀者應多充分去瞭解國際產品製造及物流管理的概念，國際行銷市場的選擇，創新所代表的意義及模式，國際人力資源要如何發展與管理等，相信必能對國際管理概念的提升有所助益才是。

　　最後本書各章節的纂編主要是依圖 1.1 的邏輯去加以編排，主要是讓讀者有一個最佳的研讀邏輯次序，方便理解。本書內容在撰寫過程中，參酌了一些理論的介紹，主要是讓讀者可以在內容研讀的過程中，瞭解一些不同學者的論述，不但可以作為實務運用的參考，同時也可以在實務應用邏輯思考中，延伸讀者對基礎理論的概念理解，以便能深入融會貫通，藉此培養讀者策略思考及邏輯分析之能力與技巧。相信透過本書的邏輯性介紹，讀者必能對國際企業管理一學門有所認識及提升國際經營與管理的概念。

Note

第1篇

國際經濟與環境

臺灣文化意象代表——霹靂布袋戲

「半神半聖亦半仙，全儒全道是全賢，腦中真書藏萬貫，掌握文武半邊天，」是布袋戲中角色素還真出場口白，也是大家朗朗上口的布袋戲口白。霹靂多媒體公司以布袋戲為出發點，跨足各個不同的娛樂消費領域，其中以藝術文化成就和娛樂商業價值最為人注目，這樣的成就使「霹靂」不僅成為臺灣本土文化的霸主，也成為臺灣最具獨特性的文化及影視娛樂的代名詞。

霹靂布袋戲是在 1980 年代開始發展的一種電視布袋戲，在當時締造許多的豐功偉業。除此之外，霹靂布袋戲表演手法與傳統布袋戲相當的不同，包括電腦特效的使用、優質的聲光效果以及精緻的戲偶與操偶的技巧等等，在在都突顯霹靂布袋戲與傳統布袋戲不同之處。霹靂布袋戲為了使戲偶更加人性化與具真實感，特別引進「DJB」系統的娃娃製造技術，也就是所謂的「可動關節人型」技術，讓戲偶在畫面呈現上更加活潑與多樣化，打破傳統木偶呆板的

形象，這是霹靂多媒體公司在布袋戲上的一大突破。

◆締造驚人的市值

霹靂布袋戲於 1991 年起即稱霸臺灣錄影帶及影音光碟出租市場，到目前為止在全臺已有 1,800 個據點，其出租率在臺灣所有電視劇集中排行第一，估計每集至少有 100 萬人次的固定租閱群眾。其中在 1995 年更設立了霹靂衛星電視臺，除了自家的布袋戲影集外，也提供給觀眾其他多樣化的選擇及豐富的資訊。除此之外，近年來霹靂也與多家廠商合作，共同開發週邊商品，如：影音光碟、杯子、杯墊、海報、網路遊戲、寫真集等等，並且也與統一超商合作，共同推出 i-cash、撲克牌等商品，在市場上造成前所未有的轟動及熱賣浪潮。這些創舉為霹靂多媒體公司帶來極大的商機，每年約締造 15 億市值，也寫下布袋戲產業傳奇的一頁。

◆前進國外舞臺

《聖石傳說》是第一部以布袋戲戲

偶為主軸的電影，耗資新臺幣3億元所打造而成，但是在影音技術與人員專業知識不足之下，所呈現的效果不如預期。另一方面，《聖石傳說》2001年在日本上映也僅在三家電影院播放，無法達到宣傳布袋戲文化的效果。2006年霹靂布袋戲打進美國電視頻道市場，在美國卡通頻道播放「霹靂英雄榜之爭王記」，劇中對白以英文呈現，音樂也是美國黑人的流行音樂改編，為了配合播出時段與時數限制，霹靂特地將劇情重新改編，以符合半小時影集規格，但是這樣努力的結果，最後還是遭致停播命運。這讓霹靂深知要邁向國際之路不是一件易事，還有很長的一段路要走。

◆讓世界重新認識布袋戲

雖然進軍世界舞臺遭受到許多的挫敗，但是霹靂不氣餒，他們希望可以從挫敗中記取教訓與累積經驗，與更多國外廠商合作，以增進自己的實力與拍攝技術，為臺灣布袋戲闖出一個名號與揚名國際。霹靂也希望可以將臺灣獨有的布袋戲文化介紹給全世界知道，讓大家都知道臺灣文化代表──霹靂布袋戲。

◎關鍵思考

每個國家都有不同的文化也各有其特色。那臺灣文化特色是什麼呢？是小吃？阿里山？亦或是玉山？根據一項數字統計，在2006年初，霹靂布袋戲擊敗玉山，被網友選為臺灣文化意象代表，成為臺灣文化最佳的代言人，也就是說當我們看到霹靂布袋戲就會聯想到臺灣。其實，「文化」是由許多因素所組成，經過時間洗滌與融合，造就一種特殊的生活型式與語言；「文化」也是一種象徵，它傳達了有形與無形的訊息，更是深深影響我們的行為及決策過程。

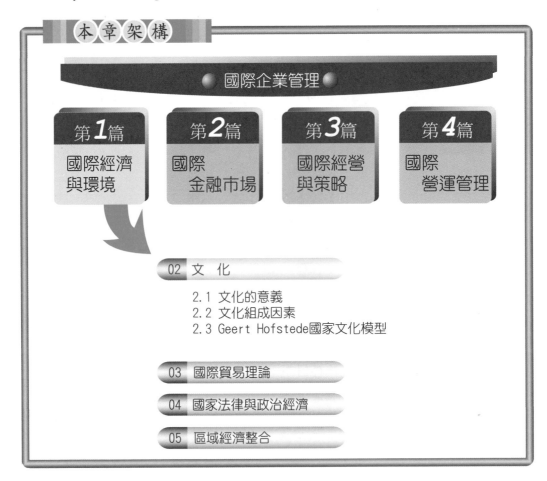

本章架構

國際企業管理

| 第1篇 | 第2篇 | 第3篇 | 第4篇 |
| 國際經濟與環境 | 國際金融市場 | 國際經營與策略 | 國際營運管理 |

02 文 化

2.1 文化的意義
2.2 文化組成因素
2.3 Geert Hofstede國家文化模型

03 國際貿易理論

04 國家法律與政治經濟

05 區域經濟整合

▶ 本章學習目標

1. 說明文化的定義及文化對國際企業的影響及衝擊。

2. 說明文化組成的因素，包括物質文化、語言、審美觀、價值觀與態度、宗教及教育。

3. 說明如何進行文化的分析。

4. 文化差異分析——Geert Hofstede 國家文化模型及其分析文化的構面。

文化滲透在我們日常生活當中，我們的食、衣、住、行都深深受到文化影響。因此本章就從最根本的「文化」談起。不同的文化造就不同的生活形態及購物行為，因此國際企業除了要尋求成本最小化、具有發展潛力的市場及具有高水準的專業工作者外，還要注意每個國家因為文化不同而衍生出來不同的需求及問題。國際企業在海外市場經營勢必要面對不同文化背景的市場及員工，這時跨國經營者必須瞭解當地的文化以及擬定適當的策略來滿足當地的需求，這樣才有能力可以與其他廠商一較長短，否則最終可能會因為不符當地需求而遭受淘汰的命運。因此本章節主要探討什麼是文化？文化是由哪些因素所構成？當我們要進行全球布局時，我們要如何進行文化分析？要由哪些構面來衡量？以及說明文化在國際企業中所扮演的重要角色。

2.1　文化的意義

「文化」一詞定義非常的廣泛，它是一個社會的價值、習慣、態度、規範及其他符號等等的總體。這個總體深深影響一個人各方面的生活，包括人格、語言、表達方式、時間概念、生活規範、行為、態度等等。「文化」是一種象徵，它傳達了直接跟間接的訊息且具有強迫性的影響力。無形中，我們外在的行為及決策過程都不知不覺受到它的影響。

各種不同的文化有不一樣的社會價值，例如：西方和東方文化對於家庭觀念、教育子女的方式都有顯著的不同；在國際合作上，東方較重視合作及團隊精神，西方則較著重在競爭及個人表現上。因此我們

➡️ 青少年的 COSPLAY 活動

不可以小看青少年次文化所形成的市場，在特定市場中青少年的消費力有時候可能高過成年人。

在從事跨國合作或進入國外市場時，必須要瞭解當地的文化及習俗，否則將容易造成誤解，使得國際化策略效果大大的削弱。除此之外，我們也必須瞭解到，在同一種文化中可能會因為種族、語言、宗教等因素，而造成文化內的差異，我們稱之為次文化 (subculture)。舉例來說，在臺灣這塊土地上有很多族群，有閩南人、客家人、原住民以及從大陸遷移過來的同胞，每一個族群住在同一塊土地上，有著相似的生活習慣和作息，但是每個族群仍然保有屬於自己的文化及特色，這些差異就是在臺灣文化裡面的次文化。國際化企業除了要注意每個國家文化的不同之外，同時必須清楚的瞭解到次文化之間的差異，以便區隔潛在的消費者，進而訂定出適當的行銷策略。

 ## 2.2　文化組成因素

　　文化是一個多元的組成物（見圖 2.1），包含物質文化及精神文化。物質文化泛指外在可以看見的物品，如：建築、服飾、日常用品和書籍等。精神文化泛指語言、教育、宗教、價值觀與態度和審美觀等。

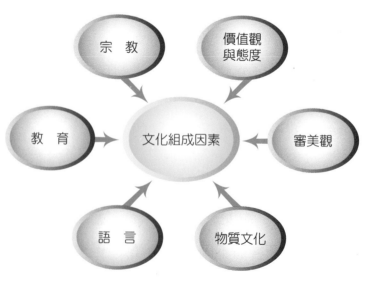

圖 2.1　文化組成因素

2.2.1　物質文化

在討論物質文化 (material culture) 時，我們會從兩方面來探討，人們如何製作、使用了哪些技術 (科技水準)，以及誰來製作、為何要做這些東西 (經濟水準)？一國的科技水準可以顯現出該國的生活水平，而他們的價值觀也比較接近唯物主義。如美國、英國和日本等國家，他們的科技水準可以說是世界上數一數二的，大多數的人都擁有一般科技的相關知識，所以他們比那些低科技水準國家的人，如非洲國家，更能接受及適應新的科技產品。

經濟水準可以瞭解到該國人民對於產品的需求及其從中想得到的利益，如：音響在一些先進國家是很普遍的商品，但是第三世界的國家對於這種產品需求是有限的，因為他們無法從產品中得到什麼益處。由此可知，當一家國際企業在面對不同物質文化的國家時，其所採取的產品策略應依不同情況而給予不同的作法，否則可能會遭遇到該國人民根本就不需要這類產品的困境。

2.2.2　語　言

語言是文化中最具有特色的因素，最能夠突顯出文化間的差異且也是傳達資訊的主要工具，因此有人稱語言為「文化之鏡」。若想要深入瞭解一個國家的文化，學習該國的語言是必須的，因為從語言當中，我們可以藉由口語或說話音調來瞭解其中所要表達的真正意涵。

語言是國際化企業常常會遇到的難題，而最常使用的方法就是聘請翻譯人員，然而長期聘請翻譯人員除了需增加成本之外，還會造成許多的不便，如不同的翻譯人員可能會有不同的見解，以至於會有所誤會。但是若能鼓勵員工直接修習該國語言，不僅可以確保資訊傳遞的正確性，這對後續的全球布局也將有很大的助益。由此可知，熟稔一國的語言，可以快速、正確收集到資訊且更加直接瞭解當地市場的狀況，有助於國

➡️我的家庭真可愛
同樣是和樂融融的家庭照，東方家族與西方家族在拍照時，肢體語言有明顯的不同。

際化企業發掘潛在顧客。

對於全球布局的企業而言，對於當地語言的掌握，不應只是片面字詞的意義，而是要深入瞭解背後的文化意涵。因為縱使是相同的語言，但是在用法上可能也會有所不同。最有名的例子就是福特汽車要銷售一款高級車到墨西哥，當時命名為 "Caliente" 的車款，銷售量非常不佳，深入探究之後發現 "Caliente" 這個字在墨西哥當地原來是「流鶯」的俚語。由上述例子可以觀察到，語言存在著許多的誤解，因此國際企業在不同國家銷售產品時，應要注意產品名稱，最好取具有正面意義或吉利的品名，否則可能會造成產品名稱被扭曲的情況。

語言分為口頭與非口頭語言兩種，口頭語言即是一般我們說話的用語；非口頭語言一般最常看到的就是肢體語言。肢體語言在文化上有時候代表某種獨特的意義，例如在西方國家見到好友或親人會以親吻臉頰來表達高興之意，但是在東方國家可能就會認為這是不禮貌的行為。另外一個例子就是對於「距離」的舒適度，拉丁美洲民族非常熱情，因此他們在溝通的時候，人與人的距離是比較親近的，但是在北美洲的民族則不然，對於太近的溝通方式非常的不習慣，他們認為最好的距離大約是 5 到 8 步之間。

由以上幾個例子我們可以發現，不同文化背景對於語言有不同的解

讀方式，因此國際企業的管理者在做出任何決策之前，應該要深入瞭解當地的文化背景，以免誤用語意，而造成不必要的誤解。

▋▋ 2.2.3　審美觀

　　審美觀可以說是一個國家對於「美」的定義及感覺，不同文化對於顏色、形態有不同的看法及意義。例如：普遍來說，在亞洲國家認為女性體型要屬於瘦瘦高高的才叫美女，但是在南美洲國家如：巴西，則要稍微肥胖才叫美女；在亞洲國家的女性認為皮膚白皙是美的象徵，但是在西方國家則認為擁有古銅色皮膚才是健康的象徵。由於各文化對於審美觀的看法不一樣，因此國際企業必須要依據各地的偏好來設計相關產品。

　　除此之外，各國審美觀對於顏色及符號也有不同的看法。如：中國人認為紅色是幸運的象徵，而在西方國家則認為是厄運即將來臨。相同

➡誰是美女
不同種族，不同的審美觀，誰才是美女，要看文化決定。

地，中國人的喪禮多以白色系為主，表示哀悼，而西方國家則多以黑色代表哀悼，白色象徵純潔。

由此可以發現，當國際企業跟不同國家進行交易時，應該要注意各國對於審美觀的看法及意義，因為審美觀深深影響一個國家人民的購物行為，如：包裝大小及顏色、標籤的設計、產品廣告等等，都要符合當地的需求，以免造成當地消費者的誤解。

隨時空變化的審美觀

在西方，希臘人對於「美」的標準是：臉部各部分比例必須勻稱，最美麗的臉，長寬比例是 3：2。他們認為挺直的鼻樑、修長的眉毛和低矮的前額才是美的特徵。17 世紀，佛蘭德畫家魯本斯所畫的婦女，她們有著豐腴的體態、手臂細白有肉、大腿渾圓、胸部高高隆起，最好還要有雙下巴，這是當時對於美的標準。中國唐代對於美女的標準也是必須體態豐腴、渾圓，因為那也是富貴的一種象徵。但是時空轉回 21 世紀的今天，上面的評判標準已經有很大的變化，「美」不再是豐腴的體態而是纖細的體態。臺灣第一名模林志玲體態纖細、手腳細長、沒有雙下巴，有著大大的眼睛和甜美的笑容，在人們心中留下深刻的印象，現在各種年齡的女性都以她的容貌為參考標準。

魯本斯，1632～1635 年，〈巴黎的審判〉，145×190 公分，倫敦國家畫廊。

2.2.4　價值觀與態度

　　價值觀與態度是形成文化的重要構面之一。價值觀指人們對於某件事物的基本看法；態度意指對某現象的特殊感受。不同的價值觀與態度會產生不同的行為，例如：日本人強調「忠貞」，所以通常進入一家公司之後，很少會跳槽至其他家公司，把公司當作是自己的家一樣，全心全意的奉獻；西方社會則比較重視個人利益，如果認為公司沒有辦法帶給他成長或應有的報酬，則會選擇到另外一家公司，此點與日本文化有顯著的不同。再者，如中國人比較講求所謂的「關係」，認為對外關係良好，在生意往來方面，可以擁有較多的資源及優勢；西方社會則比較講求「實力」原則。由此也可以看出，兩種不同的價值觀與態度顯現在商業活動上，其各有不同的做法及觀點。除此之外，從學習語言的態度上也可以看出各個國家的差異，如：法國人相當以法語自豪，因此相較起其他國家，法國人比較不會主動去學習他國語言，甚至有時候是排斥他國語言。

　　在不同價值觀與態度之下，國際企業相同的產品，在各國會有不同的廣告方式及競爭策略，如：麥當勞被俄羅斯人認為他們所提供的食物比當地餐廳所提供的食物還好；而在英國，麥當勞則是當其他食物購買不到或趕時間才會去購買的速食食物。兩種不同的價值觀及消費態度，讓麥當勞在這兩地的行銷手法及廣告訴求都有明顯的差異。

　　價值觀與態度也會影響一國男女的地位。如在西方國家兩性相較於東方國家是比較平等的，女性只要有實力也可以當上高階經理人。但是在東方國家，如：中國、日本、阿拉伯等地區女性地位總是比男性低，而受到「男主外，女主內」及「重男輕女」傳統觀念的影響，東方女性無法像西方女性一樣，可以在工作上獲得較高的職位。另外值得一提的是，中國大陸由於受到「重男輕女」及「傳宗接代」的壓力，又加上大陸政府「一胎化政策」，使得大陸男、女生比例愈來愈懸殊，也造成一些社會問題。例如：人人都想生男孩，因此有些女嬰剛出生就被丟棄在路

旁或尚未出生就墮胎，以至於女性孤兒愈來愈多，其實中國大陸會出現
這種特殊的現象都是受到整個社會的價值觀及態度的影響。

2.2.5 宗 教

「宗教」意指有共同的信念、活動和制度。宗教一直都在社會價值
裡扮演重要的角色，因為它會影響信徒的態度、觀念及行為，進而影響
到整個社會文化和規範。舉例來說，像回教國家在回曆的九月是齋戒月，
在這段期間白天是不能吃東西的；另一個明顯的例子就是西方國家的感
恩節及聖誕節，很多特殊購物行為大多發生在這兩個節日。由此可見，
宗教會影響商業活動，不同的宗教會有不同的消費行為，跨國經營者必
須要深入瞭解市場宗教信仰的情況及其差異，以便將來可以做出更好的
市場區隔及進入策略。

表 2.1 全球 2006 年信仰宗教人口百分比

宗教信仰	人口數	全球信仰宗教人口百分比
基督教（廣義）	2,156,350,000	20.61%
非基督徒	4,373,076,000	41.80%
回 教	1,339,392,000	12.80%
無宗教信仰者	772,497,000	7.39%
印度教	877,552,000	8.39%
佛 教	382,482,000	3.66%
無神論	151,628,000	1.45%
新宗教信徒	108,794,000	1.04%
本土宗教信徒	257,009,000	2.46%
錫克教	25,673,000	0.25%
猶太教	15,351,000	0.15%

資料來源：David Barrett (2006), "Global Table A. 50 Shared Goals:
Status of Global Mission, AD 1900 to AD 2025,"
International Bulletin of Missionary Research, p. 28.

　　全球有多種主要的宗教，如：基督教、印度教、回教、佛教。而表
2.1 是根據英國差傳統計學家 David Barrett 在 2006 年所發表的「2006 年
全球差傳數據」中所顯示的數據，說明全球宗教分布情形及各宗教人口
佔全球人口的百分比。

　　以下將一一為這幾個宗教做簡單的介紹：

1.基督教 (Christianity)

　　基督教思想源自於耶穌的誕生，距今約 2000 年左右，其中基督教又
分為兩大派：基督教及天主教。兩者最大的不同在於基督教強調信徒的
財富及努力工作，並且以此來榮耀上帝，所以基督教鼓勵信徒積極追求
名譽地位及經濟上的發展，這也可以用來解釋為何資本主義在西方國家
可以蓬勃發展的原因之一。相對的，天主教對於追求財富這點則是有不
同於基督教的看法，對此抱著懷疑的態度。

　　雖然基督教強調累積財富的信念，但是教義中的「十誡」也告知信
徒要遵守道德規範，如：不能偷竊、不能殺人等等，都有助於基督教信
徒在追求財富時，不忘遵守基本的道德規範。

➡宗教聖地耶路撒冷
耶路撒冷是以色列的首都，也是猶太教、基督教與回教的聖地，此處的居民來自不同地區不
同文化國家，其中有一面牆非常有名，俗稱哭牆 (Wailing Wall)，據說只要將你想對神訴說的
話語寫在紙條上，塞進牆上就可以與上帝溝通。

2.印度教 (Hinduism)

印度教源自於接受古老印度傳統及婆羅門教的社會階級制度，而其主要分布地區在印度、斯里蘭卡、尼泊爾、馬來西亞等地。印度教相信輪迴，且認為人生在世所作所為會影響來生的輪迴，所以他們認為一個人只要遵守教義且認真的過著道德的生活，靈魂將會再生。

另外，印度教也認為精神上的成就遠比物質生活來的重要，此部分跟國際企業追求利益的想法有相衝突的地方，因此導致員工工作意願相對於基督教國家員工來的低落。

除此之外印度教最被人所討論的就是「社會階級制度」，其階級制度是依照所屬的職業劃分的，基本上分為四階，但是仍有遠低於四階之下的賤民階級。在社會階級制度中，人只要一出生就決定了他所屬的階級，而且其制度非常的僵化，要改變非常困難。因此，跨國經營者若是在這些印度教國家中經商，在人力的運用上就應該特別注意階級制度，以免造成管理上的困擾。

3.回教 (Islam)

回教是由穆罕默德所創立，其教義來自於《可蘭經》，目前是全球第二大宗教，大多分布在中東、非洲、亞洲國家。回教社會的生活習慣及經濟受到《可蘭經》的影響很大，如：每天要在早上、中午、下午、黃昏、晚上禱告，一生當中至少要到麥加朝聖一次及每年有一個月的齋戒月等，這都深深影響到回教社會的生活。因此當國際企業與回教社會有商業往來，應要特別注意這些宗教習慣，如：在齋戒月時，由於回教徒禁食，因此可能會造成生產力的下降，因此管理者要調整生產策略，以將衝擊降到最低。

回教社會對於女性人力資源的運用也有頗多的限制，如：有些公司可能會禁止聘用女性員工，或者在上者只能是男性不能有女性主管等等限制，在回教的世界裡，男主外，女主內，幾乎所有的決定權都掌握在男性手中，所以國際企業必須要考慮到在此種社會裡女性人力資源的限制。

除此之外，在回教社會還有一項特色，就是禁止利息的支付，因此銀行必須設計其他衍生性商品來解決此一問題，如：租賃契約、共同基金等等名目，來規避有關於利息的議題。

4.佛教 (Buddhism)

佛教是由印度教所延伸出來，但是沒有印度教的種姓制度，而其大多分布在中國、韓國、日本、泰國等等國家。佛教注重本身的修養，不重視物欲，並且認為苦難總有自由解脫的一天。佛教徒強調倫理道德跟團體合作，也強調憐憫與和諧的氣氛。因此當國際企業在這些國家從事商業活動時，管理者應該懂得運用佛教國家這些特性，以營造互助合作、互相關懷的環境，讓員工相信公司很體恤他們的奉獻，這樣才能獲取長期的利益。

➡ 龍山寺香火鼎盛

臺灣宗教信仰自由，各類宗教信仰幾乎都有，其中道教信仰人口相當多，依照內政部 2005 年統計資料顯示佔了臺灣有宗教信仰人口數中約 63%。

2.2.6　教　育

教育會影響一個人的一生，也被視為發展國家經濟重要的因素之一，有助於專業人才的建構，提升國家競爭力。目前世界上大都使用「識字率」來衡量一個國家的教育水準，一般來說「識字率」越高的國家其經濟生產力及所得水準也會相對較高。除此之外，教育也會影響一國人民的購買行為及工作態度。

教育程度對國際企業的布局及策略有很大的意義，如數位產品或是藝術產業，在教育程度低的地區是無法發展的，因為當地居民教育程度不足，無法正確使用這類產品。再者，國際企業也可以從一國教育程度作為該國人力資源的參考依據，因為一國的勞動素質決定於教育程度。

2.3　Geert Hofstede 國家文化模型

　　Hofstede 以國際大廠 IBM 為研究對象,然後歸納、整理出四個主要構面來闡述文化差異,而此四構面分別是:權力距離 (power distance)、不確定性的規避 (uncertainty avoidance)、個人主義 (individualism)、男性主義 (masculinity),後來經過長期研究之後,又歸納出第五個構面即是長期導向 (long-term orientation),而以下將逐一詳細介紹 (見圖 2.2):

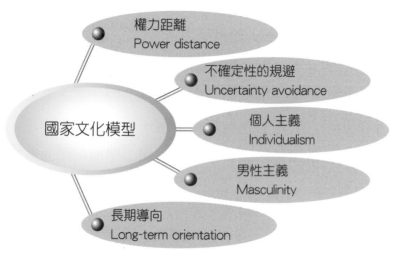

圖 2.2　國家文化模型

2.3.1　權力距離 (Power Distance)

　　權力距離主要在說明上下之間權力差異的程度。在一個高權力距離國家中,通常會存在著強烈的階層關係,權力分配相當不公平。高權力距離國家相信每個人都有其適合的地位、有權力的人應該被授予特權,而在組織結構上,則是上下層次很多且比較偏向正式化的形式及權威式的領導。Hofstede 發現許多拉丁美洲及亞洲國家有較高的權力距離,如:中國、菲律賓、馬來西亞及墨西哥等國家就是此類型的代表。在權力距

離高的國家中，人們會期望晚輩要非常尊重長輩；部屬要完全順從長官的指示不能有頂撞或反抗的行為。

相對而言，在低權力距離國家中，人們則比較有自主權，可以自由表達自己的意見，部屬與長官之間比較平等，沒有明顯的階層關係。此類型代表國家，如：美國、西歐國家、英國及瑞士等國家。在此種類型國家中，人們較重視自主的能力，長官也較易接受部屬的建議，在組織結構上則是偏向扁平式組織。

2.3.2　不確定性的規避 (Uncertainty Avoidance)

不確定性的規避主要意指這個社會接受模糊不清、模稜兩可的程度。在具有高度不確定性的規避國家，如：希臘、墨西哥、日本、葡萄牙、烏拉圭等國家，這些國家為了要降低模糊不清的情況，通常會創造一套制度或程序來規避這些不確定性，以降低風險。如果環境存在著不確定的規則或情境時，在高度不確定性的規避國家的人們便會感到非常焦慮不安及緊張，因此他們相當依賴明確的制度及規範，且比較傾向集體決策，做事態度相對保守，也較害怕失敗。

低度不確定性的規避國家，如：美國、英國、加拿大、紐西蘭、新加坡等國家，這些國家相對於高度不確定性的規避國家而言，比較少有集體決策的情況發生，而是傾向自己做決定，成文規定相對而言也比較少，並且鼓勵人們勇於冒險，在組織設計上也比較自由和有彈性。

2.3.3　個人主義 (Individualism)

個人主義國家比較重視本身的利益，並且鼓勵個人行動及決策，也非常強調自己的成就與地位。高度個人主義的國家，大部分是經濟發達的國家，如：美國、英國、法國、澳洲等國家。這些國家的人比較注重個人生活及獨立，在各方面活動上比較不依靠組織或團體，傾向個人為自己的所作所為負責。

與個人主義相對的就是集體主義。相對的，低度個人主義國家也就是集體主義的國家，比較強調團體活動及決策，把組織或團體的利益放在個人利益之上，並且認為團結合作勝過單打獨鬥，個體和個體之間的關係相當緊密，不像高度個人主義國家那樣的鬆散。集體主義的國家，大部分是經濟比較落後的國家，如：印尼、哥倫比亞、巴基斯坦、瓜地馬拉、委內瑞拉等國家，這些國家強調群體利益，不強調個人表現及成就，認為個人可以犧牲自己的利益來換取群體的成功，在各方面活動上比較依靠組織或團體，傾向集體決策及歸屬感。

2.3.4 男性主義 (Masculinity)

男性主義相對的就是女性主義。在傾向男性主義的國家中較強調成就、金錢、地位及自力更生。除此之外，傾向男性主義的國家中，男女在工作方面上也有明顯差別，男性總是被要求較高，但相對的也有較高的主導地位及升遷機會，女性則被要求較低，但在升遷機會及主導地位上則都不及男性。這類型國家，如：日本、愛爾蘭、奧地利、墨西哥等國家。

而在傾向女性主義的國家中則較強調教養、生活品質及關心別人，認為工作並不完全是一個人的生活重心，並且相信人際關係及生活品質勝過於個人在工作及金錢上的成就。在工作方面則是有較高的自由度，男女性升遷機會較平等。這類型國家，如：瑞典、芬蘭、丹麥、荷蘭等國家。

➡️女性主義

歐洲是女權運動的起源地，推廣至今，已有不少國家將女性參政視為稀鬆平常，故社會文化與法令規章中，皆以男女平等觀點考量。

2.3.5　長期導向 (Long-term Orientation)

Hofstede 以國際大廠 **IBM** 為研究對象，然後提出上面所述的四個文化構面，後來在 1998 年與其他學者合作，再加入幾個國家進行研究，然後才提出第五個構面，即長期導向。這個構面主要是在闡述長期文化導向與短期文化導向的觀點。研究當中，顯示亞洲國家受儒家文化影響較大，因此較傾向長期文化的導向，如：中國、香港及日本，而英語系國家，如：美國、英國及澳洲則是比較傾向短期文化的導向。

通常長期文化導向國家比較重視傳統文化、社會義務及責任、重視承諾，並且認為未來的獎賞及報酬是來自於現在努力工作的結果，也就是說長期文化導向國家相對而言是較放眼於未來及強調長期目標。而短期文化導向

➡ 種族差異

不同種族形成不同文化與習慣，當種族間仇視或是有優劣意識時，很容易就造成彼此間的誤解與紛爭，企業不得不瞭解種族造成的影響，輕則抵制商品，重則引發戰爭。

則比較著重短期目標、快速回報、強調現在價值，社會義務及責任觀點則不像長期文化導向那樣的重視，也就是說短期文化導向的國家是較強調現在及短期的目標。

表 2.2 是 Hofstede 研究各國文化差異的數據，如表 2.2 我們可以看出阿拉伯國家、瓜地馬拉、馬來西亞、菲律賓等國家，權力距離數據都相當大，這也意味著這些國家存在著強烈的階層關係，權力分配相當不公平。相反的，如澳洲與丹麥權力距離數據都很小，表示這些國家沒有明顯的階層關係，權力分配相對而言是較公平的。在個人主義方面，表 2.2 數據也可以看出澳洲、加拿大、英國等國家是比較傾向個人生活及獨立、較不依靠組織或團體。然而如南韓、瓜地馬拉、臺灣相對的就比較

傾向團體合作及集體決策。在不確定性的規避方面，如阿根廷、比利時、智利與希臘數據都相當高，這些國家的人民時常會焦慮不安及緊張，因此他們相當依賴明確的制度及規範。相對的，如新加坡、牙買加以及丹麥在不確定性的規避數據則較小。在男性主義方面，從表 2.2 也可以看出日本與澳洲數據較高，表示在這些國家男性地位比女性高，在升遷機會及主導地位上，女性不及男性。而挪威和瑞典在男性主義方面數據較低，也就是說他們在工作方面則是有較高的自由度，男女性地位是較平等的。在長期導向方面，中國、香港、日本與臺灣數據都相當高，這些國家較重視傳統文化、重視承諾、較放眼於未來及強調長期目標。另外如菲律賓與西非國家則強調快速回報、現在價值、較重視現在及短期的目標。

表 2.2　Hofstede's Dimensions

國　家	權力距離	個人主義	不確定性的規避	男性主義	長期導向
阿拉伯國家（埃及, 伊拉克, 科威特, 黎巴嫩, 利比亞, 沙烏地阿拉伯, 阿拉伯聯合大公國）	80	38	68	52	
阿根廷	49	46	86	56	
澳洲	36	90	51	61	31
奧地利	11	55	70	79	
比利時	65	75	94	54	
巴西	69	38	76	49	65
加拿大	39	80	48	52	23
智利	63	23	86	28	
中國大陸					118
哥倫比亞	67	13	80	64	
哥斯大黎加	35	15	86	21	
丹麥	18	74	23	16	
東非（衣索比亞, 肯亞, 坦尚尼亞, 尚比亞）	64	27	52	41	
厄瓜多	78	8	67	63	
芬蘭	33	63	59	26	
法國	68	71	86	43	
德國	35	67	65	66	31
英國	35	89	35	66	25

希臘	60	35	112	57	
瓜地馬拉	95	6	101	37	
香港	68	25	29	57	96
印度	77	48	40	56	61
印度尼西亞	78	14	48	46	
伊朗	58	41	59	43	
冰島	28	70	35	68	
以色列	13	54	81	47	
義大利	50	76	75	70	
牙買加	45	39	13	68	
日本	54	46	92	95	80
馬來西亞	104	26	36	50	
墨西哥	81	30	82	69	
荷蘭	38	80	53	14	44
紐西蘭	22	79	49	58	30
挪威	31	69	50	8	
巴基斯坦	55	14	70	50	
巴拿馬	95	11	86	44	
祕魯	64	16	87	42	
菲律賓	94	32	44	64	19
波蘭					32
葡萄牙	63	27	104	31	
薩爾瓦多	66	19	94	40	
新加坡	74	20	8	48	48
南非	49	65	49	63	
南韓	60	18	85	39	75
西班牙	57	51	86	42	
瑞典	31	71	29	5	33
瑞士	34	68	58	70	
臺灣	58	17	69	45	87
泰國	64	20	64	34	56
土耳其	66	37	85	45	
烏拉圭	61	36	100	38	
美國	40	91	46	62	29
委內瑞拉	81	12	76	73	
西非（奈及利亞, 迦納, 獅子山）	77	20	54	46	16
南斯拉夫	76	27	88	21	

資料來源：Adapted from Hofstede, G. (1991 & 1998), http://www.geert-hofstede.com/hofstede_dimensions.php.

排隊文化

　　香港原是英國殖民地，受到英國政府治理一百多年，其生活習慣與文化深受英國文化影響。如我們所知，英國是一個很守規矩、非常有禮貌的國家，對於各種事情的處理都是照規定來執行。香港文化受英國影響百年餘，因此，香港很多生活習慣與態度都是沿襲英國制度，其生活形態與一般中國大陸人民差異頗大。1997 年香港回歸中國大陸，兩者在生活習慣與態度上有相當大的差異與不同的認知。因此，偶爾會爆發一些小衝突。以下這個例子正好可以說明香港與中國大陸文化不同，所造成的小插曲。

　　在香港人的文化裡，他們認為排隊才是文明、有禮貌的作法；但在中國大陸人民眼中，卻沒有「排隊」這樣的觀念，因為在他們認知裡面，有位子就坐，也不認為插隊有何對錯之分。從下面「纜車站插隊釀毆鬥」的這個例子，可以看出香港與中國大陸文化的差異。有一位大陸旅客在太平山山頂纜車站被指控插隊，且後面有人故意使用譏諷口吻說：「大陸人都很守規矩，都喜歡插隊」，於是大陸旅客聽到後，心裡非常生氣，一衝動之下，在下山後襲擊一名香港人，結果大陸人與香港人打成一團，釀成群體鬥毆事件。大陸傷者在醫院接受治療時還說到：「大陸內地插隊是很平常的事情，大家也不會在意」，又另外一位大陸人也說到：香港人出言侮辱大陸人，實在是一件錯誤的事情。

　　這件衝突，顯然是因為「文化差異」而起的。在大陸插隊的確是一件常見的事情，沒有所謂的對錯之分，因為大家已經習慣這樣的生活型式與態度；但在香港，人們卻習慣了「排隊文化」。在香港人眼中，排隊才是文明、有禮貌，有先來後到之分。但必須說明與澄清的是，並非所有的大陸人民都不遵守排隊文化。其實有些大陸旅客去香港旅遊，也都會自動排隊，遵守規矩，在等候交通工具時也都跟著排起隊來，插隊的只佔少數。不過，或許有一些大陸旅客到香港，一時還無法適應香港的排隊文化而發生插隊的事件，這也是有可能的事。

　　其實這件衝突事件，就是「插隊文化」與「排隊文化」所造成的，大陸旅客感覺受到歧視與譏嘲，因此產生反感；香港人認為大陸旅客不守規矩、

隨便插隊，造成秩序混亂，因此對他們產生歧視。這樣的文化衝突，以後恐怕還是會繼續發生，香港與大陸應同時記取此次教訓，以免往後發生更加嚴重的衝突，也希望日後如果再遇到相似的事情時，可以更加妥善地處理。

【進階思考】

1. 每個國家都有屬於自己的文化，從此案例中討論中國大陸和香港的「排隊文化」有何差異？如果你也身處在其中，你會如何因應呢？
2. 因文化差異而起衝突的例子很多，請舉一個例子說明。

>> 參考資料

◆外文參考資料

1. David Barrett (2006), "Global Table A. 50 Shared Goals: Status of Global Mission, AD 1900 to AD 2025," *International Bulletin of Missionary Research*, p. 28.

2. Hill, Charles W. L. (2003), "The Global Trade and Investment Environment," *International Business*, 4th ed., McGraw-Hill Higher Education, p. 91.

3. Hofstede, G. (1983), "The Cultural Relativity of Organizational Practices and Theories," *Journal of International Business Studies,* Vol. 14, No. 2, pp. 75–89.

4. Hofstede, G. (1991), "Cultural Roots of Economic Performance: A Research Note," *Strategic Management Journal*, Vol. 12, special issue, pp. 165–173.

5. Hofstede, G. (1991), "Management in a Multicultural Society," *Malaysian Management Review*, Vol. 25, No. 1, pp. 3–12.

6. Parboteeah, Cullen (2005), "The Culture and Multinational Management," *Multinational Management: A strategic Approach*, 3rd ed., Thomson.

7. Rugman, Alan M. and Hodgetts, Richard M. (1995), "The International Culture," *International Business: A Strategic Management Approach*, McGraw-Hill Higher Education.

◆中文參考資料

1. 〈自遊行打尖　纜車站粵港大混戰〉,《東方日報專訊》, 2004/01/25, http://www.diocesans.net/vbb/showthread.php?t=5480。

2. 李蘭甫 (1994),〈文化差異、法律因素與政治風險〉,《國際企業論》, 三民書局, 頁 216–233。

3. 林建煌 (2005),〈文化環境〉,《國際行銷》, 華泰書局, 頁 77–109。

4. 黃漢華 (2006/07),〈霹靂多媒體的國際之路布袋戲變身台灣迪士尼〉,《遠見雜誌》。

5. 楊冬霞編 (2005/04/15),〈古今中外美女標準大觀〉, 中國國際線上新聞, 華夏文化, 源自千龍新聞網, http://big5.chinabroadcast.cn/gate/big5/gb.chinabroadcast.cn/3601/2005/04/15/342@516947.htm。

6. 維基百科, http://zh.wikipedia.org。

7. 霹靂官方網站, http://home.pili.com.tw。

Note

臺灣發芽米　行銷國際

現代人越來越注意養身之道，在崇尚飲食健康的今天，發芽米已經逐漸成為大家注意的焦點。發芽米是從日本開始走紅，它有預防大腸癌、抗氧化、預防便秘等多項功能。由於發芽米含有健康的概念，因此一公斤的發芽米目前在市面上大約可以賣到 7 到 9 美元之間，比普通臺灣所生產的米多出好幾十倍的價錢，因此目前政府也積極鼓勵農民發展發芽米技術，希望高價值的發芽米，可以增加臺灣農業競爭力，為農民尋找新的出路，以減少臺灣加入世界貿易組織 (WTO) 後為農業所帶來的衝擊。

◆ 臺灣發芽米技術　亞洲第二

如上所述，發芽米是由日本開始走紅，因此發芽米技術，最先為日本所掌握。臺灣曾經嘗試從日本一家公司引進發芽米技術與設備，但光是權利金就高的嚇人，因此作罷。爾後在一次因緣際會之下，一家本土企業委託經濟部科技顧問組協助評估與開發，經過幾個月的試驗之後，終於解決其中最難的議題

——發芽米的滅菌與污染控制等議題。此時，臺灣終於研發出一套屬於自己的發芽米技術，並且在臺灣、中國和美國申請專利，發芽米技術正式在臺灣萌芽與深根。

◆ 亞洲瑞思

目前臺灣發芽米技術最為大家所熟悉的公司就是亞洲瑞思。亞洲瑞思生技公司的成立可說創業維艱。剛開始成立的資本額只有 1,700 萬新臺幣，由於資本額較少，很多機器設備都是自行研發，以解決資金不足的窘境。在創業的期間，亞洲瑞思生技公司也有幫板橋農會代工，生產發芽米。爾後，更自行創立品牌與拓展海外發芽米市場。首先，亞洲瑞思轉投資新加坡一家公司，作為進攻國際市場的第一步。經過亞洲瑞思的努力，目前臺灣發芽米在新加坡可說是非常的成功，除了價格比日本發芽米低價之外，品質也獲得新加坡國家認證單位的認同，因此在短短幾個月內，臺灣發芽米銷售數量快速成長，也奠定臺灣發

芽米在新加坡市場的地位。

◆為臺灣農業找出新的成功之路

　　自從臺灣加入 WTO 之後，臺灣農業遭受到極大衝擊。臺灣土地狹小、人工成本高昂，無法與國外農業抗衡；又加上近幾年飲食習慣改變，米食人口減少，因此造成臺灣稻米過剩，米農生活可以說非常的困苦，因此政府鼓勵農民朝向高附加價值的精緻農業來著手，如發芽米就是一個好的例子。發芽米附加價值非常的高，原本普通稻米可能一公斤賣不到新臺幣 30 元，但是經過加工發酵後成為發芽米，其價格可以變為一公斤 150 元左右，比原先增加五倍之多，由此可見，發芽米可以為臺灣米業創造一個新的商機。除此之外，發芽米健康的概念也將臺灣稻米成功推銷到國際市場上，現今除了新加坡市場之外，歐洲市場、中東市場以及其他東南亞市場也都可以看到臺灣發芽米的蹤跡。臺灣發芽米不僅為臺灣米農減緩了加入WTO 的衝擊，也為臺灣農民開創出一條新的成功之路。

◎關鍵思考

　　國際貿易的興起為人們帶來相當大的助益，我們可以享用到世界各地不同的美食與用品，體驗不同文化的生活形態；各企業也可以將他們所生產的產品推銷到世界各地，除了可以為公司創造更多的利益之外，更是可以增進全世界人民的福利。如上述例子，國際貿易為該公司帶來無限大的市場商機，也為臺灣農民帶來希望的新苗，讓臺灣農業被世界看見。除此之外，也讓消費者可以吃到比日本進口更便宜的健康米，也幫助臺灣米農跳脫低價米的競爭。由此可見，國際貿易無論在日常生活或商業交易中都是扮演一個相當重要的角色。

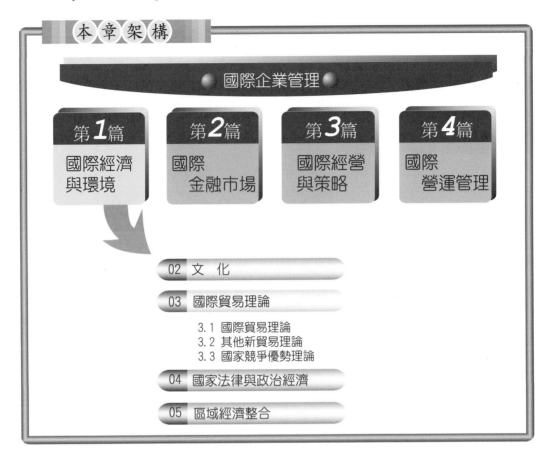

本章架構

國際企業管理

第1篇	第2篇	第3篇	第4篇
國際經濟與環境	國際金融市場	國際經營與策略	國際營運管理

02 文 化

03 國際貿易理論

　　3.1 國際貿易理論
　　3.2 其他新貿易理論
　　3.3 國家競爭優勢理論

04 國家法律與政治經濟

05 區域經濟整合

▶ 本章學習目標

1. 何謂「國際貿易」？並說明國際貿易在現今所扮演的角色。

2. 說明「重商主義」的意涵及其與國際貿易的關係。

3. 比較「絕對利益理論」與「比較利益理論」的不同。

4. 說明「國際產品生命週期」與其他新貿易理論對國際貿易活動的影響。

5. 說明麥可波特 (Michael Potter) 的「國家競爭優勢理論」與國際貿易活動的關係。

介紹完「文化」重要性之後，接下來將正式介紹國際間的來往與互動，首先就從「國際貿易」開始談起。國際貿易理論主要是探討國與國之間的貿易問題，它牽扯到生產者和消費者的福祉，與我們的生活息息相關，我們不可不重視。而在當今的傳播科技、資訊、運輸等產業快速成長之下，人與人、國與國的時空距離縮短，往來也愈加頻繁，國際貿易活動也愈來愈活絡。國際貿易活動現今已成為主流，所以很多國家都已慢慢開放市場，如中國大陸，希望可以透過國際貿易為國家帶來更多的經濟福利。因此本章節主要是要探討一些關鍵性的經濟理論，來說明為何會發生國際貿易活動？以及說明國際貿易的重要性。

3.1　國際貿易理論

3.1.1　重商主義 (Mercantilism)

為了要瞭解國際貿易的內涵，首先我們必須知道：一個國家為何要進行貿易？而最早且最為簡單的答案就是：「重商主義」。這個理論在十八世紀相當的盛行，而其主要論點為：貴金屬（如：金、銀）多寡是代表一個國家強盛或衰落的指標；而貿易的順差是累積財富的途徑，因此政府應該要鼓勵出口並且限制進口，以換取金、銀等貴金屬流進國內，防止本國貴金屬外流，維持貿易上的盈餘，以達到國家的最佳利益。

在這種思維浪潮之下，各個國家無不採取鼓勵出口措施（如：出口補貼）並且減少進口（如：增加進口關稅），國際貿易因此受到相當大的阻礙，貿易量成長得很緩慢。因此亞當史密斯 (Adam Smith) 就提出：重商主義認為一個國家出口大於進口，也就是說在國際貿易上有盈餘，累積大量的金銀，但是這並不能使一個國家富強。所以本著自由競爭的經濟思想而提出了「絕對利益理論」，致力於倡導自由貿易。

➡ **亞當史密斯**
史密斯出生於蘇格蘭 (1926–1790)，1776 年出版《國富論》一書，這是有史以來第一個有體系的經濟理論，故他又被稱為經濟學之父。

▌3.1.2 絕對利益理論 (Theory of Absolute Advantage)

　　絕對利益理論所要說明的是，一個國家應該要專門生產某種生產效率比其他國家為高的產品，這樣一來就可以提高各國的福利水準。而其基本假設是：

(1)只有兩個國家。

(2)只生產兩種產品。

(3)勞工是唯一的生產要素，也就是唯一的生產成本。

(4)勞動在國內具有完全的流動性，但是在國與國之間則是完全不具有任何的流動性。

(5)同種產品在國內的生產成本是相同的，但是兩國之間對同種產品的生產成本則不相同。

　　根據上面的假設，我們舉個例子來說明此觀點。假設有甲國跟乙國兩個國家，他們都有能力生產稻米跟酒，而甲國跟乙國兩國生產一單位的稻米跟酒所需要的勞動成本如表 3.1。

表 3.1　生產一單位所需之勞動小時

	稻米	酒
甲國	15	30
乙國	30	15

　　從表 3.1 中可以看出來，甲國生產一單位的稻米需要 15 個勞動小時，而乙國則是需要 30 個勞動小時；在生產酒方面，甲國生產一單位的酒需要 30 個勞動小時，而乙國生產一單位的酒僅需要 15 個勞動小時。由於勞動是唯一的生產成本，因此生產一單位所需的時間愈短，代表著生產成本愈低，也就是生產力愈高。甲國生產一單位稻米所需之勞動小時 = 15 < 乙國生產一單位稻米所需之勞動小時 = 30；甲國生產一單位酒

所需之勞動小時 = 30 > 乙國生產一單位酒所需之勞動小時 = 15，所以我
們可以很清楚的得知，甲國對於乙國而言，在生產稻米上具有絕對優勢，
而乙國則是在生產酒上面具有絕對優勢。因此史密斯認為在此種情況下，
每個國家如能專業化的生產並且出口具有絕對優勢的產品，而進口生產
絕對不利的產品，這樣一來就能提高兩國的福利水準。

現在假設兩國的稻米和酒的相對價格比例為 1：1，在此種情況之
下，甲國可以以一單位的稻米換取乙國一單位的酒，因為原本甲國自己
生產一單位的酒需要花 30 個勞動小時，但跟乙國交換僅需付出 15 個勞
動小時就可以得到一單位的酒，甲國從貿易中獲得 15 個勞動小時。同樣
的乙國也僅需付出 15 個勞動小時就可以獲取一單位的稻米，乙國從貿易
中也是獲得 15 個勞動小時。因此依據絕對利益理論，進行
國際生產分工專業化，必然可以提高各國的福利水準。

在此例子中，我們是假設相對價格比例為 1：1，每一個
國家都有一項絕對優勢的產品，但是再進一步探討，如果今
天一個國家生產兩種產品都具有絕對優勢，而另一個國家
生產兩種產品都為絕對不利，這樣還會有國際貿易的產生
嗎？如果依照史密斯的看法，在這種情況之下不會有國際貿
易的產生，因為自己生產即可，不用跟外國購買，所以無須
進行國際貿易。但是大衛李嘉圖 (David Ricardo) 則提出了
不同於史密斯的觀點，他認為在這種情況下進行國際貿易
仍然會帶來利益，而下面即是大衛李嘉圖所提出的比較利
益理論來說明此種情況。

→大衛李嘉圖
提出比較利益法則，
猶太裔出生於倫敦
(1772–1823)，是一
位成功的證券經紀
商，未受過正式的教
育，因為研讀《國富
論》一書，而產生興
趣研究經濟學。

3.1.3　比較利益理論
(Theory of Comparative Advantage)

比較利益理論所要說明的是，一個國家應該生產具有最大相對利益
的產品。大衛李嘉圖認為，雖然一個國家對於生產兩種產品都具有絕對

利益，但只要兩國的相對生產成本有差異，國際貿易的發生對各國仍是
有利的。因為一個國家雖然生產兩種產品都有絕對利益，但如生產 A 產
品的絕對利益大於 B 產品的絕對利益，即生產 A 產品相對於生產 B 產
品而言有較高的利益，雖然 B 產品的生產成本相對於他國較低，但是我
們寧願放棄生產 B 產品，專業生產具有較大利益的 A 產品，然後以貿易
的方式來換取他國生產的 B 產品。而以表 3.2 續用上述的甲國生產稻米
和乙國生產酒的例子來說明大衛李嘉圖的模式。

表 3.2　生產一單位所需之勞動小時

	稻米	酒
甲國	15	30
乙國	45	60

從此例中我們可以看出，甲國生產稻米需要 15 個勞動小時，生產酒
需要 30 個勞動小時；乙國生產稻米需要 45 個勞動小時，生產酒需要 60
個勞動小時，甲國在生產這兩種產品上都具有絕對利益。

在貿易前，甲國生產一單位的稻米需要花費 0.5 (15/30=0.5) 酒小時；
乙國生產一單位稻米需要花費 0.75 (45/60=0.75) 酒小時。如果甲國能以
一單位的稻米交換進口 0.5 單位以上的酒，則甲國從貿易中就可以獲利；
乙國從貿易中如果能以少於 0.75 單位的酒交換進口一單位的稻米，同樣
的也可以從貿易中獲利。因此從上面我們可以得知，只要相對價格（P 稻
米 /P 酒）介於 0.5～0.75 之間，兩國皆可以從貿易中獲利。現假設國際
價格（P 稻米 /P 酒）為 0.6，貿易前甲國生產一單位的酒需要花費 30 個
勞動小時，貿易後進口一單位酒的成本是 25 (15÷0.6=25) 個勞動小時，
比自己生產的成本還低，所以有貿易利得。同樣的，貿易前乙國需要花
費 45 個勞動小時生產一單位的稻米，貿易後進口一單位稻米的成本是
36 (60×0.6=36) 個勞動小時，比自己生產一單位稻米的成本還低，所以也

有貿易利得。因此，甲國將會傾向專業生產且出口比較利益較大的商品（稻米），進口比較利益較小的商品（酒）；而乙國將會傾向專業生產且出口比較不利較小的商品（酒），進口比較不利較大的商品（稻米）。

在看完「絕對利益理論」和「比較利益理論」之後，我們可以得知有比較利益就一定會有絕對利益；有絕對利益不一定會有比較利益。除此之外，我們也可以知道，貿易方向決定於比較利益。一個國家應該專業生產且出口比較利益較高的產品，即生產成本較低的產品；進口比較利益較小的產品，即進口生產成本較高的產品。如此一來，不僅可以促進貿易的蓬勃發展，也可以增進全世界人民的福利。

3.1.4　要素稟賦理論 (Factor Endowment Theory)

要素稟賦理論所要闡述的是：一國應該使用本國相對較豐富的資源來生產產品且大量的出口；而進口需要大量使用本國相對較缺乏的資源的產品。這個理論是由瑞典的兩位經濟學家赫克紹 (Heckscher) 和歐林 (Ohlin) 所提出的，因此也稱為赫克紹－歐林定理 (Heckscher-Ohlin Theory)。這個理論同時考慮要素稟賦理論及生產因素成本，並且認為兩國之間之所以會有貿易發生，是因為兩國的要素稟賦不同所致。

要素稟賦理論可以說明，像英國等是擁有相對豐富資本密集財的國家，所以英國致力於生產且出口資本密集財而進口勞動密集財；而像東南亞地區的國家擁有相對豐富的勞動密集財，所以東南亞地區的國家致力於生產且出口勞動密集財而進口資本密集財。

赫克紹－歐林定理在國際經濟上扮演著相當重要的角色，因此有很多的後進學者都來驗證這個理論的正確性，而其中最著名的就是李昂鐵夫矛盾 (Leontief Paradox)。

如果照赫克紹－歐林所提出的要素稟賦理論來看，美國具有豐富的資本密集財，照道理應該要出口資本密集財而進口勞動密集財，但是李昂鐵夫 (Leontief) 卻發現美國反而是進口資本密集財而出口勞動密集

財，這就是所謂的李昂鐵夫矛盾。而這樣的情況也被解釋為，美國是技術先進的國家也是最新科技技術的領導國，然而在生產且出口這些高科技產品都需要有良好教育及高素質的技術性勞工，因此當這些高科技產品出口，造成美國是出口勞動密集財；然而在製造這些高科技產品的同時，需要大量進口一些屬於資本財的機器設備，因此才會使美國反而是進口資本密集財和出口勞動密集財。除此之外，有些國家可能會設有最低工資的限制，因而造成雖有相對豐富的勞動力，可是因為有最低工資的限制使生產成本提高，這些因素都有可能會使要素稟賦理論不成立。

3.1.5 國際產品生命週期
(International Product Life Cycle Theory)

國際產品生命週期理論 (IPLC) 是由美國哈佛大學的學者 Raymond Vernon 所提出，而這個理論所要闡述的是：有些產品首先是在母國生產，然後慢慢移往海外生產，最後會在全球生產成本最低的地方生產，而母國由出口此項產品變為進口此項產品。國際產品生命週期理論所強調的是市場擴張及技術創新的活動，並且有兩個重要的意義：

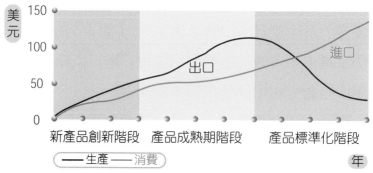

圖 3.1 國際產品生命週期

資料來源：Hill, Charles W. L. (2003), "The Global Trade and Investment Environment," *International Business*, 4th ed., McGraw-Hill Higher Education, p. 155.

⑴創新與發展新產品的關鍵因素是「技術」。

⑵「市場規模」及「市場的結構」是決定貿易形式的重要因素。

Vernon 將國際產品生命週期理論分為三個階段：

1. 第一個階段：新產品創新階段

一些高所得、高工資成本的國家，如美國，開發出一種新產品或在技術上獲得很大的突破，而此時其他國家尚未有此項技術，因此造成美國和其他國家有技術上的缺口。在這個階段產品都在母國生產且比較沒有價格彈性、利潤較高。當產品生產量大於國內需求量時，該產品就會出口到其他先進國家。

2. 第二個階段：產品成熟階段

當產品出口到其他先進的國家且國外需求增加，此時母國會在國外設廠生產且其他先進國家也開始學習模仿、發展替代品，進而產品進口需求量減少。因此母國改變原有策略，將原有產品移到低成本國家生產。

www.xerox.com
www.xerox.com.tw

3. 第三個階段：產品標準化階段

在此階段，原有產品的生產技術變得很普遍且容易學習，而產品由創新國家移到低成本的開發中或低度開發中國家生產，然後再銷回母國及其他先進國家市場。

接下來我們舉一個簡單的例子來說明國際產品生命週期理論。在 1960 年代美國全錄 (Xerox) 生產的產品（影印機）都在自己的國家銷售，後來出口到其他先進國家如：日本及西歐國家，而當這些先進國家需求開始增加的時候，美國就與當地的廠商進行合作，像是在日本就和富士 (Fuji) 一起合資成立富士全錄 (Fuji-Xerox)，而其他的競爭者也開始投入這個市場，如：佳能

➡ 東京富士全錄

因為經營權轉移，台灣全錄公司自 2006 年 4 月起，由日本母公司富士全錄 (Fuji-Xerox) 直接指派高層經營團隊，並於同年 10 月正式更名為台灣富士全錄股份有限公司 (Fuji Xerox Taiwan Corporation)。

(Canon) 也開始大量生產，結果使得美國的出口減少且開始往生產成本較低的國家移動，如：東南亞國家，不久之後，日本其他的競爭者也發現製造成本過高而移到生產成本較低的國家生產，由這個過程我們可以看出國際產品生命週期理論所表達的意涵。

3.2 其他新貿易理論

3.2.1 規模經濟 (Economies of Scale)

所謂的規模經濟意指：在生產技術及要素價格不變之下，隨著產量的增加，產品每單位製造成本隨產量的擴大而下降所帶來的效益，稱為規模經濟。而會產生規模經濟有以下幾個可能的原因：

(1)大量採購原物料：大規模採購可以享受折扣，降低要素成本，因此使整體成本下降，進而每單位製造成本也會下降。

(2)分攤固定的費用：所謂固定的費用，如管銷費用、設備、研發等等支出，由於成本固定，因此產量規模擴大會降低每單位製造成本。

舉例來說，有一家公司購買一臺 3,000 萬元的機器設備，如果只生產 1,500 萬個產品，那麼每單位產品分攤機器設備的成本是 2 元；但若產量提高變為 3,000 萬個產品，那麼每單位產品分攤機器設備的成本就僅有 1 元，每單位製造成本下降，達到規模經濟。由上文可知，若一家國際企業具有規模經濟，其成本將可以大幅下降，產品價格將會比其他國家還要便宜，因此對外貿易將有價格競爭優勢。

3.2.2 經驗曲線 (Experience Curve)

經驗曲線又稱為學習曲線 (learning curve)，主要意義為：某一項工作的成本隨著經驗的累積迅速下降，這項工作有可能是生產、銷售、技術研發等等流程或是管理上的經驗，個人或企業會因為熟悉此項運作，累

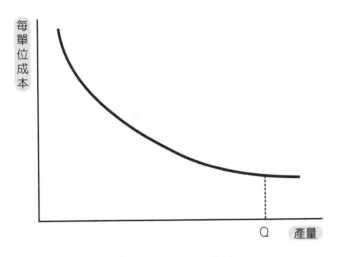

圖 3.2　規模經濟曲線

積一定經驗之後工作效率就會提升，進而降低成本。

　　舉例來說像 TFT-LCD 面板是最近幾年新興的產業，由於是新技術，剛開始製造良率始終都很低，成本相當高，LCD 面板價格也相對高出許多，因此各家廠商從學習當中持續不斷的改良技術，良率不斷因為經驗曲線而提高，廠商出貨量大增，因而使得 LCD 面板價格有下降的空間，產品價格有下降空間，將會吸引更多消費者購買。另外，由於廠商有價格競爭優勢，可以將產品出口至其他國家，進而促進貿易的蓬勃發展，增進全世界人民的福利。

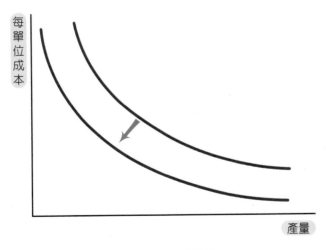

圖 3.3　經驗曲線

3.2.3　先行者優勢 (First Mover Advantages)

先行者優勢主要的意涵是：廠商在所處的產業當中，率先採取一項行動或與其他廠商有顯著不同的產品策略，而獲得競爭優勢。先行者優勢通常會有以下來源：

1. 品牌的認知

當企業率先推出一項產品或首先進入某一個地區銷售，消費者會很容易將產品與品牌做聯想。最好的例子就是生產影印機的全錄，我們只要提到影印機就會想到全錄這個品牌，產品與品牌幾乎要變成為同義字。

2. 通路上的優勢

一項產品要成功的推銷給消費者，通路是一個相當重要的因素。因此若廠商可以提早進入市場布局，建立起綿密的銷售管道，和當地零售業者、量販店建立起良好的關係，使其他競爭者的進入障礙提高，那麼相對於其他廠商而言，先行者在產品的鋪貨上將會有競爭優勢。

3. 技術及專利上的領先

當一家廠商率先推出某一項產品或發展一項新的技術，將會受到專利的保護，若能繼續不斷的研發創新而保持技術領先，讓競爭對手追趕不及，將會取得絕對領先的地位。最好的一個例子就是製藥業，當一項公認具有療效的新藥物出現時，此項藥物又受到專利保護，此時藥廠將會有非常可觀的收入。而企業可以藉由國際貿易活動，將自己率先發明或已生產的產品出口到各個國家，提早進入市場布局，如與當地通路商建立良好關係、向當地政府申請產品專利等等，將進入障礙提高，以阻礙潛在競爭者進入當地市場。

3.3　國家競爭優勢理論

國家競爭優勢理論 (National Competitive Advantage) 是在 1990 年由

著名的策略大師麥可波特 (Michael Potter) 所提出，而其主要的論點為：一家公司的核心優勢來自於自己的國家，當一個國家的環境可以持續提供好的產品資訊或製程，企業將從中獲得競爭優勢，並且會迫使企業不斷的創新、發展新技術，而使企業不斷的升級，而由於這些廠商在國內經過一番激烈的競爭及不斷的成長，使他們相較於其他國家的競爭對手更能在國外市場取得優勢。

　　麥可波特在國家競爭優勢理論中認為創造出國家環境的四個關鍵要素分別是：生產因素條件、需求條件、相關與支援協助的產業及企業策略、結構與競爭狀態，而以下將針對這四個關鍵因素一一說明：

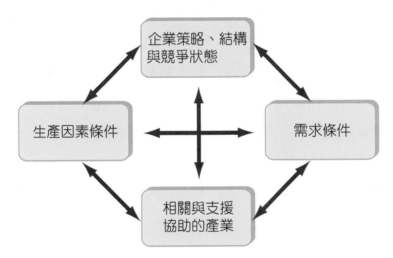

圖 3.4　國家競爭優勢四個關鍵要素

資料來源：Hill, Charles W. L. (2003), "The Global Trade and Investment Environment," *International Business*, 4th ed., McGraw-Hill Higher Education, p. 159.

1. 生產因素條件

　　麥可波特指出生產因素包含基本生產要素 (basic factors) 及專業化、高階的生產要素 (advanced factors)。所謂的基本生產要素，如：天然資源、勞動人口、地理位置等等；專業化、高階的生產要素，如：通訊設備、具有專業知識的工作人員、運輸系統、技術的 know-how 等等。而波特也指出專業化、高階的生產要素比基本生產要素重要，因為他認為企業可

以透過全球化策略或技術來克服那些基本生產因素，在目前的國際競爭下，光是靠那些大量低階勞工是沒有任何競爭優勢的。競爭優勢源自於率先創造專業化因素及不斷的企業創新及升級，而企業創新與升級需要有適當的專業人員及技術。

2.需求條件

　　一個國家國內市場的特性與組成、成長的情況會影響企業進入國外市場的模式。當國內顧客對於產品或是服務很挑剔、要求非常嚴格時，廠商為了要迎合這些顧客的需求必須要時時創新、提升產品品質，進而達到比國外競爭對手更精密的競爭優勢。舉個例子來說，像日本消費者對於相機要求非常的高，除了品質要好、功能要齊全之外，還要輕巧易攜帶、外觀好看，因此日本廠商一再地研發創新，發展更精緻化的產品。相對於其他國家的競爭對手而言，日本廠商技術總是優先一步，因此在國際相機市場上，日本廠商總是佔有一席之地。這個例子恰巧可以來說明國內市場需求條件，可以幫助廠商建立競爭優勢。

3.相關與支援協助的產業

　　當一個國家有幾個彼此相關、具有國際競爭力的產業時，產業間可以互相交換資訊且以最快速、最有效率的方式來傳遞彼此之間需要的原料，以達到互蒙其利的效果。這些廠商大部分都會聚集在一起、比鄰而居，形成所謂的「群聚」(cluster) 效果，不僅在資訊上流通較快，在創新方面也因為廠商之間持續交換意見而佔有優勢。最有名的例子就是臺灣的新竹科學園區，相關電子產業都聚集在此一地區，廠商之間既是競爭又是合作的關係，彼此之間互相技術交流，加速創新與產業升級，以至於臺灣電子產業在國際市場上具備有競爭力且佔有重要的地位。

4.企業策略、結構與競爭狀態

　　在此一項要素中，麥可波特指出兩項重要的關鍵點。第一，每個國家對於公司管理制度都有不同的差異，而這關係到企業的組織形式、追求目標以及管理方式。像德國廠商就較著重在技術或流程上的創新，而

日本廠商就較著重在產品外觀的設計上，這是因為他們所處的國家時空背景不同所致。第二，一個國家的競爭狀態將會影響廠商創造力和競爭力的持續性。如果本國競爭愈激烈，那麼國內廠商將會尋求更低的製造成本及流程、改善產品品質，國內的競爭壓力迫使國內產業升級，使廠商的競爭力得以繼續維持，進而站上國際舞臺並使他們名揚海外。

根據麥可波特在國家競爭優勢理論所述，我們可以瞭解到一個國家若能持續提供企業一個好的商業環境，企業將從中獲得競爭優勢，並且迫使廠商不斷追求創新、進步與成長，使他們優於其他國家的競爭對手。除此之外，更可以透過國際貿易活動，將企業競爭優勢延伸至海外市場，將所生產的產品擴及世界各地，與他國競爭者一較高下。

加入 WTO 後的中國紡織業

　　從 2005 年開始，全球紡織品配額取消，這對中國大陸紡織品出口帶來極大的機會與挑戰。加入 WTO 後，中國紡織品出口成長比率大幅增加，比同期增加 21% 左右。這項政策使得中國紡織品出口至西方國家數量急速增加。然而，美歐等國家為了保護國內的紡織業者，紛紛採取各種手段，希望可以遏止中國大陸紡織品出口的增加。這樣的貿易摩擦也使得中國大陸紡織品出口額比預期低很多，也造成了國際貿易環境的不穩定。

　　雖然在 2005 年全球紡織品配額取消，對中國大陸紡織業而言是一個很好發展契機，但是在同一時間各國控訴中國紡織品貿易的反傾銷案例也增加很多。歐美各國更是制定一系列技術壁壘，影響中國紡織品的出口。如美國針對中國大陸三種針織品實施長達一年的特別措施；日本對中國毛巾做過渡性保障措施；另外還有其他國家要求中國大陸延長配額的時間，這些貿易限制壓抑了中國紡織品的出口，更加重了各國之間的貿易摩擦。

　　中國大陸加入 WTO 後，除上述的國際間貿易摩擦與一些影響之外，對中國大陸自己國內的紡織業而言有利也有弊。中國大陸憑著低勞動成本、低土地成本、一些優惠措施使得中國大陸紡織品更具有競爭力。但是當加入 WTO 後，一些優惠措施將被取消，如取消棉花補貼。如此一來，中國棉花價格勢必上漲，紡織業的成本也將會大增，中國紡織業就會面臨壓力，競爭優勢就會下降。另外，由於開放市場，面對中國大陸龐大的內需需求，各國紡織業也紛紛搶進中國大陸這塊大餅，臺灣紡織業者當然也不例外。這對原有中國大陸的廠商而言，是一項艱鉅的挑戰，因為要面對來自全球各地的競爭對手。

　　在如此競爭激烈的情況之下，中國大陸廠商若如果沒有提升產業等級與競爭能力，那麼在不久的未來將會被淘汰、驅逐離開這個市場。不過從另外一方面來看，由於中國加入 WTO，紡織品平均關稅將會從 20% 下降至 9% 左右，由於關稅下降，進口成本大幅下降，那些進口紡織原料廠商將會受惠，又加上勞動成本低廉，這也為那些原料進口商增加競爭能力。

　　由上述內容，我們不難發現，中國大陸加入 WTO 之後，對中國紡織業

而言有利也有弊。至於利大於弊或弊大於利，這必須仰賴中國大陸的政策以及廠商自身的努力，更重要的是如何抓住機會提升國際地位、提升產業等級、如何提升附加價值，這才是促使中國紡織業出口增長的重點。

【進階思考】

1. 加入 WTO 後對中國大陸紡織業有何衝擊？

2. 加入 WTO 後，中國大陸政府應如何因應此一衝擊？

3. 如果你現在在中國大陸擁有一家紡織廠，你又會採取何種策略來面對這巨大的挑戰？

>> 參考資料

◆外文參考資料

1. Hill, Charles W. L. (2003), "The Global Trade and Investment Environment," *International Business*, 4th ed., p. 155, p. 159, McGraw-Hill Higher Education.

2. Ricardo, D. (1871), *The Principles of Political Economy and Taxation*, reprint (1963), Homewood, I11. Irwin.

3. Rugman, Alan M. and Hodgetts, Richard M. (1995), "International Trade," *International Business: A Strategic Management Approach*, McGraw-Hill Higher Education.

4. Vernon, R. (1966), "International Investments and International Trade in the Product Life Cycle," *Quarterly Journal of Economics*, pp. 190–207.

◆中文參考資料

1. 〈取消棉花補貼　中國紡織業面臨壓力〉,《中央社》, 2005/12/19。

2. 大紀元時報, http://tw.epochtimes.com/。

3. 安子 (2005/10/31),〈中國紡織品期待和諧的國際貿易環境〉,《北京週報》。

4. 歐陽勛, 黃仁德 (2001),〈新古典貿易理論〉,《國際貿易理論與政策》, 三民書局, 頁 47～61。

5. 謝明玲 (2006/09/27),〈台灣發芽米　讓杜拜也飄飯香〉,《天下雜誌》, 第 356 期。

6. 羅莎 (2005/12/30),〈中國紡織品出口貿易系列報導㈤〉,《大紀元時報》。

Note

Chapter 4
國家法律與政治經濟

石油，中美之角力對抗

◆中國大陸之能源需求

　　當中國大陸挾其龐大內需市場並成為世界工廠之後，對於能源之需求也日益增加。1993 年，中國大陸進入石油淨進口國之行列，此後對於石油之需求，以每年增加 4% 到 5% 的速度快速上升，為了支持其龐大的國內工業及建設，對於石油已成為全球第二大消耗國，儘管中國大陸境內有石油蘊藏，但其開採進度仍無法趕上消費速度。2005 年中國大陸對於石油的淨進口量達到一億兩千萬噸，對外依存度超過四成，依此成長速度，預估在 2025 年中國大陸的石油進口量將超越整個歐陸。面對如此龐大且快速成長的需求與經濟發展，中國官方對於能源供應的穩定及安全情況也不得不做一連串的安排與規範，其中包括：分散能源進口國以及規定單位 GDP 能源消耗必須降低 20% 等等。

◆中國大陸對策

　　即使目前中國大陸對於石油的消耗量與進口量與美國相較，僅分別為十分之一與四分之一。但其十三億人口及每年 8% 到 9% 的經濟成長率，對於石油的需求可說是相當可觀，一旦能源短缺所造成的影響將不僅止於經濟成長趨緩這麼簡單。為了分散風險，近年來中國大陸對於其他地區的石油進口比重逐年提高，如：中亞、拉丁美洲、俄羅斯等等，並在石油出產地大量投資。

◆美國立場與態度及影響

　　2005 年，中國大陸國營企業「中海油」石油公司，為了收購美國優尼科公司 (Unocal Corporation) 不惜砸下重金，以高於競爭對手雪佛龍 15 億美元的價格得標，但此項交易卻在美國國會的反對下面臨流產。面對中國大陸過度的石油需求，不僅拉動國際原油價格，並影響整個全球經濟，排擠了英美等強國的經濟利益。而多數美國媒體，如：紐約時報、華盛頓郵報等，皆指出穩定的石油能源供應，對於中國大陸的經濟發展及社會安定有著關鍵性的影響，美國國會的政治決定，只會讓情況更加複

雜與惡化，並在能源議題上與中國大陸產生緊張關係。果不其然，在接下來的一年，中國大陸為了確保其自身能源供應無虞，轉而與美國對立的國家合作，包括伊朗、蘇丹、委內瑞拉等產油國。尤其是委內瑞拉，其本身為世界第五大石油出口國，由於鄰近美國市場，對於美國的出口依存度相當高，但由於和美國關係惡化，便決定在 2012 年把石油出口的 45%，銷往中國大陸。一來一往之間，美國政府並未有效降低中國大陸對於石油高度需求所帶來經濟上之影響，還損失了部分原本應該從委瑞內拉進口之石油。

在全球能源需求角力戰中，畢竟還是以經濟能力來決定資源的分配，面對美國為頭號經濟霸主的地位以及中國大陸龐大內需市場及快速經濟成長率，與其他先進工業國家的瓜分下，石油資源的分配將大大的排擠第三世界及實力較弱的新興發展國家，造成能源分配更嚴重的扭曲。

◎關鍵思考

對企業而言，政府的法律和政治經濟形態是很重要的。瞭解目前政府的法律以及政治經濟形態，有助於企業未來策略的規劃及方向。如上述例子，中國大陸在 5 年經濟規劃中硬性規定單位 GDP 能源消耗必須降低 20%，這項重大政策將會影響到無數企業未來規劃的方向，甚至影響到企業是否可以生存。這在在都顯示政府的法令規章、政策的制定隨時隨地影響著國際企業的經營。因此，瞭解一國的法律以及政治經濟形態，對於國際企業而言是一項相當重要的工作。

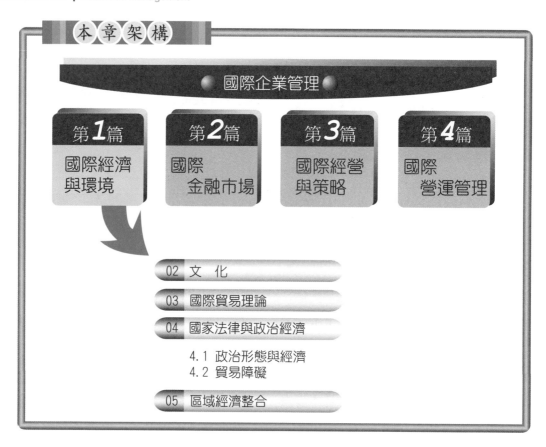

本 章 架 構

● 國際企業管理 ●

| 第1篇 | 第2篇 | 第3篇 | 第4篇 |
| 國際經濟與環境 | 國際金融市場 | 國際經營與策略 | 國際營運管理 |

02 文 化

03 國際貿易理論

04 國家法律與政治經濟

　　4.1 政治形態與經濟
　　4.2 貿易障礙

05 區域經濟整合

▶ 本章學習目標

1. 瞭解不同國家之間，不同的政治形態以及經濟體系。在不同政治形態以
　及經濟體系之間，對於國際企業的經營所造成的影響，以及策略上的運
　用。

2. 國際貿易為國際企業腳步之先行，各國間的貿易，牽動著各個國家之間
　的資本流動以及利益分配。瞭解貿易障礙，以及如檢疫規定等的非關稅
　貿易障礙在國際貿易之中所扮演的角色以及政府的政策。

介紹完國際貿易之後，本章節將介紹國家法律與政治經濟，由於對任何一個國際企業組織或者是國際企業來說，政府的法律以及政治經濟形態，都是相當重要的。瞭解一國的法律以及政治經濟形態，為一企業在決定從事跨國經營之後的首要工作。因為一個國際企業在國外經營，必然受到本國政府以及地主國政府其法令規章、政策制定以及各種集團政治力的影響。不管是本國或者是地主國政府，其對企業間的競爭、利潤的分配或因為期望經濟發展或環境保護所制定的各種鼓勵或限制行為，抑或人力資源的管制，資金的流動，或是政局安定與否，都大大的影響著國際企業的經營。另外，國際貿易為國際企業之先行，任何一個國家的政府，對於其貿易活動或多或少都有干預，如課徵關稅，或是給予補貼，以及數量上的限制等等，其原因不外乎貿易牽動著一個國家的國際收支，國際收支的不平衡也將影響一國的總體經濟情況，因此在國際貿易裡，各國之間貿易所形成的各種障礙，如關稅壁壘、進出管制、配額……，皆影響著貿易進行的順利與否。

4.1　政治形態與經濟

　　國際企業在國際間經營必須面對不同的政治體系以及經濟環境，政治有許多不同的基礎以及理論，且會因為民族性以及信仰等條件的不同而產生許多不同的情況，也不如想像中的理性。政治有時是基於情感來考量，如強烈的民族主義，社會福利等條件，而表現出各種不一樣的制度，進而產生進出口管制、人力資源移動的限制、不同國家福利、關稅或貿易障礙……。

　　就目前國際上的政治形態來看，我們大抵可以分為資本主義的民主政治，以及社會主義的共產政治。

4.1.1　政治形態的區分

1.資本主義的特色

所謂資本主義的社會大抵有三項特徵：

(1)生產者不再掌握生產原料（如：機器、廠房、設備等資源），在早期時代，主要的生產者，如農民，擁有他的生產原料（土地、農具等等），到了工業革命，資本主義時代來臨的時候，這時社會主要的生產者——勞工，已不再擁有機器、廠房等大規模生產的設備，生產原料轉而到了資本家的手中。

(2)在資本主義的社會裡，由於生產的革新，機器設備愈來愈複雜，愈昂貴，不再是大多數靠薪水過活的人所能擁有的，反而是集中在擁有大量資本的人——資本家手中，我們稱之為「資產階級」。他們組成了許多企業，彼此間為了爭奪市場、投資地點、原料來源而競爭，且為了累積資本、增加利潤而利用各種方法榨取受他們雇用的勞工，也就是資本集中於少數人手上。

(3)勞動力變成商品，和資本家相比，出現了一群只能靠出賣勞動力，換取薪水才能生活的人。他們無法掌握資本，卻有出賣勞力的「自由」，他們在不工作就沒有收入的經濟壓力下，必須連續不斷的在勞力市場上出賣勞動力，而工資就是勞動力的價格。不只所謂的「藍領」是如此，大多數的「白領」也是如此。我們通常稱這群人為「無產階級」（沒有生產工具、生產資源），或是「工人階級」。雖然工作性質和場所不同，但是就社會經濟地位來說，辦公室裡的辦事員、祕書、銀行中的銀行員和工廠裡的作業員都是一般，都是出賣勞力支領薪資的工人。

簡單的說，資本主義的基本特色為：(1)生產者和生產原料分離；(2)生產原料掌握在資本家的手中；(3)勞動力轉而變成商品，產生了一個出賣自己勞力的勞工階級。

2.民主的特色

民主的思想來自於古希臘，其為公民直接參與決策的制定及表決，所有的公民在政治以及法律上一律平等。只是，在當今的世界上沒有任

何一個國家是絕對的民主體制，因
此所表現出來的形態也是多樣化
的。而民主政治可被歸類成以下幾
個重點：

(1)公民直接和間接的參與政治決
策，且少數服從多數。

(2)在代議制民主制中，決議由大
多數人投票選舉產生。

(3)所有公民一律平等。

(4)公民有部分的自由以及權利。

所謂代議制度形式的國家，其
是由公民投票選舉產生代表，再經
由代表團集體決議產生決策。

➡立法院

立法院為我國最高立法機關，由人民選擇之立法
委員組成，代表人民行立法權，就其職權、性質及
功能而言，相當於一般民主國家的國會。

3.社會主義的共產政治

社會主義制度是共產主義的初期階段。在社會主義國家裡，無產階
級掌握了國家的政權，其分配原則為各盡所能，各取所需。而共產主義
階段則實行按需要分配的分配制度。

社會主義思想起源於十六世紀初英國作家托馬斯·莫爾的《烏托邦》
一書，經過十八世紀到十九世紀工業革命造成的艱難時世，法國的聖西
門、傅立葉和英國歐文等人的發展而成氣候，直到現在仍然很有市場。
社會主義有多種流派，一般說來，各流派的社會主義都有如下主張：

(1)工礦企業、金融機構和其他一切生產資源歸全體人民集體所有。

(2)生產的目的是為滿足人類生活的需要而不是為賺取利潤。

(3)企業乃至國家管理人員都需通過民主選舉而產生❶。

社會主義描繪了一個令人神往的理想世界，可惜至今沒有人知道究
竟如何才能到達那個無限美好的彼岸。真正的社會主義者並不主張暴力

---

❶　社會主義概念中，所有東西都是國家的，也因此其管理人員經由民主選舉而產生。

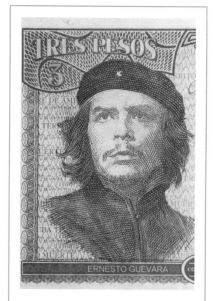

➜古巴披索上的切‧格瓦拉

當今強調社會主義制度的國家，還有中華人民共和國（1949 年〜至今），朝鮮民主主義人民共和國（1948 年〜至今），越南社會主義共和國（1976 年〜至今），寮人民民主共和國（1975 年〜至今）。圖中人物為切‧格瓦拉，是今日古巴總理的摯友，也是掀起早期革命的主要角色。

革命，他們或者在世界各國小範圍內作一些定點實驗，或者通過競選參加議會試圖影響政府決策。但是，正如美國社會主義工黨在其網頁上所宣稱：「社會主義從來沒有存在過。它既未曾存在於過去的蘇聯，也不存在於今天的中國。」

4.1.2 地主國經濟以及市場環境

對於一國際企業經營而言，地主國的經濟狀況以及市場環境的結構，大抵可以分為三個部分：第一為該國的經濟制度，第二為該國的經濟市場規模，第三為其他影響經濟環境的因素。

地主國的經濟制度

1.經濟制度

我們根據資源配置以及資源控制的方法可以將經濟制度劃分為計畫經濟制度以及市場經濟制度。只是，計畫經濟的形態已逐漸的走入歷史。世界上大部分的國家都採行市場經濟制度。不過不同的國家，其所採用的市場經濟制度仍有不同的特點。

美國是典型自由市場經濟的國家，其國民經濟上的基本單位是政府、企業體和家戶。企業體購買並轉化資源成為產品，而家戶擁有資源且消費產品，而政府依法監督管理，收稅且也有產品購買的行為。美國企業一般都是自主經營，家戶也自由消費，政府並不干預企業以及家戶的經營與消費活動。但是，由於大企業以及工會的存在，大企業經常控制產品銷售或資源的購買以減少市場競爭的壓力，而工會則會限制勞工的規模、增加工資、限制勞動力的供給等，來影響勞動力市場的供需狀況，進而達到其所想要之目的。一般而言，不外乎是薪水以及勞工福利。政

府也會有其經濟政策，利用財政政策或是貨幣政策來調控市場經濟，對市場進行干預，如美國聯準會的升息降息政策，大大的影響著美國以及全世界的經濟條件，所以即使像美國這種自由的國家，也不是完全的市場經濟。

就中國大陸來說，實行社會主義市場經濟，目的是在保留社會主義公有制，保留依勞力貢獻進行分配為主體的前提。計畫之性質仍佔有一定的比例，企業體雖有充分的自主權，但是國家在總體上保持國民經濟有計畫的發展，保持資源合理配置，中央政府並制定各種產業發展計畫，制定各種產品品質標準，對企業進行統籌、監督及協調。

2.消費形態

每一個不同的國家民族，各有其不同的消費習慣以及特性，對於各式各樣的消費有著不同比例的支出，且隨著收入的增加，對於每一個家庭而言，其用於食物上的消費支出比重下降，而其他如休閒、儲蓄等的比重則會增加。因此國際企業應根據不同的消費類型，生產不同的產品以滿足消費者的需要，如對於較富裕的國家，應生產較高價，附加價值高的產品以滿足其需要。

3.外匯形態的影響

匯率的變動，對於國際企業的利潤具有相當大的影響，若是不稍加注意，其利潤可能會因為匯率的變動，而導致虧損的狀態。而世界上各個國家，其對於外匯的態度，大抵可分為三類。第一類為完全浮動匯率制度，匯率完全由外匯供需所決定，中央銀行不干預匯率的決定方式，稱為純粹浮動匯率制度，或純粹機動匯率制度。

其優點為：

(1)對於國家的國際收支平衡表有著均衡的狀態，沒有國際收支問題。

(2)可降低國外經濟變動對本國經濟的影響。

其缺點為：

匯率變動不定，增加貿易的風險。

第二類為固定匯率制度，政府將本國貨幣與某一外幣或是一籃通貨間的兌換率，固定在某一水準，非萬不得已，不輕易變動此匯率水準，稱為固定匯率制度（如中國大陸人民幣，就是採用釘住美元匯率的固定匯率方式）。

第三類為管理浮動匯率，管理浮動匯率制度是介於固定匯率與純粹浮動匯率兩者之間的制度，匯率原則上由外匯市場的供給與需求來決定，另一方面中央銀行隨時參與外匯的買賣，來影響匯率水準。由於此種匯率制度包含了中央銀行的干預，故又稱為汙濁的浮動 (dirty floating)。

4.國外公司的介入程度

一個國家，其國外公司介入的程度，隨著其經濟開放程度的增加而增加，經濟越是開放的國家，其國外公司介入的程度也越高。但是，經濟開放程度越高，越容易讓國際企業投資營運，相對其競爭也越激烈；而經濟開放程度較不高的國家，雖較不易經營，但是其競爭情況也相對的低。

地主國的經濟市場規模

1.人　口

一般來說，國家的人口越多，其市場的規模也就越大。但是，若僅根據人口數字並不足以正確的描述市場規模的大小。必須再考慮如：人民的所得分配，購買力，以及年齡結構等重要的影響因素。不同的產品，如高價品或是一般民生用品，對於人口這一項指標有著不同的意義。對於高價奢侈品而言，其目標市場為收入高的人士，因此人口指標對於其目標市場並沒有太大的作用，其所該注意的應該是高所得人口分配以及收入的結構。相反的，就一般民生必需品，如飲料、平價的衣服這一些附加價值較低的產品，那麼人口就成為衡量潛在市場規模的一項重要的指標。

2.所得水準

所得水準可以從三個方面來評估：所得分配情況、平均每人所得以及國民生產總值。平均每人所得水準無法正確的反映一個國家的實際購買力，因為許多已開發國家中，其所得的貧富差距很大，越是進步的國家，貧富差距越是懸殊，一個國家的所得分配情況可以由勞倫茲曲線 (Loremz Curve) 來得知。而根據勞倫茲曲線所計算出的吉尼係數 (Gini Coefficient) 可以看出所得分配是否平均的狀態，一般來說吉尼係數必定介於 0 (絕對均等) 和 1 (絕對不均等) 之間，係數越大表示所得分配越不平均。

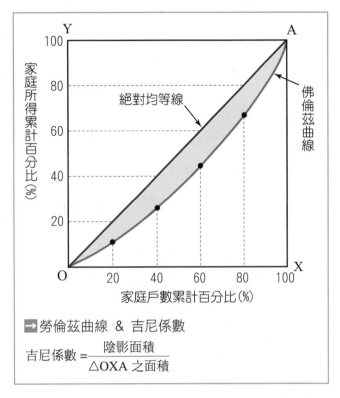

➡ 勞倫茲曲線 & 吉尼係數

$$吉尼係數 = \frac{陰影面積}{\triangle OXA\ 之面積}$$

www.imd.ch

　　總和來說，平均每人所得仍然是被普遍採用的一個經濟指標，其反映了一國的經濟發展水準，富裕程度以及現代化程度，亦反映了這個國家的購買力，另外，依據瑞士洛桑管理學院 (IMD) 每年所提出的世界競爭力指標亦可以窺得各個國家的競爭力，一般來說高競爭力的國家，代表著高購買力。

3. 競爭形態

　　地主國市場上的競爭形態是國際企業所必須考慮的重要因素。在不同的國家投資，企業所面對的是新環境以及不同於國內的競爭，其經營模式、經營策略以及激烈的程度都不同於國內，因此國際企業在決定投資之後，必須謹慎分析不同國家的競爭程度，而這一方面的分析，可利用麥可波特的五力分析 (five forces)、鑽石模型 (diamond model) 或者是價值鏈分析 (value chain)，皆可以提供一些有力的看法以及結論。

其他影響經濟環境的因素

國際企業在地主國從事生產及經營活動時，除了考慮上述的境況外，尚必須考慮其他因素，如：地主國的都市化程度，基礎設施情況，成長趨勢等。

1.都市化程度

都市化程度為一國總人口中城市人口所佔的比例，高所得的國家其都市化程度遠遠超過低所得國家，而都市與鄉村的居民，在文化以及經濟方面有著很大的差異，這些差異也大大的影響著國際企業經營的一項指標。居住在鄉村的居民，其對產品的需求量不如城市裡的居民，另外城市的居民所受的教育程度較高，所得較多，資訊較流通，也影響著鄉村與城市居民間的消費方式與習慣。如高價品就比較難打入鄉村市場。

➡️都市化程度

都市化程度影響居民的消費方式，在價位偏高的咖啡店消費已經成為許多都市人的生活習慣，但對於所得較低的鄉村居民，可能僅要求一般用水能夠使用無虞。

2.基礎設施

一般來說，基礎設施包括交通，水電等能源供應，金融體系的發達程度等，這些設施越完整，企業就能越順利的從事生產經營。

(1)交通：交通的發達與否影響著企業的經營，如道路的密度，鐵路的長度等，不管是原料運送的便利，或者是產品銷售的流暢，交通佔著非常大的影響。如：新竹科學園區，其坐落在中山高速公路旁邊，原料進口或是產品的輸出，靠著中山高速公路直達基隆港，加速了原料以及貨物的流暢性，也減少了運送的成本。

(2)水電能源的供應：某些產業在生產的過程中需要大量的能源，而有

時能源供應的不連續或是中斷，往往造成企業巨大的損失，因此對於國際企業的經營生產而言，水電能源的供應是否充足以及穩定是相當重要的。

(3)成長趨勢：一國的經濟成長趨勢左右著國際企業是否願意在此投資的一個重要因素，因為縱使一個國家的國民生產總值很高，但是成長緩慢，則該國對於國際企業的投資不具吸引力，因為其缺乏發展潛力。反之，若是國民生產總值很低，但是成長率很高，則國際企業有進入該市場的需要。

4.1.3 國際企業與地主國經濟發展

國際企業與地主國之間有著密切的關係，其種種的行為，諸如資金的移轉、技術的擴散、工作機會的增加等，對於地主國有著許多有利的發展。

1.資金的移轉

國際企業在投資地主國時，往往挾帶著大量的資金進入市場，這些資金可能由企業內部獲得，或者是在其他的金融市場所籌得，而這些資金也往往在地主國創造了其外部效果、加速資金流動、彌補資金缺口等，對於國際收支平衡表為負的國家，也有相當大的助益。然而，這些潛在利益可能會被幾個因素所抵消，例如：真正由國際企業所帶入的資金相當少，大部分的資金來自再投資的利潤和當地的儲蓄，若當地儲蓄的金額原本並未用於生產則影響不大，但是若國際企業從其他生產用途來移轉資金，那麼當地的廠商可能就缺乏投資資金了。此外對地主國而言，私人的直接投資比從外國獲得資金更為昂貴，因為國際企業的獲利常較國際資本市場中長期利率為高。

2.技術的擴散

技術在經濟成長的過程中，扮演著很重要的角色，現代的成長理論強調影響經濟成長率的是技術的運用，而非只是生產因素本身。透過研發以及科技創新，其成本以及風險極高，是低度開發國家所欠缺的，若

可以靠著國際企業引進新技術,則可以使地主國可以得到更新的競爭力。但是技術的擴散移轉是否對地主國全然有利,則將依照移轉技術所附的條件,如價格與供給方式,另外,所發展的技術和相關產品的適用性,亦須考慮。

3.工作機會的增加

通常來說,國際企業的投資都會為地主國帶來相當多的工作機會,這樣的附加利益也對地主國的經濟發展狀況有所助益,如:寶成在大陸的投資,其所雇用的員工就有上萬人,依附寶成企業所生活的家庭更是數倍於此,因此國際企業所帶來的貢獻,也不容小覷。

www.pouchen.com.tw

4.1.4 地主國的管制政策以及獎勵措施

地主國的管制

只要有國際企業在不同的國家從事經營活動,一國政府總是會運用某些政策以及法令來管制某些重要的資源,以保護國家本身的利益。一國的管制政策常隨著不同的情況而有不同的變動,而且隨著不同國家之間的特性以及國家之間目標的不同,其管制措施也有相當大的差異。而這些措施為一國為保護其利益而產生,因此也造成了所謂的政治風險。相對的,一國政府亦可以利用這些管制措施來達成其國家目標,如經由獎勵措施或是其他的政策來鼓勵對國家目標有貢獻的國際企業。

1.進入市場的管理制度

對許多的國外投資人而言,最能吸引他們去投資的地主國條件為,完善的公共設施,優良的工業區,程度高的勞動力,以及迅速的資訊系統。當然,當一地主國深為投資人所青睞的時候,入境的管制就變得相當的重要,不僅許多關鍵性的工業不能讓外國公司進入,不同產業在股權的分配比率上亦必須有一定的管理,以免造成長遠的影響。

2.入境之後的管制

當國際企業入境之後，地主國必須積極的引導，讓國際企業在財務上、出口上以及研發上能對地主國有所貢獻，因此一般入境後的管制有：

(1)財務的管制：如初期所引進的資本數額，借款幅度，利潤的分配，利潤的匯出等。

(2)技術的引進：若地主國政府對於國際企業的技術移轉沒有條款上面的明文規定的話，那麼地主國容易淪為被國際企業所套利的一種投機行為，對地主國極為不利，因此許多的政府都有類似的管制技術移轉條款。

(3)徵收制度：徵收是指政府以補償的方式取得某人的資產。地主國政府可能為了政策上以及福利上的考量，將會強行徵收國際企業的資產。徵收是地主國對於國際企業管制的最後一項方式，此時國際企業被迫放棄其資產以及獲利機會，而補償的金額往往低於其資產的現值。

地主國的獎勵措施

基於某些原因，某些地主國會提供誘因來吸引外資企業進入該國投資，而一個國家其所提出的獎勵方案，會隨著投資的地點、金額以及產業而有所不同，一般而言，地主國的獎勵方式大約有下列幾項：

(1)免進口稅：對於某些設備，原料，給予免稅或是特殊關稅的優待，以降低其經營成本。

(2)租稅減讓：某些地主國提供了租稅減免，讓前來投資的企業享有租稅假期。

(3)其他保證條款：如高等的勞力供給、水電、道路等基本設施的允諾。

另外，像是自由港區，貿易區或是其他的因素都可以吸引外人來投資，以自由港及貿易區為例，商品的進口、加工等，完全免費，此種優惠都有助於吸引外人來投資。

4.2　貿易障礙

　　自由貿易可以讓全球以及各國的資源配置效率提高，產出增加，消費增加，福利水準的提高。但是事實上，由於各國在經濟上以及非經濟上因素的考量，往往採取各種的關稅以及非關稅的貿易政策來干預國際貿易的進行，貿易障礙成為常態，任何一個政府對於該國的貿易及經濟活動，或多或少都有些控制，如課徵關稅，給予國內生產業者補助，對消費只課徵消費稅或是對於各種進出口的貨物給予數量上的限制等等，這些政府措施直接或間接的對於國際貿易產生某種程度的影響，進而影響一國經濟以及產業的發展。

4.2.1　貿易政策的採行

　　關稅在貿易政策中是最古老也最具代表性的政策，關稅起源於過去的國王或是封建諸侯以獲取財政收入為目的，於是對於過境的貨品收取關稅，係一個國家對通過其國境之貨物所課徵之租稅；因此，它是一種「國境稅」，也是一種「對外關稅」。所謂「國境」，並不僅限於一個國家的政治領域，而是指經濟的國境，亦即關稅之領域。此種關稅稱為財政關稅，因此不論商品的輸出或者是輸入，均需課稅。到了現代，許多的國家其財政收入已不只靠關稅收入，使得關稅收入在國家收入所佔的比例不但明顯日趨下降，且其課徵關稅之目的，亦由收取財政關稅轉變而成保護國

→進口汽車
同等級的進口汽車之所以較國產汽車昂貴，主要是因為其售價必須反映關稅成本。

內某些產業，以免外國的貨品大量侵蝕本國的市場，使得本國的廠商喪失其生存空間，進而扶植特定產業在國內之茁壯。

在國際貿易理論上，根據比較利益來進行國際間的專業分工以及進行國際間的自由貿易，可以提高資源的分配效用，增加全球的生產以及消費，提升世界上所有人的福利水準。但是事實上，自由貿易根本不存在實際的國際社會上，其往往有許多的貿易障礙存在，限制國際貿易的自由進行，使得自由貿易成為一種理想。當然，有些人認為在某些情況下，貿易限制將會比自由貿易有利，但是，這種觀點往往只是在某些私利的條件成立下才站得住腳，而貿易的限制有許多的手段以及論點，以下就介紹一些常見的貿易限制障礙：

1.保護幼稚產業論

幼稚產業，指的是本國正在發展中而無法與外國相同產業競爭的國內產業稱之。保護幼稚產業論者，其主張，為了使本國的幼稚產業有生存以及發展的空間，應以關稅或者是配額手段，暫時保護其免於受到外國同類產品的威脅。直到本國產業具有生產效率以及足夠的規模經濟能與相同的外國產業競爭之能力為止。但此種方法是否適合歐美等的先進國家，或是某一些產業在經過保護之後，是否能進步成長，擺脫幼稚的階段而自立，都是必須審慎考量的。

2.保護就業論

一般認為，從總體經濟面來看，保護關稅或者是配額的實施，可以使進口減少，增加國內的有效需求，而使得國內內需市場擴大，本國產業擴張，就業與所得水準提高。但是，其缺點為，若想要以減少進口的方式來達到擴大本國內需市場以及就業水準的目的，必定無法讓所有國家皆能以貿易順差來達到擴張經濟的目的，因為一個國家的出口必是另一個國家的進口。這種作法將使貿易對手國的出口減少，產生貿易逆差，而使其所得與就業水準下降，因而導致貿易報復。因此，若是要以保護就業的目的而提高關稅，所獲得的利益是短暫的，無法持續的。

3.國家安全論

國家安全論者主張，政府應以關稅來保護民生必需工業或是國防工業產業，使其生產達到自給自足。但是，事實上幾乎每一個產業都直接或間接與國家安全有關，而這種因為政治或只是軍事而非經濟因素的考量，將導致資源配置的嚴重扭曲。

4.技術擴散論

許多的技術擴散論者認為，如歐美等先進工業國家，其產品具有比較利益的原因是技術領先的結果，但是現今國際社會上資訊的發達以及流通的迅速，利用技術進步所保持的領先地位，很容易因為技術的擴散以及傳播而喪失，除非能經常有創新的發展，否則其競爭力很難去維持。所以，技術保護主義者認為自由貿易將產生相當大的風險。

5.國際收支論

當其他的政策以及措施無法使本國的國際收支逆差快速的獲得有效改善時，便有人提出以關稅或者是配額來限制進口，改善國際收支。但是國際收支除了與貿易有關的經常帳以外，另外有與資本流動有關的資本帳，因此，單方面只調控與貿易有關的經常帳項目將對國際收支的平衡與否沒有太大的實質作用。

6.反傾銷論

當貿易對手國採取傾銷的策略，導致本國產生不利的影響，此時，若是採取關稅或是其他手段來限制此種產品的進口,將被視為是正當的。但是，這也僅限於貿易對手國有傾銷行為的時候，而無法據此限制全面性的貿易活動。

7.關稅收入論

關稅收入論又稱為「幼稚政府論」，對於剛獨立或是成立的國家，或是開發中國家而言，由於政府並沒有其他方面的稅收，因此關稅自然而然變成了一種政府財源最重要的來源。據此我們可以利用稅制的結構來判定，這個國家的經濟發展程度。若是稅制結構中關稅所佔的比重越大，

表示該國的經濟越落後，生產與消費形態越不健全；反之，則該國的經濟發展較為優越。以政府收入為主要目標的關稅政策，將導致資源配置的嚴重扭曲以及經濟成長的受阻，因此，以關稅作為政府收入的主要來源是一種相當不智的作法，應以健全的制度來促進經濟成長，而據此來取得政府的財源才為上策。

雖然從總體的角度來看，對各國來說自由貿易比限制貿易來得有利，但是從個體的角度來看，進行貿易干預的政策總是會出現讓某些人受惠，某些人受害的替換效果，因此一個國家裡總是有自由貿易論者以及限制貿易論者爭執的存在。例如消費者、進口商、出口商以及出口產業的從業人員為自由貿易的追隨者，而限制貿易者，則以缺乏效率的進口替代業者為主，尤其對一些獨佔者而言。

■ 4.2.2　貿易政策之手段以及方法

不同的貿易政策手段以及方法，可以用來干預國際貿易活動的進行，而世界上主要的政策工具有以下幾項：

1.價格政策的手段

價格政策，主要是指透過改變進口以及出口產品的價格，以達到限制貿易的目的，包括進口關稅 (import tariff)、出口關稅 (export tariff)、進口補貼 (import subsidy) 以及出口補貼 (export subsidy)。

2.數量政策的手段

控制數量的手段，是指直接利用控制進口，以及出口產品的數量，來達到限制貿易的目的，其中包括進口配額 (import quota) 與出口配額 (export quota)。

而更明白以及更貼近實際上各個國家所

➡紡織業取消配額管制
自 2005 年 1 月 1 日開始，全球紡織業正式取消配額管制，WTO 各會員國可更自由地將紡織品及成衣出口至美國、歐盟及加拿大等原採取配額管制的國家。

採用的方法之分類，可以分為：關稅型的貿易障礙 (tariff trade barriers)、非關稅型的貿易障礙 (non-tariff trade barriers)。

關稅型的貿易障礙 (Tariff Trade Barriers)

若就課徵關稅的方式不同，可以分為從價關稅，從量關稅，以及混合關稅三種。

1.從價關稅 (Specific Tariff)

所謂從價關稅是指，按進口商品的價值，課徵某一比例的稅率。如某一種酒其價值為 1,000 美元，而從價稅的稅率為 12%，那麼進口商必須要繳納關稅 120 美元。根據從價關稅，價值越高的貨物，其所課徵的稅額也越高。

2.從量關稅 (Ad Valorem Tariff)

所謂從量關稅，是對進口產品的每一單位數量，課徵一固定的金額之關稅。例如進口一百臺腳踏車，規定每一臺腳踏車課徵 1,000 元臺幣的關稅，那麼關稅總額為 10 萬元臺幣。不管一臺腳踏車的價格是多少，關稅稅額均不變。因此，在從量關稅之下，不管商品價格高低，稅額始終保持一致。

3.混合關稅

由於從價關稅以及從量關稅各有其優缺點，因此將從價關稅與從量關稅混合使用的一種稅制稱為混合關稅。例如對酒的價格課徵 5% 的從價關稅，以及每公升 10 美元的從量關稅。

若依課徵的目的來區分，關稅可以分為：

1.收入關稅 (Revenue Tariff)

是指各國政府收取關稅是以為了獲取收入為目的而課徵，一般來說，此種目的所課的關稅通常是針對國內沒有生產的進口產品來課徵，而稅率通常並不高。

2.保護關稅 (Protective Tariff)

保護關稅是指為了保護國內某產業所課徵的關稅，使國內的產業免於受到激烈的競爭而損害到其生存空間，而以這種目的所課徵的稅率通常較收入關稅為高。若保護關稅之稅率高到讓國外的產品無法進口，則稱之為禁止性關稅，一般國家課徵保護性關稅仍然會有外國的產品進口，這種保護關稅亦稱為非禁止性關稅 (non-prohibitive tariffs)。

非關稅型的貿易障礙 (Non-tariff Trade Barriers)

非關稅型貿易障礙，指的是除了關稅（尤其是進口關稅）以外的貿易障礙而言之，而其項目大抵為，如進出口配額，進出口補貼，官方貿易獨佔，外匯管制或是行政上的留難，如農產品的檢疫等等。以下針對幾種常見的非關稅貿易障礙的形態來說明。

1.配　額

配額指的是，在一定的時間內，限制某一種產品所能進口或是出口的最大數量限制，一般來說，配額較關稅更能干預貿易行為的進行，因為關稅並不能有效地限制貿易數量，尤其當此產品在本國受到相當程度的歡迎或其為核心需求物品時，關稅的課徵所產生的作用將縮減。而配額管制卻能視實際的需要以及政策，有效的達到所希望管制的數額。

2.補　貼

補貼之目的，在改變進口（或是出口）的國內以及國際價格，以達到增加出口或是減少進口的目的，因此可視為一種反向的關稅。

3.行政上的留難

如農產品的檢疫，或是其他產品的簽證及產品規格等。

4.進口平衡稅

當貿易對手國對於其出口到我國的產品實施補貼時，則我國可以課徵進口平衡稅，以減少進口的數量。

5.預先存款要求

預先存款要求指的是，當進口商在進口之前，預先將一筆價值一定

的存款存入銀行一定時間，以行保證之名，而實際上此種作法增加了進口商的利息負擔，為一種變相的進口關稅，以達到減少進口的目的。

6.管制外匯

有時政府會為了管制外匯而干預國際貿易市場，但是此種作法較沒有立竿見影的效果，一般管制外匯通常會以中央銀行從事公開操作為主。

配額的實施原因以及方式

上述幾種非關稅貿易障礙，在實務上大多以配額為主，而配額實施的原因以及方式大抵為以下幾項。

1.配額的實施原因

(1)改善國際收支

當一國試圖以提高關稅來改變國內售價，降低產品進口的數量，以達到改善國際收支平衡時，可能會因為貿易對手國降低其售價以抵銷本國提高關稅的效果；或是本國進口的需求彈性或是外國出口的供給彈性等於零的情況下，改變關稅以圖修正國際收支，將沒有實際上的效果。此時，應以配額為主，可以完全掌控其進口的數量，以達到改善國際收支以及穩定匯率的效果。

(2)政策的立即性

配額不像關稅一般，必須要透過立法程序才可以實施，因此行政部門可以依照當時的經濟情況與需要，隨時調整配額的數量，以達到其所追求的經濟目標。

2.配額的實施方式

(1)公開性或是全面性的配額

此種配額方式，政府只單方面規定某段時間內其進口總量，而不規定由何地進口，由誰進口。其缺失為，先進口者有利，後進口者不利，因為後進口者有可能貨物在運送途中配額已滿，或是對於大進口商以及小進口商之間的訊息不對稱所造成的不公平現象，因為大進口

商掌握了較多以及較快訊息的能力，而小進口商在這一方面就略遜於規模較大之進口商。

⑵進口許可證 (import licenses)

此種方式為以公開競爭的拍賣方式或其他方式取得進口許可證，以進口一定數量的貨物，進口許可證有時不止規定進口數量亦會規定進口地區，而且許可證的分配與一國福利水準的高低有關。通常許可證分配有下列幾種方式，①公開性的競爭拍賣，即將許可證在市場上公開拍賣，競標。②給予某些固定的進口廠商，而不經任何的議價過程，這種方法會導致資源配置不合理的情況產生。③申請，即向政府單位申請以獲得許可證，有先到先申請以及依據製造商的產能大小來分派。

4.2.3 小 結

不同國家之間，有著其不同文化，不同的民族性，不同的政治態度，因此也造成了各國之間的政治經濟發展有著不一樣的狀況。一個國際企業，在計畫於他國進行營運之時，對於各國之間不同的政治經濟情況必須有充分的瞭解，才能在投資他國的時候受到應有的保護，免於受到其他政治上的風險。

而在國際貿易活動上，當自由貿易成為夢想之時，貿易障礙總是充斥在國際貿易市場之中，而形成貿易障礙的理論很多，大抵都源自一國為了保護其產業或是達到其經濟目的。因此，在進行國際貿易買賣的時候，更是需要加強注意。

亞洲經濟銳不可擋　臺、美在亞洲經濟角色之扮演

　　世界貿易組織 (WTO) 到目前成立已近十二年，近年來在杜哈回合 (Doha Round) 談判上一直膠著不前，主要原因為歐美各國與開發中國家對於農業議題無法達成共識所造成。開發中國家強力抵制開放其本國非農產品以及服務業市場，除非歐美等國大幅調降對農業的補貼及關稅。對農業比重高的開發中國家而言，若接受美國所提出的減稅方案，則必須大幅降低農產品進口關稅，無疑的這些國家的農業部門必遭消失的命運。在談判進度嚴重落後的情況下，各國對 WTO 逐漸喪失信心，轉而進行雙邊或區域自由貿易協定 (FTA)。

　　東南亞國協 (ASEAN)，簡稱東協，是 1967 年在美國主導下，為了防堵共產主義的蔓延而形成的區域組織。東協共有十國，分別為：印尼、新加坡、泰國、馬來西亞、菲律賓、汶萊、越南、柬埔寨、寮國、緬甸。在 2004 年與中國大陸正式簽署東協加一（中國大陸）之自由貿易協定 (FTA)，正式開啟新的亞洲經濟版圖，東協加一在 2010 年將整合成具有十七億人口的自由貿易區，雖然不如歐盟 (EU) 以及北美自由貿易協定 (NAFTA)，但其代表亞洲勢力正在悄然行成，東亞正式出現一個非美國主導的國際組織。

　　在東協加三（中、日、韓）出現之後，加上中國與日增加的影響力，大大的排擠了美國在亞洲的勢力，使得美國在亞洲面臨了邊緣化的危機，而 2005 年底所舉行的第一屆東亞十六國高峰會，東協加六（中、日、韓、澳、紐、印），更是宣示區域主義的興起。

　　向來在亞洲極有勢力的美國，面對東協加三，也不得不對本身可能在亞洲被邊緣化的情況感到憂心，為了避免此種情況發生，除了 2003 年與新加坡簽訂 FTA 之外，自 2004 年開始更積極與臺、韓、馬、泰等國進行談判，更在 2006 及 2007 年分別與馬來西亞及韓國簽訂 FTA，對於進入亞洲經濟版圖，避免在亞洲被邊緣化，有很強烈的意圖。

　　在一連串亞洲經濟版圖重新整併的過程中，臺灣一直被排除在外。從東協加三的簽訂，到東協加六的會議，臺灣都無緣參加。而臺美 FTA 更因為廢統論使談判立刻凍結。臺灣的產業結構與韓國多有相似，輸往東協的產品，

在前一百項中有四十九項重疊；而輸往美國市場，臺韓則有高達八成的相似度，主要產品都集中在電子、機械與紡織等產品。面對東協加三以及美韓 FTA 的簽訂，在

臺灣完全無法加入任何一個經濟體的窘境下，臺灣的產業應該如何來因應？

　　臺灣因為與中國大陸的政治關係，對於國際組織之參與經常受到打壓，加入 WTO 與亞太經合會 (APEC) 等國際性組織是一種方式，然而只有透過開放的方式才是解決此一問題的根本。太平洋經濟共同體前任南韓籍主席金基桓指出：只要臺灣透過開放，使自己成為一個對所有國家及企業都有吸引力的地方，就不需要擔心被邊緣化了。

【進階思考】

1. WTO 對臺灣產業的衝擊？
2. 中國大陸加入 WTO 後，對兩岸經貿發展有何影響？
3. 貿易自由化的時代，你認為臺灣企業應如何面對此一趨勢？

>> 參考資料

◆外文參考資料

Dennis R. Appleyard and Alfred J. Field, Jr., *International Economics Trade Theory and Policy*. (3rd ed) Boston, MA: Irwin/McGraw-Hill 1998.

◆中文參考資料

1. 文現深 (2006/06/21)，〈石油挑起中美矛盾〉，《天下雜誌》，第 349 期。

2. 孫珮瑜 (2005/01/01)，〈東協加 13，台灣如何突破重圍?〉，《天下雜誌》，第 314 期。

3. 孫珮瑜 (2006/03/29)，〈美韓 FTA 對台灣的影響〉，《天下雜誌》，第 343 期。

4. 辜樹仁 (2005/12/15)，〈新亞洲大整合，台灣在哪裡?〉，《天下雜誌》，第 337 期。

5. 趙曙明 (1997)，《國際企業管理》，五南出版社。

6. 歐陽勛、黃仁德 (2001)，《國際貿易理論與政策》，三民書局。

Note

Chapter 5
區域經濟整合

實務現場

品牌鉅子——宏碁　深耕泰國

　　宏碁投資泰國市場始於 1993 年，宏碁投入 2 億泰銖的資金，以 49% 的股權與當地企業合資。在 1997 泰國陷入亞洲金融風暴之際，宏碁卻在危機中見到轉機。泰國政府在財務困境中選擇積極爭取外國投資以重建國內經濟，因此在 1998 年開放 100% FDI。由於與宏碁合資的泰國公司受金融風暴影響，財務周轉不靈，於是宏碁在投資政策開放後，決定買下其餘股份，取得完整經營權。自此，公司再無後顧之憂，全力拓展泰國市場。泰國總人口約 6,500 萬人，富有階級約 1,000 萬人左右。但就這 1,000 萬名個人電腦潛力消費者的數目來看，泰國內需市場也是相當可觀的。當初宏碁就是看準這個商機，才決定前進泰國個人電腦市場。

◆全球布局　經營在地

　　宏碁在泰國努力耕耘，全國共設有 13 家分公司，總部位於曼谷，維修站則有 15 個，員工人數也已逾 300 人之多，而營業額更高達 70 億泰銖。宏碁 2005 年在泰國已經成功銷售 30 萬臺個人與筆記型電腦，穩居市佔率冠軍寶座。往全球品牌之路邁進的宏碁公司，每到一個國家，首要之務便是著手在地化 (localization)。為融入當地社會，增加消費者對品牌的認知與接受度，因此決定先以學校為推展目標。泰國公私立大學共有 61 家，小學及國、高中總數更是上萬，如果泰國學子在校都是使用宏碁的電腦，那對宏碁在泰國建立知名度絕對有正面助益。

◆企業獲利　回饋社會

　　在成功的學校策略以外，真正讓宏碁一炮而紅的是贊助 1998 年曼谷亞運的創舉。當時泰國當局承辦亞運，卻受金融風暴之累而捉襟見肘，因此宏碁大手筆提供 1,000 萬美金成為大會主要贊助廠商，協助推動亞運建設的進行，此舉深獲當地政府肯定，而宏碁以運動行銷推展品牌的手法也讓泰國民眾留下深刻印象。宏碁泰國子公司總經理楊宏培感性表示，宏碁不單只是會做生意的

公司,用心服務、體貼客戶、關懷社會,這些都是公司默默堅持的企業理念。

◆未來願景

關於宏碁在泰國發展的未來願景,楊宏培表示,宏碁目前已是泰國第一電腦品牌,第二名的 HP 電腦在 1999 年才進軍泰國市場,宏碁贏在起跑點,多了六年的努力,迎向未來就有更多的自信。而提到東協自由貿易區的議題,楊宏培認為,宏碁在東南亞布局完整,目前已在新加坡、馬來西亞、泰國、印度及越南等國設立據點,對於東協自由貿易區成立後所湧現的龐大商機,宏碁早已蓄勢待發,何時啟動只是時機問題。他表示,東協自由貿易區的機制對布局東南亞的廠商而言,最直接的好處在於免除關稅,一旦區內各國進出口成本降低,產品競爭力便能提高,而東協十國高達 5 億人口的消費市場,屆時便是廠商大放異彩的表演空間。

資料來源:節錄自〈泰國貼身報導——專訪宏碁電腦泰國子公司總經理楊宏培〉,《外貿協會商情週報》,2005/11/23。

◎關鍵思考

區域市場整合是最近幾年來相當熱門的話題之一,為了提高國家競爭力及吸引外商投資,各國紛紛加入區域市場行列,當然臺灣也不例外。與臺灣商業關係最為密切的區域市場是「東協自由貿易區」,只要是該協定的所屬會員,在關稅以及其他成本上將可以大幅降低。因此,臺灣很多企業都到「東協自由貿易區」設廠,使產品競爭力可以提高,如宏碁就是最好的一個例子。除此之外,東協國家人口眾多,廠商可以提早進入市場布局,以獲取最佳戰備的地位。

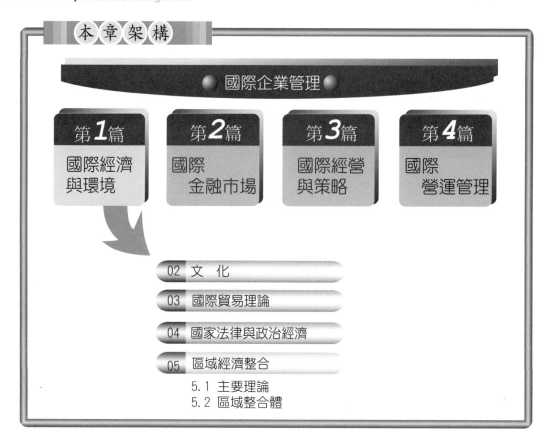

本章架構

國際企業管理

第1篇 國際經濟與環境

第2篇 國際金融市場

第3篇 國際經營與策略

第4篇 國際營運管理

02 文 化

03 國際貿易理論

04 國家法律與政治經濟

05 區域經濟整合
　　5.1 主要理論
　　5.2 區域整合體

▶本章學習目標

1.何謂「區域經濟整合」？是如何形成的？

2.瞭解區域整合的階段與整合形態的特色與差別。

3.何謂「自由貿易區」？

4.何謂「關稅同盟」？

5.瞭解目前世界上有哪些「區域整合體」與「世界組織」。

6.探討瞭解世界上目前的區域整合體與世界組織的發展與歷史背景，以及影響。

自 工業革命後，隨著科技進步，海外貿易發展的快速成長，形成了許多的多
國際企業，也同時使得國家與國家間的聯繫與交流更加的密切。資訊科技
的興起、網際網路的發達，造就了現在我們所看到的「新經濟」世代，這對國家
與企業來說，產生更大的競爭競賽。當企業的成長或獲利達到一定程度，為了要
追求更高經濟成長或更高利潤，企業公司往往會透過策略聯盟來發展，增加競爭
力；國家發展亦是如此，透過參加特定的組織（如：WTO）或簽署協定（如：優
惠貿易協定）來增加國家在世界上的競爭力。本章主要在探討區域經濟整合
(Regional Economic Integration)。其內容可分成兩部分來看，前面部分我們先討
論區域經濟整合的發展理論；後面部分主要在討論目前存在的世界貿易組織
(World Trade Organization; WTO) 與區域整合體有哪些，簡單的敘述它們的歷史
發展與現況。在探討這兩部分後，提供一個案例希望可以透過案例來更加瞭解本
章內容。

5.1　主要理論

在本章中，首先我們要先瞭解何謂「區域經濟整合」？為何需要區域
整合？而區域經濟整合又有哪些形態？各個形態的特點為何？將在以下
一一來敘述。

5.1.1　區域經濟整合
(Regional Economic Integration; REI)

區域經濟整合與「區域整合」(Regional Integration)、「經濟整合」
(Economic Integration; EI) 及「區域整合協定」(Regional Integration
Agreements) 等名詞有其相似的概念涵義與相同之處。區域經濟整合的形
成，主要是透過數個國家一起組成一個自由貿易或是關稅同盟等方式、
形態的共同體，目的在提供會員國彼此市場上的貿易優惠或是制度上的
統一建立。

在過去有許多學者對於區域經濟整合有其不同的見解：Larry C.
Holland 認為區域經濟整合是以地理區域相近的國家彼此建立協定或同
盟，以排除關稅與貿易障礙，提高彼此市場上貿易活動；Pelkmans 認為
區域經濟整合排除了國家間的經濟邊界；Robson 認為是一種資源的安排
與整合，使資源使用更有效率的過程；Miroslav 則把區域經濟整合定義
為許多國家為了增進其福利水準的手段，或是將個別的國家經濟整體合
為一個實體 (entities) 的過程，例如由歐洲國家所共同組合成的歐盟。

簡單綜合以上學者所述來說，區域經濟整合可算是自由貿易與保護
主義的結合，一方面組織內會員國可自由貿易、排除關稅障礙等來加強
彼此國家間貿易；另一方面對非會員國則仍維持貿易障礙，以保護同一
群體國家組織的利益。

在 1954 年，諾貝爾獎得主 Tinbergen 認為區域整合可分為消極的整
合 (negative integration) 與積極的整合 (positive integration) 兩類，消極的
整合指國家間消除彼此的限制或是措施來增進彼此的經濟交易自由化；
積極的整合則指透過協調各國一起建立新的制度或政策，或是透過強制
力量 (coercive power) 去做調整。1961 年，Bela Balassa 則認為：經濟整
合是一個動態的過程，透過除去國家間差別待遇的表現；亦可視為一個
事實形態的靜態概念，指國與國間已經沒有不同的差別待遇。從以上學
者所提出的看法,我們從中得知區域經濟整合只是一種整合形態的統稱，
可以有不同的分類，因此我們透過整合的深度分成以下主要幾種不同的
形態來討論：

1.自由貿易區 (Free Trade Areas; FTA)

主要是指國家與國家或團體與團體間，在自由貿易區下簽訂協定，
互相同意消除其間的關稅與非關稅等的貿易障礙，但是參加的會員國仍
保有各自不同的對外的關稅制度與貿易政策,例如各國關稅的稅率不同。
此階段乃是區域經濟整合的初步形式。

2.關稅同盟 (Custom Unions; CUs)

指參加關稅同盟的國家或團體互相消除彼此的貿易障礙，同時互相協議統一對外的關稅與貿易政策措施。若產品在關稅同盟國外區域進入到關稅同盟國中的任一國，所面對的關稅皆相同，例如 1958 年時的歐洲經濟共同體。此階段較著重在商品的貿易自由化發展。

3. 共同市場 (Common Market; CM)

在共同市場裡的國家，參加的國家或團體間沒有關稅或貿易障礙，亦有相同的對外關稅政策，除此之外，各國的生產要素或是資本皆可以自由流動，沒有限制。同時為了要成立共同市場組織，會員國必須對貨幣、財政、金融、賦稅方式、社會制度等各方面做協調，有如產生一個超國家組織，各國將一部分權力交由超國家組織來處理，如 1970 年的歐洲共同市場。

4. 經濟整合 (Economic Integration; EI)

經濟整合依其整合程度上的差別可細分成以下兩部分來討論比較容易瞭解：

(1) 經濟同盟或貨幣同盟 (Economic Union or Monetary Union)、

參與會員國達成自由貿易、關稅統一、生產要素流通與超國家組織的成立，消除了因政策不同的歧見，將會員國對內或對外的經濟自主權，交由該會員國成立的超國家組織來統籌制定經濟政策。如 1960 年，比利時、荷蘭、盧森堡成立的「Benlux 經濟共同體」。

(2) 完整經濟整合 (Completed Economic Integration)

在此階段是指經濟整合達到前面經濟或貨幣整合後，使各國在貨幣、關稅及政策等達成統一，同時透過成立的獨立跨國家機構組織來處理其職，就如將各國家權力交由一聯邦體系的組織來統一決定各個會員國的行為，亦即將政治與經濟整合為一體。

透過上面依照整合程度所分成的各個階段，將其整理可以歸納出表 5.1 來看區域經濟整合各個階段形態的大致分界點與特性。

表 5.1　區域經濟整合的階段與特性表

整合階段	整合條件					
	降低成員彼此間貿易障礙	消除成員間彼此間貿易障礙	對區域外國家一致貿易政策	成員各國生產要素與資本可自由移動	採取一致的貨幣與財政等政策措施	各會員國貨幣、財政與社會政策完全統一
自由貿易區	☆	☆				
關稅同盟	☆	☆	☆			
共同市場	☆	☆	☆	☆		
經濟同盟	☆	☆	☆	☆	☆	
完整經濟整合	☆	☆	☆	☆	☆	☆

資料來源：Miroslav N. Jovanovic (1992), *International Economic Integration*, London and New York: Routledge.

　　經過上面的解釋與討論，我們可以瞭解到何謂「區域經濟整合」，以及其整合各階段的大致概述，可以瞭解到其實區域經濟整合是受到社會、文化、政策和經濟各方面的影響。在此再透過整合理論的看法與自由貿易的觀點來討論敘述區域經濟整合：

(1)整合理論觀點：透過雙方貿易互動、投資、合作、建立協調組織、自由貿易、建立共同市場關稅同盟或是政治同盟。

(2)自由貿易觀點：透過會員國或非會員國的經濟與世界貿易的影響來看。

　　以經濟理論來看，會產生下面兩種經濟效益：分成貿易擴張效應 (trade creation effect) 與貿易轉向效應 (trade diversion effect) 來看。前者指會員國間經濟、貿易改善，對非會員國產品需求也同時增加，導致全世界貿易的擴展，有利於世界貿易的發展；後者指貿易區的範圍由原本只是非會員國間的發展，延伸到會員國間更緊密的發展，產生有利會員國而不利非會員國的現象。

在介紹區域經濟整合後，接下來我們來瞭解目前我們所知道的區域整合體有哪些，以及世界貿易組織目前的整合與發展狀況。在區域整合體方面，將會探討到歐盟 (EU)、北美自由貿易協定 (NAFTA)、安地諾集團與南錐共同市場、東南亞國家協會 (ASEAN)、非洲區域整合體、亞太經合會 (APEC) 等區域整合體及世界貿易組織。

5.2　區域整合體

目前在世界上存在著不同的區域整合體，它們受到社會、文化、政策和經濟各方面的影響而有不同的發展與歷史背景，以下我們將針對各整合體的起源、成員與發展現況做分別的敘述。

5.2.1　歐盟 (European Union; EU)

歐盟 (EU) 經過四十多年來長時間的整合而成為現在共有二十七個會員國的組織,其成立的宗旨目標在促使歐洲國家透過歐洲共同體整合，為貨品、勞工、服務及資金等生產要素創造出單一市場，使歐盟成為自由、開放的單一市場，以達到人員、商品、資金及勞務等生產要素自由流通的終極目標。以目前世界上各區域整合體來看，歐盟算是區域整合發展的模範例子。

歐盟的發展可以從 1944 年比利時、荷蘭、盧森堡（Benlux 三國）所提出的「Benlux 三國關稅同盟」開始；後在 1946 年英國首相邱吉爾提倡建立歐洲聯邦國家之類的組織；隨後在 1951 年，比利時、荷蘭、盧森堡、法國、西德與義大利簽署「巴黎條約」，成立了歐洲煤鋼共同體；在 1955 年，Benlux 三國、法國、西德與義大利等六國在義大利召開「墨西拿會議」，提出歐洲的復興需要更上一層樓，其中最重要的就是在經濟上的整合，為歐洲經濟整合奠定發展基礎，亦在 1957 年，六國簽訂「羅馬條約」，成立了歐洲經濟共同體與歐洲原子能共同體。

➡️歐盟總部
歐盟總部位於比利時首都布魯塞爾 (Brussels)，也是歐洲相當國際化的都市之一，約有 1,700 家跨國企業、65 家跨國銀行、1,500 個國際組織在此設置據點。

隨後在 1973 年歐洲共同體加入了丹麥、愛爾蘭與英國；1981 年希臘加入；1986 年有葡萄牙與西班牙的加入；1995 年有奧地利、芬蘭與瑞典的加入（在 1993 年「馬斯垂克條約」❶生效後，多以歐盟 (EU) 代替歐洲共同體 (EC) 的稱號）；在 2004 年更加入了匈牙利、波蘭、捷克、塞普勒斯、愛沙尼亞、拉脫維亞、立陶宛、馬爾他、斯洛伐克與斯洛維尼亞等十個國家，2007 年加入羅馬尼亞和保加利亞，使得歐盟的會員國多達二十七個。

在歐盟四十多年來的發展中有幾個主要的發展值得我們去注意：在 1961 年時的歐洲經濟共同體就已經將各國間的關稅取消；1985 年時歐盟通過單一市場法案 (Single Market Act)，所有會員國將要在 1992 年實現完成，此單一市場法案消除歐盟會員國間的貨品與服務的貿易障礙，並取消了會員國公民移動的障礙，同時在各會員國的法律上也撤銷了不平等的歧視會員國的商品、企業與國民的法律條款。1991 年歐洲議會簽訂了「馬斯垂克條約」，推動歐洲歐元單一貨幣，使歐洲經濟共同體邁向貨幣整合的階段，當時丹麥與英國未參與實施單一貨幣歐元，而至今仍用原來國家的幣別。

---

❶ 馬斯垂克條約於 1991 年在荷蘭簽訂，1993 年生效，要求歐體會員國致力於改善現行的合作體制，並以條約來約束會員國採取一致行動。其中建立新的歐洲共同社會，將歐體 (EC) 改為歐洲聯盟（European Union; EU，簡稱歐盟）為其要點之一。

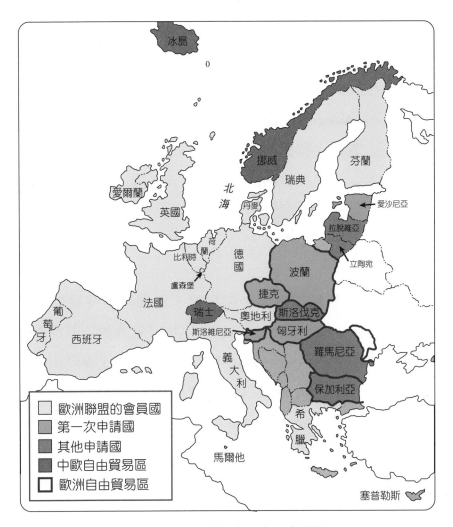

圖 5.1　歐洲地區歐盟成員圖

資料來源：John D. Daniels, Lee H. Radebaugh and Daniel P. Sullivan, *International Business–Environments and Operations*, 10th edition, Prentice-Hall, p. 210.

5.2.2　北美自由貿易協定 (North America Free Trade Agreement; NAFTA)

　　北美自由貿易協定 (North America Free Trade Agreement; NAFTA) 的簽訂造就了世界最大的自由貿易區。其起源於 1989 年美國與加拿大簽訂的自由貿易協定 (Free Trade Agreement; FTA) 開始，當時美加兩國簽訂的協定是當時世界最大的自由貿易區。而當時的美加協定未成立關稅

同盟，所以仍擁有對其他國家協商的貿易政策獨立性。當時美加協定主要目的在於促進貿易自由化與削減關稅，其涵蓋範圍廣泛，幾乎包含所有產業。之後 1992 年 8 月 12 日美加兩國與墨西哥宣布，建立了北美自由貿易協定 (North America Free Trade Agreement; NAFTA)，並於 1994 年 1 月 1 日施行，其自由貿易範圍較美加協定當時更大了。此協定主要還是延伸美加協定，但主要重點放在勞工薪資差異、工作條件與環境的議題。

▐ 5.2.3　中南美洲地區整合體

在中美洲地區有幾個區域整合體：拉丁美洲自由貿易協會 (Latin American Free Trade Association; LAFTA；後改名為拉丁美洲整合協會 Latin American Integration Association; LATIA)、加勒比海自由貿易協會 (Caribbean Free Trade Association; CARIFTA；後改名為加勒比海共同體與共同市場 Caribbean Community and Common Market; CARICOM)、中美洲共同市場 (Central American Common Market; CACM)、南錐共同市場 (The Common Market of South; MERCOSUR) 與安地諾集團 (Andean Group)。以下針對各個整合體做分別的介紹：

◣ 中美洲共同市場 (Central American Common Market; CACM)

中美洲共同市場源自於在 50 年代時,中美洲農業發展因為國內市場需求降低、國際市佔率降低及歷史上的淵源，所以在 1958 年時，中美洲瓜地馬拉、薩爾瓦多、宏都拉斯、尼加拉瓜與哥斯大黎加五國簽訂「自由貿易暨經濟整合多邊協定及工業協定」；1959 年簽訂「中美洲進口統一關稅協定」，並在 1960 年簽訂「中美洲經濟整合總協定」來推動當時中美洲五國的關稅同盟與自由貿易區的建立，但是當時因為薩爾瓦多與尼加拉瓜和宏都拉斯發生戰爭而影響了中美洲的共同市場發展，直到 1991 年五國取消彼此會員國進口關稅，使農產品可以自由流通，亦在 1992 年

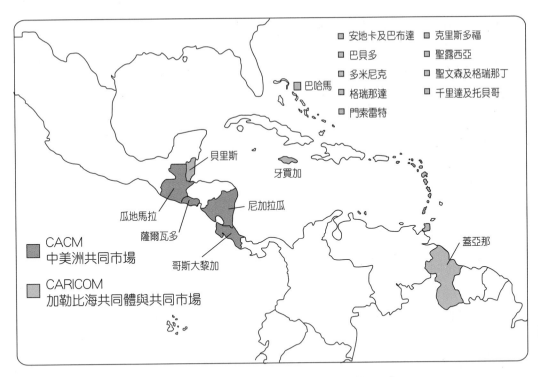

圖 5.2　中南美洲地區與加勒比海共同體

資料來源：John D. Daniels, Lee H. Radebaugh and Daniel P. Sullivan, *International Business-Environments and Operations*, 10th edition, Prentice-Hall, p. 221.

五國簽訂「中美洲統一關稅協定」。

加勒比海共同體與共同市場 (Caribbean Community and Common Market; CARICOM)

　　原為 1965 年成立的「加勒比海自由貿易協會」，後依據「柴克拉瑪條約」成立現在的「加勒比海共同體與共同市場」，其會員有安地卡、巴貝多、貝里斯、多米尼克、格瑞那達、蓋亞那、牙買加、千里達、巴哈馬、克里斯多福、門索雷特、聖露西亞、聖文森等十三國，另有觀察員：蘇利蘭、海地與多明尼加三國。其成立的宗旨在於整合加勒比海區域的經濟、建立關稅同盟、協調對外政策與促進成員國間的工業化。在 1991 年時，各國決議推行單一貨幣政策，並使用共同基金協助會員國的區域發展。加勒比海小國人口數雖不及中美人口的五分之一，但是他們的國

內生產毛額卻高於中美洲總和一半以上。

 ### 安地諾集團 (Andean Group)

在 1996 年由波利維亞、哥倫比亞、厄瓜多、祕魯及智利五國簽署「卡達赫那協定」成立的經濟整合組織，由於會員國皆位在安地斯山山脈，所以又稱為「安地諾協約」，因此稱該集團為「安地諾集團」。集團成立宗旨在於促進會員國的和諧發展，並希望藉此達成拉丁美洲區域經濟的整合。但是由於智利的爭議性投資案與祕魯的退出影響，始終無法達成自由貿易的目標。

 ### 南錐共同市場 (The Common Market of South; MERCOSUR)

在南美洲中，南錐共同市場 (The Common Market of South; MERCOSUR) 是主要的整合體組織，它與安地諾集團相似，都是由美洲的國家所組成。在 1991 年，由會員國阿根廷、巴西、巴拉圭、烏拉圭及準會員國智利與波利維亞共同建立。而其主要目的在於創造關稅同盟與建立共同對外關稅 (common external tariff)。目前以四國會員來說，其貿易額約佔南美洲貿易總額的八成左右。

 ## 5.2.4 東南亞國家協會 (Association of South East Asian Nations; ASEAN)

東南亞國協於 1967 年由印尼、馬來西亞、菲律賓、新加坡與泰國五個創始會員國所建立起的，後來在 1984 年加入汶萊，1995 年加入越南及寮國，1997 年加入緬甸，1999 年加入柬埔寨。在 1992 年舉行的第四屆高峰會，簽訂「東協自由貿易區共同有效優惠關稅方案協議」，並宣布成立東協自由貿易區，目的在希望以單一生產實體的形式來增加東協各國的競爭力，同時彼此會員國間解除關稅與非關稅障礙來促進各會員國的經濟效率、生產力與國家競爭力。在 2001 年 11 月，大陸與東南亞國家

圖 5.3　拉丁美洲

資料來源：John D. Daniels, Lee H. Radebaugh and Daniel P. Sullivan, *International Business—Environments and Operations*, 10th edition, Prentice-Hall, p. 222.

在汶萊舉行第五次高峰會，大陸將在未來 10 年內與東南亞國家簽訂自由貿易的協定，建置大陸—東南亞國協自由貿易區。此對東南亞來說，大陸雖然是很強的競爭者，但也帶來廣大市場與機會。

5.2.5　非洲區域整合體

在非洲地區有幾個區域貿易團體存在，但是會員國間的貿易量是很小的，主要原因是這些非洲國家主要是以出口為導向，大部分產品都輸出至工業國家，所以會員國間的貿易量才會很少。在非洲的主要共同體可以分成南方非洲發展協會 (Southern Africa Development Community)、

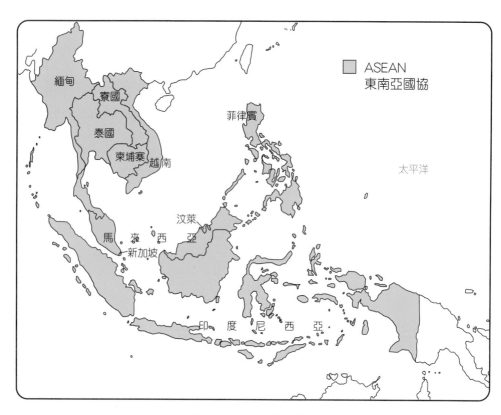

圖 5.4 東南亞國協

資料來源：John D. Daniels, Lee H. Radebaugh and Daniel P. Sullivan, *International Business–Environments and Operations*, 10th edition, Prentice-Hall, p. 223.

東方與南方非洲共同市場 (Common Market for Eastern and Southern Africa)、西非洲經濟協會 (Economic Community of West African States)。可以參見圖 5.5，來瞭解它們的地理位置與會員。

　　雖然非洲的整合體有好幾個，但是它們主要還是利用過去殖民國家的力量來發展它們的市場與貿易，所以會員國之間彼此的互動與貿易較少；另一方面，由於非洲國家種族戰爭、政府的腐敗、缺乏政府公共建設，使得非洲國家彼此之間的貿易並不發達，幾乎依賴出口工業國家的貿易來維持。

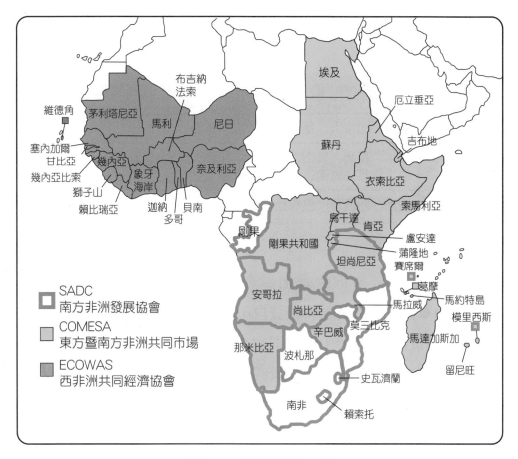

圖 5.5　非洲區域整合體

資料來源：John D. Daniels, Lee H. Radebaugh and Daniel P. Sullivan, *International Business-Environments and Operations*, 10th edition, Prentice-Hall, p. 224.

5.2.6　亞太經合會 (Asia Pacific Economic Cooperation; APEC)

　　亞太經合會 (Asia Pacific Economic Cooperation; APEC) 成立於 1989 年，會員國當時有十二國，分別為美國、日本、加拿大、紐西蘭、韓國、馬來西亞、泰國、菲律賓、印尼、汶萊、越南、澳洲。其成立時目的在於因應亞太地區日趨繁密的經濟互存關係 (interdependence)，因而產生了現在的亞太經合會 (APEC)。後來又陸續有國家加入會員，在 1991 年 APEC 漢城會議中宣布新增加了大陸、香港與臺灣加入成為 APEC 的會

員國。目前共有二十一個會員國，可參看表 5.2：

表 5.2　APEC 會員國

地理區	國　家
美洲地區	美國、加拿大、墨西哥、智利、祕魯
西太平洋地區	日本、臺灣、香港、韓國、新加坡、馬來西亞、泰國、菲律賓、印尼、汶萊、越南、大陸、俄羅斯
大洋洲地區	澳洲、紐西蘭、巴布亞紐幾內亞

資料來源：本書整理。

　　1994 年在印尼舉行的雅加達會議中，通過了茂物宣言 (Bogor Declaration)❷，致力於貿易與投資自由化的目標，其中已開發國家預定在 2010 年完成目標，開發中國家則在 2020 年完成目標。在 1996 年之後，會議更以投資自由化、便捷化以及經濟與技術的合作為主要目標執行。亦在 2000 年之前降低關稅，以促進會員國間貿易自由化。亞太經合會 (APEC) 主要宗旨在促進亞太地區經濟成長，雖然目前各會員國都已有形成自由貿易區的共識，但是至今仍未簽訂任何自由貿易協定。

5.2.7　世界貿易組織
(World Trade Organization; WTO)

　　1947 年全球二十三個國家進行關稅減讓談判，並且希望可以成立國際貿易組織 (International Trade Organization; ITO) 來解決關稅問題，但後來談判破裂，所以並未成功成立該組織，但是透過此次的協商談判，造就了之後的關稅暨貿易總協定 (General Agreement on Tariffs and Trade; GATT)，成為當時唯一的管理國際貿易的多邊機制，也就是現今世界貿易組織 (World Trade Organization; WTO) 的前身。

---

❷ 茂物宣言，是 1994 年 APEC 等十八個會員體在印尼茂物 (Bogor) 舉行非正式領袖會議，共同發表的宣言，宣言有：加強開放性多邊貿易體系、促進亞太地區貿易暨投資自由化與便捷化、強化亞太地區經濟與技術合作的三大主旨。

接著在 1986 年到 1993 年的烏拉圭回合談判，當時參與的國家有一百一十七個（其中締約的有一百一十三個），當時針對標準（所謂技術性貿易障礙）、農產品貿易、服務貿易、智慧財產權貿易、技術交易之貿易障礙、貿易相關投資措施、多種纖維協定與因應進口激增所採取的規避條款等議題做討論與談判。由於當時大環境的影響，如美國正面臨龐大貿易逆差、歐洲整合東歐國家等等議題，使得很多國家經濟停滯不前，失業率居高不下，因此影響了當時烏拉圭回合談判成效。雖然當時大環境的經濟情況並不是很理想，但是烏拉圭回合談判大抵來看還是成功的，因為烏拉圭回合談判消除了各國的貿易障礙並且促使會員國的貿易量增加。在 1995 年，各國決定成立世界貿易組織 (WTO)，取代了先前所建置的關稅暨貿易總協定 (GATT)。其建立世界貿易組織的目的在於確立世界貿易自由化的遊戲規則，會員國間彼此承諾降低關稅與非關稅障礙，促進貿易自由化的發展。

世界貿易組織的體制包含了關貿總協、服務業貿易總協定、爭端處理小組 (Dispute Settlement Board; DSB)、貿易政策評審工作組 (Trade Policy Review Board)、部長級會議 (Ministerial Conference)。世界貿易組織的成立，到 2007 年為止有一百五十個會員國參與，算是在推行自由貿易下的一大成就，不但可以解決貿易爭端，更提供了一個論壇來使得貿易談判持續的在溝通與進行。

Wal-Mart 深耕墨西哥市場

墨西哥在 1986 年加入 GATT，開始開放墨西哥的新市場。接著在 1990 年與美國和加拿大開始進行自由貿易協定談判，後在 1992 年三國共同簽署協約，建立了北美自由貿易協定 (North America Free Trade Agreement; NAFTA)。Wal-Mart 在 1993 年時積極的參與國際拓展，相繼在世界上九個國家推展，像是加拿大、阿根廷、中國、巴西、德國、南韓、墨西哥、波多黎各、英國等國。其中加拿大、美國與墨西哥是屬於北美自由貿易協定。Wal-Mart 對於國際化的推展，成功的在加拿大與墨西哥發展成功，成為當地最大的零售商。

Wal-Mart 在國際上可以有如此好的發展，除了不斷的透過過去的錯誤來學習、注意並瞭解當地地區與國家的文化來發展外，還有兩項主要的策略與管理方法：(1) "Every Day Low Prices" 的低價策略；(2)擁有良好的配銷系統，透過中心分配的系統使得產品的運送效率提升，也同時使得 Wal-Mart 對於供給廠商的議價能力提高。這樣的策略方式，使得 Wal-Mart 在 2001 年成為了世界最大的零售公司。

Wal-Mart 在 1991 年正式進入墨西哥市場，到 2007 年為止，在墨西哥的據點共有 903 個，其據點除了自己設立之外，還有一些原本墨西哥當地原來的零售公司，Wal-Mart 透過投資、併購與合作方式來經營。在北美自由貿易協定尚未簽定時，正值 Wal-Mart 在墨西哥開始發展，當時碰到許多的問題與困難，像是關稅、交通、文化衝突、人員管理、卡車運輸不足等，其中最大的問題在於關稅與交通問題。就關稅來看，當時墨西哥對於來自歐洲與亞洲國家的產品課有相當高的關稅，而 Wal-Mart 的產品多在亞洲與歐洲生產，因此運輸進墨西哥相當划不來，而且對於低價策略無疑是個阻礙；在交通方面，由於墨西哥公共建設尚未發展完善，在運輸上，會使得 Wal-Mart 的配送系統無法達到應有的功效。

墨西哥在 1992 年簽訂北美自由貿易協定後，在 1994 年施行解決了大部分的問題，像是解決了墨西哥關稅的問題，使關稅從原來的 10% 降低到 3%，透過北美自由貿易協定的力量改善了墨西哥的交通建設，除此外，墨西哥也

開放外國人投資的設限與門檻，這些因素使得 Wal-Mart 在墨西哥的發展受惠不少，提升在墨西哥的競爭力，也是後來 Wal-Mart 會在墨西哥成為一大零售商的原因。

（圖片由 Wal-Mart Stores Inc. 提供，圖為 Wal-Mart 在墨西哥之品牌）

【進階思考】

1. 墨西哥簽訂北美自由貿易協定對 Wal-Mart 進入墨西哥市場有何影響？

2. Wal-Mart 之所以可以成功進入墨西哥市場，你認為是 Wal-Mart 本身運用進入策略得當或是因為北美自由貿易協定的影響？

3. 如果你是墨西哥零售商，你將如何面對北美自由貿易協定的衝擊？你又將會採取何種策略來面對來勢洶洶的 Wal-Mart？

>> 參考資料

◆外文參考資料

John D. Daniels, Lee H. Radebaugh and Daniel P. Sullivan (2004), *International Business—Environments and Operations*, 10th edition, Prentice-Hall.

◆中文參考資料

1. 于卓民 (2004)，《國際企業管理 (International Management: Text and Cases)》，智勝出版社。

2. 柯春共 (2002)，《從國際區域經濟整合探討兩岸自由貿易區之建構》，未出版論文，國立中山大學大陸研究所。

3. 郭至凱 (2003)，《從區域經濟整合看臺商在大陸的投資布局》，未出版論文，國立成功大學政治經濟學研究所。

4. 顏奇坪 (1999)，《東協與中國大陸的經濟關係：整合理論的觀點》，未出版論文，國立中山大學中山學術研究所。

第2篇

國際金融市場

Chapter 6
國際貨幣與外匯市場

國際外匯市場的特色

目前全球約有三十多個外匯市場，其中最重要的有紐約、倫敦、東京、瑞士、巴黎、新加坡、香港等，這些外匯市場各具有其特色，經由國家間的相互串連，形成了全球外匯市場。接下來我們要介紹幾個大型的外匯交易市場的現況。

◆紐約外匯市場

紐約外匯市場目前是全球交易量最大的市場，紐約外匯市場之外匯交易主要是透過現代化通訊網絡與電腦進行撮合，由於美國是外匯自由的國家，所以幾乎所有的美國銀行和金融機構都可以經營外匯業務。紐約外匯市場其匯率報價有兩種方式：一是直接標價法，指對英鎊的交易；另一種是間接標價法，是指對除了英鎊以外的歐洲貨幣或其他國家貨幣。紐約外匯市場的結算制度非常的健全，都可通過紐約地區銀行同業清算系統或聯邦儲備銀行系統進行，因此交易非常快速便捷。

◆倫敦外匯市場

倫敦外匯市場也是重要的國際外匯市場之一，其外匯交易量僅次於紐約外匯市場，過去英國在外匯管制期間，銀行間的外匯交易都必須透過外匯經紀商來進行，但自 1979 年英國取消外匯管制後，銀行間的外匯交易就不一定必須透過外匯經紀商來進行，亦可由外匯經紀商與外幣存款經紀人共同組成的外匯經紀人或外幣存款經紀人協會來進行，因此交易人的規範是較過去寬鬆許多；目前倫敦外匯市場的匯率報價是採用間接標價方式，且交易貨幣種類繁多，經常有四十至五十種幣別同時交易，且參與外匯交易的銀行機構也很多，約計有六百至七百家的規模，所以交易處理速度很快，效率極高，這是倫敦外匯交易市場的一個特色。

◆東京外匯市場

東京外匯市場是亞洲一個重要的外匯市場，交易方式主要是透過現代化聯網通訊設備進行交易。東京外匯市場的報價撮合方式，通常分為兩類型：一類

是銀行同業間的外匯交易，可以透過外匯經紀商進行，也可以直接進行；另一類是日本國內的企業、個人進行外匯交易，必須透過外匯指定銀行來進行。目前東京外匯市場的參加者主要有五種類型的交易者：一是外匯專業銀行（東京銀行）；二是外匯指定銀行（指可以經營外匯業務的銀行）；三是外匯經紀商；四是日本銀行；五是非銀行客戶，主要是企業法人、投資信託機構、進出口貿易商、保險公司等等。

◎關鍵思考

外匯市場是一個無形的市場，但它卻是扮演各種貨幣國際交流的一個中心，各國的貨幣經由這個市場的運作機制，可以完成各種的交易履行，如果沒有外匯市場，那麼各國間的國際貿易、國際收支將無法實現，那麼也不用去談論什麼促進經濟的繁榮與福利發展，所以國際外匯市場扮演全球經貿流通的一個重要關鍵機制。當然外匯市場它是一個國際性的市場，它所扮演的功能是一個學習國際金融的學者所應去理解的，這樣才能將此一市場的功用作極致的發揮，方能避掉不必要的風險，進而創造使用此一市場所帶來的便利性及商業利益。

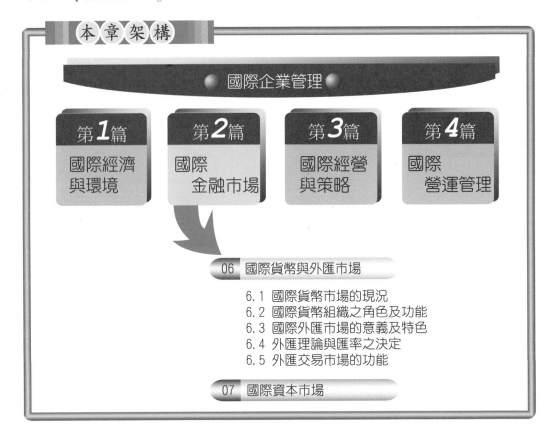

▶本章學習目標

1.瞭解過去國際貨幣市場美元的角色，及歐元市場的現況及未來影響。

2.瞭解國際貨幣市場的重要組織，及組織在國際市場上所扮演的角色與功能。

3.瞭解外匯市場的意義，及影響外匯市場的重要因素。

4.瞭解外匯交易市場的特色及功能。

5.瞭解外匯理論與匯率決定。

外匯市場是一個複雜的市場，隨著國際企業的盛行，也直接帶動此一市場的興盛與繁榮，從過去此一市場演化的軌跡看來，國際外匯市場的角色與功能將會是愈來愈重要；但要瞭解外匯市場就必須先瞭解現在及未來貨幣市場變化的趨勢，與全球重要的貨幣市場組織機構的功能；其次像是影響外匯市場變動的重要因素及該市場的特色，外匯匯率的決定及外匯市場功能，都是國際企業的財務人員所應熟悉的領域，如此方能為跨國公司做最佳的財務規劃或避險決策。

6.1　國際貨幣市場的現況

　　健全而穩定的國際貨幣制度對國際企業經營、國際投資及全球經貿的發展是十分重要的，然而從十九世紀末期迄今，國際貨幣制度曾經出現了幾次的重大危機，造成國際貨幣市場幾次的動盪不安現象，甚至引發嚴重的國際金融危機，影響全球經貿的進行及金融的安定。我們可以從過去國際貨幣市場的演化歷史瞭解，國際貨幣制度在歷史上曾經出現過幾種的貨幣制度，例如金本位制、金匯兌本位制，但這兩種制度都沒能取得國際貨幣市場長久的成功，甚至造成二次大戰期間，國際貨幣體系的一片混亂。

　　鑑於過去兩種貨幣制度的失敗，戰後幾個有影響力的國家為了促進國際經濟的重建與繁榮，於 1944 年在美國新罕布希爾州之布雷頓森林協定中討論新國際貨幣制度的建立，而美國憑藉其強大的政治、經濟及軍事實力，使得此次會議決定賦予美元等同於黃金的地位，使得美元享有中心貨幣的國際特殊地位，而其他國家貨幣則採行與美元掛鉤，實行可調整的固定匯率。但在後來的幾次美元危機後，美元也於 1973 年崩潰，也就漸漸喪失了其等同黃金的特殊地位；接著在 2002 年歐洲國家為了要消除國際匯率兌換的風險、減少貨幣動盪對歐洲經濟體系產生負面影響，便積極於國際貨幣市場上推出歐元，從歐元的出現，到目前的情況來看，歐洲國家所推出的歐元已經初步站穩腳跟，其在國際貨幣體系中的重要

➡ 歐元

歐元在 1999 年 1 月正式以虛擬貨幣的方式被採用，不過一直到 2002 年初才開始使用現金形式的歐元。

地位也日益攀升，漸漸的與美元並駕齊驅，甚至有不少國際貨幣專家表示，在未來的國際貨幣市場上，歐元是極有可能取代美元之國際貨幣市場霸主地位，成為全球貨幣清算的主流。

在國際貨幣市場最近幾年演化的過程中，最具有影響力的便是在 2002 年元旦起，歐元紙幣和硬幣於國際市場的流通，歐元出現後，國際貨幣制度預期將會呈現美元、歐元以及日圓的三角鼎立關係，但是由於過去日圓因受長期性日本經濟疲弱不振的影響，且缺乏區域性經濟實體的長期支持而影響其在國際市場地位，因此未來在國際貨幣市場的影響實力預期將會愈來愈遞減。所以從國際市場的眼光來看，一般的國際貨幣專家都預期是以美元和歐元這兩大幣別在國際市場是較有影響力，未來將成為國際貨幣市場清算的主流。當然有不少的國際學者認為未來歐元是極具有能力在國際貨幣制度中取代美元的龍頭地位，歐盟體系目前的十二個會員國的 GDP（國內生產毛額）與美國相當，對外貿易量比美國稍高，而外匯存底總和則比美國要高出許多，其與美國的世界經濟實力可說是相當，因此主張贊同的學者認為在長期歐元成為強勢國際通貨的可能性很大，主要的理由如下：

(1)歐洲中央銀行一向是以穩定物價為首要目標，國際貨幣交換機制主要在尋求穩定度，而歐元維持高度穩定性將可成為國際貨幣市場交易新寵。

(2)貨幣的統一是歐盟體系整合的前身，未來歐盟金融市場將會全方位整合成單一市場，因此在市場的廣度、深度以及流動性方面，都將

成為此一市場的特色。

(3)歐元的背後具有堅強而龐大的歐盟實質經濟體支持，不像美元只有單一的美國經濟體系，目前歐盟國家的財政收支平衡，貿易沒有逆差，經濟政策穩定；雖然歐洲經濟在最近幾年增長步伐放慢，但比起美國經濟衰退情況仍是要好一些,據國際貨幣基金組織最新預測，未來的幾年美國經濟增長率僅為 1% 左右，且呈現成長嚴重趨緩的走勢，而未來歐盟經濟增長率則是向上攀升趨勢且會超越美國，在歐元現鈔投入使用後，必將推動歐元區實現商品統一定價，降低交易成本，加快歐洲經濟發展，所以歐元將更具有經濟實力的後盾。

(4)參與歐元體系的會員國家除必須使其物價、利率、匯率以及財政等方面之績效持續符合馬司垂克條約一致性之標準外，亦必須遵守維持長期穩定協定的規範，這對通貨的避險及風險性的降低，提供實質的操作保障，且自歐元啟動後，歐洲的借貸市場大大拓寬，成長較美國為高。基於上述這些重要原因，因此不少學者堅信歐元在未來國際貨幣市場上，極具有威脅美元的實力。

另有一派學者認為歐元要在國際貨幣制度中取代美元還是不太可能的，歐元不可能成為國際貨幣市場主流的原因是：他們認為一種國際通貨要被其他通貨所取代的原因,通常是其國內發生嚴重經濟及金融危機,導致市場喪失信心或是政治情勢不穩,而這些情況應不可能發生在美國，但是可以確定的是，美元在國際金融市場的特權與霸權地位已不復見且持續減弱中，但要被歐元取代一哥地位，目前來看是不可能的。所以說在短期間學者們對歐元的走勢是強是弱並無一致的看法，但可以看見的是，歐元的出現，對國際貨幣市場的穩定度與選擇的多樣性是極具有貢獻的。

在觀察歐元現鈔上市後，對國際的歐元匯率有積極的一面，但也有不利的一面；例如歐洲商家極可能會趁機哄抬物價，導致通貨膨脹，此外歐元匯率的長期走勢還受到多種因素的影響，如利率、股市以及投資

Exchange Rates

	We Sell
AUSTRALIA	0.8264
BRAZIL	0.5263
CANADA	0.9677
CHINA	0.1417
Costa Rica	0.0023
Euro	1.4093
HONG KONG	0.1412
JAPAN	0.0094
MEXICO	0.0894
NEW ZEALAND	0.1074
S Korea	0.7284
SINGAPORE	0.0012
Sweden	0.6922
Switzerland	0.1502
TAHITI	0.8837
TAIWAN	0.0123
THAILAND	0.0342
UNITED KIN	0.0303

➡ 美元兌換他國貨幣的匯率表
美國是世界上最接近完全浮動匯率制度的國家；我國採管理浮動匯率制度，介於浮動匯率和固定匯率間，即中央銀行會視情況進場干預。

流量走向等之影響，所以整體而言歐元的長期走勢仍存在許多不可預測的變數，但有一點肯定的是，自從歐元啟動後，大幅消除了歐元區的匯率震盪，穩定該地區的利率，歐元也對歐元區的金融市場注入了新的活力，因此以歐元作為主要儲備貨幣的作用很快將會提高，但是歐元要在國際金融市場上取得與美元同等的地位，尚需假以時日，值得期待。

貨幣體系的運作就像是人體的血管組織一般，當血管組織四通八達則人體就能充分運行，從事各項活動；當貨幣體系非常健全，則就能充分供應經濟活動所需的資金，包括各項的投資、企業運作、消費活動等。國際貨幣體系的健全運作對國際經濟活動的順利進行相當重要，當然現今各國的中央銀行及財政單位都有自己的貨幣政策，其主要的使命便是確保金融穩定，促進經濟繁榮，這一部分當然會受國際貨幣市場的影響，所以全球各國均會因為國際貨幣市場的波動，而影響到國內的金融體系與貨幣政策，因為國際貨幣市場是一個相互串連的活動機制，任何有經濟活動的國家自不可能獨外，因此各國如何在促進經濟繁榮的同時，參與國際貨幣市場的波動與成長就顯得相當重要。

現今許多國家都仍在不斷調整自己的貨幣和匯率機制，並尋求建立更加公平合理的國際貨幣體系。經濟全球化趨勢在最近的幾年內，一個很重要的變化在於歐洲貨幣統一機制的出現，這種以國際資本市場功能作為滿足貨幣職能的成熟，是貨幣市場一個重要的轉振點，甚至有不少國際知名貨幣學者也提出東亞國家應效法歐盟體系的作法，實行統一貨幣機制，減少匯兌風險，強化經濟體。但這種統一性質的貨幣機制要在東亞國家出現，似乎是較不可能的，雖然東亞的外向型經濟需要相對穩

定的匯率制度，但是因為東亞國家的匯率決定仍必須考慮對貨幣資本有影響的因子，例如：把利率及資本市場收益考慮進去，且在對外貿易交流達到一定規模之後，仍須將外部均衡的資本流量考慮到貨幣政策內，所以東亞國家的貨幣運轉模式基本上是較為複雜的。再就全球整體經濟活動的角度而言，目前東亞國家仍是處在對外貿易的格局，美國仍是東亞最大的商品市場，因此若要建立該地區貨幣聯盟時，是絕對不可能完全擺脫美國市場的影響，因此想建立脫離美元的亞元統一貨幣聯盟機制，至少就目前東亞的經濟結構來看似乎是不可能的。其次目前東亞國家大都採行盯住美元的貨幣機制作法，因此東亞國家的各項經濟指標也幾乎與美國趨同，且由於東亞國家的產業結構和美國目前仍存在著很大的差距，要實行歐盟體系的獨立經濟運行也是十分困難，所以東亞各國目前仍是採行相對穩定的匯率制度，以協調及降低國際貨幣大幅度波動的影響。

6.2　國際貨幣組織之角色及功能

自從 1970 年代以來，全球各個國家在陸續推動全球化口號的帶動下，世界貿易增長了 12 倍，全球經濟增長了 6 倍之多，表面上，全球化似乎帶來了好的結果，但許多學者卻是非常憂心在全球化惡浪侵襲下，也造成了各國的貧富差距愈來愈大，出現更多的社會及國家問題；據資料顯示，全球財富所增加的 6 倍，大都集中在三萬七千家的跨國企業手中，而這些企業主要都集中在八大工業國之中（八大工業國：英國、加拿大、法國、德國、義大利、俄羅斯、美國、日本）；其中六大工業國全部都在西方國家，只有日本及俄羅斯除外，而這些國家之人口卻只佔世界人口的 11% 左右，但是卻擁有全球國民生產總值的 2/3 之多；再從美國來看，自從 1975 年到 1995 年，美國財富增加了 60%，但卻被 1% 的人口所壟斷，據資料統計，美國公司總裁的收入從過去工廠工人收入的

42 倍，到了 2003 年竟已相差到 425 倍；表面上看起來全球是一個日益富足的世界，但是貧富差距卻不斷擴大；難怪有那麼多的經濟學者非常質疑也非常憂心，難道這是擁抱全球化的結果嗎？

其實全球資源分配不平均的問題，可以說是愈來愈嚴重，據資料統計，非洲或世界其他各地的饑荒、醫療資源嚴重缺乏或分配不均，大部分的原因不是天災，也不是那些人不懂節育的後果，而是在資本主義體制下，跨國財團為了私利而不擇手段的剝削結果；據統計全世界有 13 億人每天只靠不到 1 美元來生存，有學者認為很大一部分原因在於西方國家、跨國公司和世界銀行、國際貨幣基金不肯減免第三世界國家如天文數字般的外債。因此，反對全球化的人他們提出的口號是「擁抱全球化，就是擁抱死神！」，他們並不僅止於拯救第三世界國家瀕死的兒童或婦女、不只是人道關懷而已，而是反對資本主義體制橫行全球、反對資本家主宰一切，不顧民眾福祉、糟蹋地球環境、擴大貧富差距等等。

當然全球化其實也不盡然只會導致不好的結果，從某些角度來看，全球化是可以促進效率及福利水準的提高，其實現階段國際貧富不均的苦果，最主要的癥結點仍是在分配效率的問題，這個分配的機制如果太過集中，就會造成上述的結果；其實目前許多的國際組織也意識到這個問題的嚴重性，紛紛將這些問題的解決列為其首要任務。自二次世界大戰結束以來，由於國際經濟環境及國際金融制度的演變非常快速，造成國際間機制的嚴重失衡，許多國際機構的出現，例如世界貿易組織 (WTO)、世界經濟論壇 (WEF)、歐洲聯盟 (EU)、八國高峰會 (G8)、世界銀行 (WB)、國際貨幣基金 (IMF) 等，這些國際性組織雖各有其成立的目標與使命，但主要的任務都是在解決全球經濟失衡及促進福利的問題。

接下來本節將就會影響到國際貨幣市場機制的世界銀行 (WB) 及國際貨幣基金 (IMF) 的角色及功能做探討，因為這兩大國際機構組織，其任務、演進、現況及未來均會對國際貨幣制度及國際金融秩序造成關鍵性影響，這些都是研究國際貨幣市場領域十分值得注意的議題。

6.2.1 世界銀行

　　世界銀行 (World Bank) 係根據 1944 年的布雷頓森林協定 (Bretton Woods System)，於 1945 年成立，是由五個關係密切的機構所共同組成，包括：國際復興開發銀行、國際開發協會、國際金融公司、多邊投資擔保公司及國際解決投資爭端中心，並於 1946 年開始營運。世界銀行總部位於華盛頓，目前世界銀行擁有全球最龐大的發展援助資源，協助發展中國家取得穩定、持續且合理的成長機會；世界銀行目前原則上均會於固定期間內，定期召開會議，且會在不同的會員國國家內舉行，以反映世界銀行 (World Bank) 組織運作國際化的特質。而世界銀行的資金大部分是借自國際資本市場，只有小部分為股東實繳之股本和本身提列之各項準備基金；世界銀行於 2000 年後也注意到亞洲國家發展的需要，因此於 2000 年 9 月後，國際金融公司及國際復興開發銀行也在香港設立聯合區域辦事處，以作為世界銀行之國際金融公司在東亞及太平洋地區的業務管理中心，以及國際復興開發銀行在東亞區內推動私營部門發展活動的辦事處。

　　世界銀行成立的目的旨在提供永久性的放款，以協助開發中國家進行各種生產設備及資源開發。例如：過去由於波蘭每年要消耗 110 億立

www.worldbank.org

方公尺天然氣，其中 70 億立方公尺天然氣從俄羅斯進口，波蘭政府為使天然氣進口價格更具競爭力及增加天然氣進口來源的多元化，波蘭政府已與挪威達成協議，挪威在未來五年，每年提供 50 億立方公尺天然氣給予波蘭，因此兩國後續磋商建立油管之計畫，此計畫為油管從挪威經由瑞典或丹麥至波蘭，自 1990 年以來世界銀行也支持及協助波蘭政府此項資源的發展，世

➡ 世界銀行網站首頁

界銀行已陸續貸予波蘭約 50 億美元，以支持該國發展相關計畫。

　　另外世界銀行有時為應付特殊情況，亦從事非計畫性的放款，例如世界銀行為協助開發中國家進行經濟結構調整或專案性活動，包括像解決嚴重的國際收支失衡現象，或專案的救援活動，因此將結構性放款計畫也併入非計畫性放款範圍內，擴大世界銀行所扮演的國際支援角色。

　　過去世界銀行就曾貸予波蘭 10 億美元，以協助該國數以萬計的礦工失業者解決經濟窘境，以調整該國經濟及社會結構問題；另外世界銀行又鑑於礦業向來為波蘭重要產業，為協助徹底解決波蘭礦工失業問題，因此配合波國整體經濟結構的重整，世界銀行於年會中主動提議，討論相關國際合作以協助解決波國問題。世界銀行也常主動與國際貨幣基金執委會定期舉行年會，討論促使國際貨幣基金與世界銀行對其會員國間的協助，以更為有效的方式進行。世界銀行所討論的議題也是非常的廣泛，包括像如何減少貧窮、促進國際經濟發展與國際金融發展等議題，期望藉由會議中充分的討論與意見交換，能對世界經濟與民生的改進有更長遠的協助。

　　世界銀行目前是世界最大的協助發展國際機構，世界銀行以其充裕的金融資源、專業技術訓練人員、廣博的知識基礎，去協助及個別幫助開發中國家，走向一個經濟穩定、持續成長與均等富足之國民生活水準的方向努力。所以整體而言世界銀行在開發中國家的重點功能包括有：①控管監督與減低貧窮的社會發展制度；協助政府能更有能力、更有效率與更透明化地提供品質服務；②協助與鼓勵私人企業的發展；③國際間健康與教育方面的人力投資；④國際生態環境的保護；⑤促進穩定的總體經濟環境；⑥國際管理與長期的規劃。

　　世界銀行透過其貸款協助、政策督導、技術輔導與支持許多的政策與方向，其目的在減低開發中國家的貧窮與促進生活基準水平，所以說世界銀行的國際角色與功能是非常重要的。

6.2.2　國際貨幣基金

國際貨幣基金 (International Monetary Fund; IMF) 與世界銀行一樣，均源自於聯合國贊助的 1944 年的布雷頓森林協定，各國代表在會議上簽訂成立國際貨幣基金的協議，1946 年國際貨幣基金正式成立，1947 年 3 月 1 日正式運作；國際貨幣基金是現今世界上一個相當重要的國際金融機構，幾乎所有實行市場經濟的國家，其金融政策均會受

➡ 國際貨幣基金網站首頁

www.imf.org

國際貨幣基金的影響，而國際貨幣基金與世界銀行因為是源同於 1944 年的布雷頓森林協定，所以上述兩機構也常被稱為「布雷頓森林機構」。國際貨幣基金成立初期主要任務是為第二次世界大戰結束後之金融秩序重建，後來其角色漸漸演變成國際貨幣體系的中央機構，主要的功能包括促進國際貨幣體系在國際間之貿易往來支付，與國際間匯率的貨幣體系能更有效率的運作。例如：歐元區的十二個會員國均屬國際貨幣基金之會員國，而此十二個會員國家之通貨將由超越國家的新種通貨歐元所取代，此時歐元區內的重要經濟決策必須透過集體議決的過程，同時取得 IMF 的認可；IMF 每年都參與監督各會員國的經濟與貨幣政策，所以說 IMF 為確保國際間履行協定條款所賦予之職責，其常參與會員國的國際金融政策的監督與執行，例如：會員國之通貨、貨幣政策、匯率政策、外匯準備的管理以及財政政策等等。

國際貨幣基金的最高權力機構是理事會，每位成員地區均設有正、副理事代表，而正、副理事代表通常是各國的財政部長或中央銀行行長擔任。理事會原則上於每年舉行一次會議，而執行董事會由理事會委託，行使理事會的權力，以處理國際日常事務。目前國際貨幣基金是由 24 名

執行董事組成，設有 1 名總裁和 3 名副總裁，任期為五年，由執行董事
會互為推選，且得以連任。自 1980 年國際貨幣基金組織正式恢復中國的
代表權後，於 1991 年在北京設立常駐代表處，也單獨組成一個選區，並
派出執行董事參與該組織。

　　加入國際貨幣基金的申請，必須經由組織的董事會審議，經審議同
意後，董事會會向管治委員會提交「會員資格決議」的報告，管治委員
會接納申請後，會與加入會員之該國確認簽署入會文件，同時並承諾遵
守基金組織的相關規則。圖 6.1 便是國際貨幣基金的組織圖。

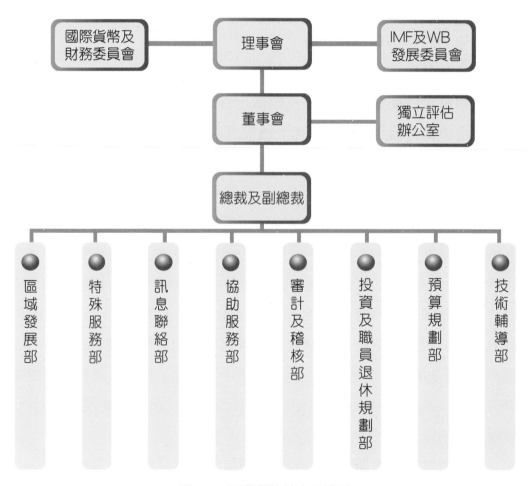

圖 6.1　國際貨幣基金組織圖

資料來源：國際貨幣基金，http://www.imf.org/external/np/obp/orgcht.htm。

　　IMF 也鼓勵各國採行正確的經濟政策以避免金融危機，並且對國際收支失衡的國家提供基金以度過暫時的金融危機。因此 IMF 的目標包括有：①促進世界貿易的平衡發展；②匯率的穩定維持，避免各國競相貶值，造成危機；③有次序地解決國際收支失衡的問題。而為了達到該組織的目的，IMF 會經常性的監督其會員國的經濟與金融發展政策並提供政策面執行協助；或貸款給出現國際收支失衡的會員國，並提供解決問題的改進政策；協助會員國的政府與中央銀行技術指導與專業訓練等等。

　　國際貨幣基金與世界銀行的角色與在國際市場所發揮的功能，總是國際金融市場關心的重點，國際貨幣基金主要的角色就像是會計師及管理師，記錄各國之間的貿易數字，和各國間的債務，並主持制定國際貨幣經濟政策，IMF 的成立目的是要穩定各國的貨幣，以及監察外匯市場。至於世界銀行，則主要提供長期貸款，世界銀行的角色就類似投資銀行，向公司、個人或政府發行債券，將所得款項借予開發中國家或需要救助的國家。這兩大機構對世界貨幣市場及金融秩序有長遠影響，且仍扮演重要角色。

6.3　國際外匯市場的意義及特色

　　一個國家的貨幣兌換成另一個國家的貨幣，其兌換的比率，就是外匯匯率 (foreign exchange rate)。外匯交易，也就是外匯買賣，是指以一國貨幣兌換成另一國貨幣的行為，也就是以外幣表示的支付手段或信用工具的買賣活動。外匯交易一般可分為外匯銀行與顧客之間的交易及外匯銀行與外匯銀行之間的交易，而各國進行外匯交易的場所，我們稱之為外匯交易市場。國際外匯市場之外匯交易沒有固定場所與交易時間的限制，外匯交易是由各地區之銀行透過國際貨幣經紀商撮合，以電話或電子交易連線的方式互相報價，直接進行交易。依據國際清算銀行的統計資料顯示，自 2001 年起全球外匯市場之每日成交量超過 1.2 兆美元，其

中交易量最大的主要貨幣有美元 (USD)、日圓 (JPY)、歐元 (EUR)、英鎊
(GBP)、瑞士法郎 (CHF)、澳幣 (AUD)、加拿大幣 (CAD) 等等，且全球
不同時區 24 小時不間斷地交易，近年來由於國際企業的蓬勃發展及外匯
投資活動日漸活絡，外匯市場可投資商品愈見增加，使得外匯交易市場
的成交量還不斷的持續擴大中，外匯交易市場也愈見蓬勃發展。

6.3.1 影響外匯市場的重要因素

外匯市場是一個非常複雜的市場，主要的原因在於它的參與者與交
易形態非常的多；有各種不同類型的參與者，包括有一般投資者、企業
避險操作者、專業財務機構、商業銀行等等；而交易類型也非常多，例

→ 外匯市場變化快
外匯市場交易往往互相影響，欲從中獲利必
須不斷注意市場動態。

如有實體交易的，也有買空賣空及套利操
作的投機交易等，這些都是構成此一市場
高度複雜的重要因素，也因為複雜度高的
原因，任何想要左右這一個市場價格走勢
的人或機構，都將是極為困難甚至是不可
能的，所以外匯市場它是真實反映貨幣現
象的市場。但外匯的走勢其實仍是有它的
變化邏輯，有許多的因素都會影響外匯市
場的變化，但我們可以歸納出影響外匯市
場的幾個重要因素，分述如下：

1.經濟面因素

經濟面因素包括有各國經濟景氣的差異性、各國政府的財政狀況、
國際貿易的順差或逆差、各國不同的金融政策、各國經濟指標數據（失
業率、生產物價指數 (PPI)、消費物價指數 (CPI)、國民生產毛額 (GNP)、
領先指標）等等。例如：若一國經濟成長率、就業率、設備利用率等，
均有極佳的表現 ⇒ 吸引大量外資 ⇒ 本國幣需求 > 本國幣供給 ⇒ 本國
幣升值。

2.政治面因素

例如一國政局的穩定或紛亂，以及各國舉行大選前之民意支持度，也會影響匯價升值或貶值的趨勢。例如：當一國政治不穩定 ⇒ 資金外流 ⇒ 本國幣供給增加 ⇒ 本國幣貶值。

3.避險因素

當一個國家或國際間有突發的區域衝突、緊張狀況或動武、戰爭危機、核子災變、重大災害等，也會使市場產生危機意識，避險的操作增加，將會影響匯率的突然上升或下跌。

4.利率變動的因素

利率是影響匯市的一個重要因素，有時匯市的波動除了受利率水準影響外，也常常是受前瞻利率（預期利率）變動的影響，此種動向變化往往會使匯市引發一大波幅的單邊趨勢行情。

5.國際熱錢流向的因素

由於全球金融國際化、自由化的關係，國際間自由流轉的「熱錢」，往往就像潮水一般，一陣熱潮的來來去去，常在某一段時間嚴重衝擊著某幣別的匯率。

6.3.2 外匯交易市場的特色

由於近十年來國際經貿的快速發展，也造就了更多企業橫跨國家疆界紛紛從事國際企業的經營，因此也直接刺激對外匯的需求，而間接影響了國際外匯市場的蓬勃發展，加上從近年來歐美各國外匯金融市場發展的趨勢來看，未來外匯交易市場，將會呈現以下的幾個特徵；

1.小金額保證金交易特色

過去的外匯投資，幾乎是全額交易型式，可以說是有一分錢方能作一分錢的投資，但是隨著外匯市場各種金融商品的推出，例如選擇權、期貨、保證金交易市場的成立，以小搏大、買空賣空，似乎已經成為外匯市場絕大多數參與者的投資方式；不只是一般的企業公司或投資客，

甚至是一些跨國性銀行、金融機構，也都加入這個市場。最近幾年全世界估計至少超過 13 兆美元的衍生型金融商品合約，若以保證金 10% 計算，總共吸引了 1.3 兆美元的國際資金於市場交易，且銀行間的外匯交易，幾乎有 90% 以上都是屬於這種買空賣空的軋平部位的交易，據資料統計，各大跨國性銀行的全年盈餘，大約有 25% 以上，就是靠著一群外匯交易員買空賣空所創造出來的。銀行有時還會為客人量身訂做，設計出完全符合客人（包括企業）所需要的選擇交易，並且還給予顧客授信額度，在額度之內，客戶可自由從事交易，所以不論是個人或廠商想要利用這個市場賺取獲利或避險，根本不需擁有太多的資金，就可持有十分龐大的外匯交易部位。

2.日新月異的投資工具增多

由於匯率市場越趨於自由化因素，投資者可以投資的幣別增多，可以利用的金融管道也增多了，且有愈來愈多國家的幣別加入國際市場交易的行列，例如連馬來西亞幣、新加坡幣、紐西蘭幣、南非幣等等，都曾是國際投資客最新、最熱門的投資標的。以目前國際市場的需求及日益開放的國際金融環境來看，相信未來可參與投資的幣別將會愈來愈多，且還會有更多的金融商品不斷推陳出新，這樣的趨勢與環境都將有利於一般投資客及國際企業的金融操作所需，所以說外匯投資已經不再是某一小部分人或財務機構的專利品了。

3.客製化商品的趨勢

過去外匯商品總是較為制式化的情況，且外匯投資的遊戲規則總是千篇一律，不論客戶是風險趨避者，還是風險偏好者，也不管客戶是買空賣空的投機客，還是有外匯部位需要降低風險的避險者，所有的客戶都一視同仁；但隨著參與者愈來愈多，且各參與者需求的不同，外匯市場的金融商品也愈來愈傾向客製化。許多的金融商品設計，從價位、操作方式到金額大小，全部符合客戶的個人需要，有如量身訂做一般，未來金融商品將和其他一般商品一樣，愈來愈講究人性化、個性化的趨勢。

4.邁入專業投資時代

近十年來由於衍生型的外匯投資工具（外匯期貨、外匯選擇權交易）大為盛行，這些投資工具所需要的外匯投資技巧將更需要專業知識，尤其在選擇權店頭市場成立後，投資客可以投資的花樣愈來愈多，不論你是放空還是作多，透過買賣外匯選擇權，參與衍生型金融商品的投資，來增加本身所持有外匯部位的附加價值或是發揮避險的功能，由於這些衍生型金融商品都需要較多專業知識，以及較複雜的投資技巧，因此外匯市場的投資知識將有愈來愈專業化的趨勢，邁向更專業的投資時代。

5.資金移動無國界的趨勢

隨著世界通訊科技的進步與發展，使得電子交割系統既安全又迅速，以及金融體系的不斷進步，例如跨國性的金融集團在世界各地廣設分支據點以提升交易效率，使得數十億元資金可以在幾秒之間完成國際間的移轉。依資料顯示近五年來日本人成了美國公債市場的主要客戶，許多的美國共同基金也紛紛到亞洲新興國家來發行淘金，所以說亞洲的市場也漸漸受到國際市場的重視。隨著這些跨國性資金的日益增加，國際外匯市場的廣度及深度也隨之增大、加深，使得匯率的變動不再只是受該國政經狀況所左右，也會受到國際資金移動方向、速度的影響。因此一國匯率的變動，不只是受國內金融市場的多空走勢，也深受國際市場的影響，未來所及是一個資金移動無國界的趨勢，任何一個國家想要控制該國匯率的情況都將顯得更加困難。

➡️ 網路電子交易

電子交易促使金融活動更即時，另一方面金融安全管理與規範則成為一個重要的議題甚至是產業。

6.4 外匯理論與匯率之決定

要瞭解外匯匯率的決定，首先先要瞭解決定匯率之外匯理論，本節提出三種主要的外匯理論做說明：一是國際收支說，另一是購買力平價說及匯兌心理說。

▊ 6.4.1 國際收支說

所謂的國際收支說意指一國貨幣的對外價值漲跌，決定於一定期間內該國國際收支之順差或逆差,而 1977 年國際貨幣基金對國際收支廣義的定義則是指一國居民與其他國家居民之間，所進行的各種經濟交易有系統的紀錄，稱為國際收支或國際交易帳謂之。在會計意義上，國際收支的總收入和總支出必定相等，也就是國際收支平衡的意思，這個國際收支平衡其實是指國際收支平衡表平衡。國際收支平衡表的內容就如同會計的資產負債表上有資產、負債及股東權益等一樣的分類，主要分為三大項目：第一為經常帳，第二為資本帳，第三為官方準備帳，而餘額包括貿易餘額 (trade balance)、經常帳餘額 (balance on currency)、基本餘額 (basic balance)、淨流動性餘額 (net liquidity balance)、總餘額 (overall balance) 等項目。而國際收支的失衡是指經常帳與資本帳的總和不等於零的情況，當總和大於零時，我們稱為順差，當總和小於零時，我們稱為逆差；當經常帳與資本帳的總和大於零時，表示一國外匯的總收入大於總支出，其國內的外匯供給增加的情況，因此該國兌換外國貨幣的匯率將升值，也就是說外國貨幣將貶值；反之當經常帳與資本帳的總和小於零時，表示一國外匯的總收入小於總支出，其國內的外匯供給減少的情況，因此該國兌換外國貨幣的匯率將貶值，也就是說外國貨幣將升值。整理說明如下：

(1)當國際收支順差

⇒ 外匯供給 > 外匯需求

⇒ 外國幣貶值，本國幣升值。

(2)當國際收支逆差

⇒ 外匯供給 < 外匯需求

⇒ 外國幣升值，本國幣貶值。

6.4.2 購買力平價說

購買力平價說 (Purchasing Power Parity) 是貨幣學派匯率理論的重要論點，購買力平價說認為，當本國物價及成本水準相對於他國的物價及成本水準變動時，本國與他國貨幣間的兌換比率，就會發生變化，而各國依據其貨幣的購買力，決定與他國貨幣兌換的比率；也就是說匯率的升降是受國際間各國貨幣的「購買力」相對強弱所造成的影響，如一國發生通貨膨脹，則該國貨幣購買力就會降低，則該國幣值就會貶值。若比較某一時點兩國價格水準與匯率的關係，我們稱為「絕對購買力平價說」；若比較一段較長的時間，兩國價格水準與匯率變化的百分比之差，則我們稱為「相對購買力平價說」。當本國物價上漲率 > 外國物價上漲率 ⇒ 則本國幣相對外國幣呈貶值。

舉例來說，如果英國的物價一年上漲 10%，而加拿大物價只上漲 5%，那麼依據相對購買力平價說，英鎊對加拿大幣將會貶值 5%。

6.4.3 匯兌心理說

匯兌心理說，此學說認為匯率之決定在於個人對外匯的主觀評價，當個人主觀評價不同時，其對外匯供需或其他因素之評價也隨之改變，因此匯率也就會發生變動。例如當一些國際專業投資機構發布聲明：看好亞洲股市，特

➡ 大麥克指數 (Big Mac Index)

大麥克指數是絕對購買力平價理論的一種，其以麥當勞的麥香堡作為衡量的基礎，換算成美元的各國賣價。如果一個麥香堡在美國賣 2 美元，而在臺灣要 70 元新臺幣，則新臺幣兌美元匯率應該為 35(=70/2)。

別是臺灣，預期新臺幣匯率在外資流入帶動下，則會有強勁的升值力道；
當國際企業的出口部門聽到此一消息則會引發對新臺幣匯率預期發酵，
出現美元恐慌性賣壓，激勵新臺幣走強，強勢升值。所以說預期心理也
是外匯決定的重要論點之一。

舉例說明如下：

當市場預期本國幣將貶值

⇒ 本國幣供給 > 本國幣需求

⇒ 本國幣貶值，外國幣升值。

6.5 外匯交易市場的功能

隨著全球經濟一體化的趨勢，當前世界上正形成一個規模空前的全
球金融市場，據統計，全球約有 8 萬億美元左右的短期游資在全球各地
流竄，這些在各地流竄的資金是以獲取最大利潤為動機，在這個動機趨
動下，也常引發許多新興市場國家接二連三的爆發金融危機。雖然金融
全球化就像是一把雙刃劍，有利也有弊，但它的確也為發展中國家提供
了一個追趕上經濟已開發國家的機會。當然這一個機會之所以存在的主
要原因就是外匯市場自由化的影響，所以外匯市場所扮演的功能自然是
功不可沒，目前全球主要的國際外匯市場以東京外匯市場、紐約外匯市
場、法蘭克福外匯市場、倫敦外匯市場，號稱世界四大國際外匯市場，
其中紐約外匯市場為全球最大外匯市場，扮演全球外匯交易之中心樞紐；
第二大外匯市場則是倫敦外匯市場，倫敦外匯市場更是歐洲通貨市場的
交易中心。接下來本節將從三個角度來瞭解外匯交易市場所扮演的功能，
如下所述：

1.貨幣兌換及信用中介的功能

透過外匯市場的交易，使得各國貨幣得以互相交換，不論是國際間
的各種經貿活動或投資行為都能順利完成。特別是在國際貿易的進行中，

由於本國進口商與外國出口商對彼此的信用並非完全瞭解，進口商恐怕付款之後所收到的商品有瑕疵，或是出口商不按約定交貨，因此進口商會委託指定銀行擔任信用的中介，進口商通常會委託指定銀行簽發信用狀 (letter of credits) 保證以指定的貨幣承兌，而出口商也可透過此一信用中介市場，使得出貨後不用擔心收不到貨款；所以外匯市場扮演貨幣兌換及信用中介的功能，促使國際貿易能更加順利進行。

2.匯率風險的規避

今天不論是投資客或國際企業經營者常會以指定之外幣為支付工具，且有時國際貿易經營者和國際投資者對外匯的需求和供給並非完全屬於即時性質，因此導致各項幣別的支付隱藏著許多的風險因素存在，所以他們需要使用外匯市場作為規避風險的管道。所以說外匯市場的參與者為了因應匯率變動而可能遭遇到的損失，將可以利用各種不同形態的外匯市場工具以避免或降低匯率波動的風險。

3.增加投資獲利的機會

外匯市場因為有各類型的參加者與交易形態，因此各類型的投資者常可以利用各國外匯市場的匯率在某一時點的差異，同時進行買入與賣出，藉以賺取利潤。或者當國際企業經營的公司，如有多餘的閒置資金，亦可將資金投資於國際外匯市場，因為外匯市場的投資工具眾多，又較不會有訊息不對稱所引發的價格風險，且流通上也較無問題，企業不用擔心賣不出去，自然而然可以增加獲利的機會。

如何做好匯率避險策略

企業經營必須密切注意國內外的經濟金融情勢變化，特別是製造產業需要經過原物料加工的程序，及進口機器設備或原物料等，常會以外幣（美元、日圓、歐元等）支付。而且，由於企業當支出與收入的幣別並不相同時，很容易產生外幣匯兌上的損失，尤其對於跨國經營的國際企業，匯率升貶對各國分公司的運作及績效也有重大影響。

例如在各地經營的國際企業分公司，當用當地貨幣來計算，盈餘可能創新高，但換算成母公司當地貨幣時，反而沒有達到盈餘目標；而且，由於買賣的協約或付款時間愈長，公司的匯兌利息所得或損失風險就愈大。特別是以進口為導向的國際企業，若是以供應商的貨幣來付款，則付款金額就會受簽約到付款期間的匯率差價所影響，因此負責採購的人員，對外匯市場的變動敏感度就非常的重要。

經營國際企業的臺商若在海外投資操作，就必須要因應當地貨幣貶值，而產生匯率風險的部分，因此各國際企業對外幣的市場情況，必須進行不同

的避險策略。近年來已承受極大升值壓力的人民幣，也是在大陸外資企業及臺商企業所關心的避險課題；現階段人民幣升值已成為全球共識，未來雖無法預測正確時點，但在大陸的外資及臺商企業更應提前做更多的準備。

國際企業要做好避險策略，其前提主要有兩點：一是避險時眼光的準確，要先瞭解本身避險的需求與目的，千萬不要為避險而避險；二是避險時機的選定，選擇對的匯率或利率進入避險，才能獲利良多。其實避險最重要的考量，倒不一定是

避險工具的選擇正確與否，而是避險的眼光與時機才是較重要的，特別是在國際市場經營的國際企業，在規避匯率、利率的風險時，應要多看、多聽、多蒐集資訊，尋找自己信任的往來銀行，對事實的環境與情況謹慎評估，且企業在做避險規劃時，應先瞭解避險的目的為何，審慎評估將面臨的風險有哪些，加上面臨風險時企業的承受能力，再選擇適合的避險工具，規劃適當的避險期間，才能在國際匯率波動中，提升企業的真正獲利。

【進階思考】

1. 若你是進口導向的國際製造商，當面對國外幣值上漲（外幣升值），而你必須以外幣支付國際貨款，請問你有什麼避險策略？
2. 你認為外匯避險策略對國際企業經營的必要性為何？請論述之。

>> 參考資料

◆外文參考資料

1. Brennan, M. J. and Xia Y. (2006), "International Capital Markets and Foreign Exchange Risk," *Review of Financial Studies*, 19 (3), pp. 753–795.

2. Chen K.-M., Rau H.-H. and Lin C.-C. (2006), "The Impact of Exchange Rate Movements on Foreign Direct Investment: Market-oriented Versus Cost-oriented", *Developing Economies*, 44 (3), pp. 269–287.

3. Dekle, R. (2005), "Exchange Rate Exposure and Foreign Market Competition: Evidence from Japanese Firms," *Journal of Business*, 78 (1), pp. 281–299.

4. Koedijk, K. G., Lothian, J. R. and van Dijk, M. A. (2006), "Foreign Exchange Markets: Overview of the Special Issue," *Journal of International Money and Finance*, 25 (1), pp. 1–6.

◆中文參考資料

1. 中央信託局網路銀行，http://www.ctoc.com.tw。

2. 中國國際商業銀行網站，http://www.icbc.com.tw。

3. 自由電子報，http://www.libertytimes.com.tw。

4. 李雪雯 (2003/09/01)，〈企業如何規避外幣匯兌風險〉，《電工資訊》，第 153 期。

5. 東森新聞報，http://www.ettoday.com。

6. 金融界，http://news1.jrj.com.cn/news/2004−11−03/000000932500.htm。

7. 財政部關政司網站，http://www.doca.mof.gov.tw。

8. 統一安聯人壽網站，http://www.azpl.com.tw。

9. 陳麗珠 (2005/01/04)，〈外匯避險──小心愈避愈險〉，《自由電子報》。

10. 董珮真 (2004/04/01)，〈雙率看漲: 利率、匯率回升下的企業投資策略〉，《電工資訊》，第 160 期。

11. 鉅亨網，http://www.cnyes.com/promote/fxcm/doc/acr_1_1.htm。

12. 福匯集團網站，http://www.cnyes.com。

13. 臺灣區電機電子工業同業公會，http://www.teema.org.tw。

Note

國際資本市場

國際化的香港資本市場

觀察近年來世界主要經濟活動與投資活動較為熱絡的地區，均集中在一些新興開發或發展中的國家，包括像是印度及東南亞地區，其中東亞地區之中國大陸這一區域，其蓬勃發展的景象遠超乎大家的預期與想像；中國大陸憑藉著13億人口的廣大消費市場及生產市場，在這一波新經濟革命中，儼然成為世界經濟的一個強權國家，中國已經重塑世界工廠與世界市場的新樣貌；現階段的中國以每年接近 10% 的成長速度快速累積經濟實力，中國的外匯存底目前是世界累積最為快速的國家，當然人民的財富及消費成長率每年都超過 10% 以上，現在的中國大陸儼然成為亞洲經濟活動與投資活動的中心，眾多的國際資金前仆後繼的投入此一區域市場；而緊鄰中國大陸的香港，因拜中國大陸市場蓬勃發展關係，似乎具有「富爸爸」效應，成為中國大陸經濟成長的最大受惠者，香港國民所得的增加均較其他亞洲國家要來得優異。

在 2004～2005 的兩年間，全球最熱門的集資市場莫過於香港了，有許多檔重量級的中資股、臺資股及不動產證券化 (REITs) 股踴躍掛牌下，也為 2005 年香港 IPO（股票初次公開上市）市場造成空前熱絡，集資額創下 1,900 多億港元的歷史新高點。

香港是一個資本主義相當發達的市場，不但資本市場規模受到世界的重視，且自由化程度也非常的高，因此全球許多的國際企業都非常喜愛在香港籌資；因為在香港資本市場籌資，其掛牌規則簡單、籌資快、且可享受高本益比，又可貼近世界工廠的中國大陸，因此香港資本市場在世界上一直享有很高的評價；國內許多企業家也認為在香港資本市場籌募資金，不但可打響企業國際知名度，且資金運用完全自由，所以許多臺資企業紛紛赴港掛牌上市，目前在香港掛牌上市的臺資企業，包括有：鴻海的富士康、康師傅、裕元、晶門科技、冠捷、順誠等約四十多家企業；香港儼

然已成為世界資本市
場發展的一個很重要的平臺。

　　但在香港的資本市場籌募資金也不
是都沒有風險，過去香港金融服務業的
經濟成長率曾經也一度非常的低，雖然
自由化的資本市場在經濟熱絡時，可以
享有極多的股票市值溢價，但只要經濟
大蕭條的情況下，恐怕如坐溜滑梯下跌
的市值，也是很令人膽顫心驚的。目前
臺灣對香港的資金流出，主要的目的地
是中國大陸，香港只是轉運地，因此若
香港的經濟或資本市場打反轉，對臺灣
資本市場及經濟活動的衝擊應不至於太
大。雖然目前兩岸金融尚未開放，但兩
岸金融業務卻急速成長，其中兩岸的資
本市場業務，有大部分是經過香港金融
市場來操作，因此在金融業臺灣與香港
的資本金融依存度仍是頗高，若將來香
港經濟及資本市場在高峰後走向疲軟，

是否會對臺灣資本及金融產生重大影
響，應值得臺灣金融產業業者小心觀察
及因應。

◎關鍵思考

　　資本市場的自由化、國際化一直是
許多國際企業的期待與盼望，因為在一
個開放的金融市場中，國際企業較可以
依照自己的需求做最佳的財務金融策
略；但在一個開放、國際化的資本市場
裡，國際企業除了可以享受更大的市值
溢價及籌資便利性外，往往也要付出較
高的風險承擔，如果沒有良好的經營遠
景與績效作為後盾，就極有可能在一夕
間於國際市場崩盤，所以如何評估自身
實力及有效率的使用國際資本市場的資
金，創造最大效益才是重要的思考。

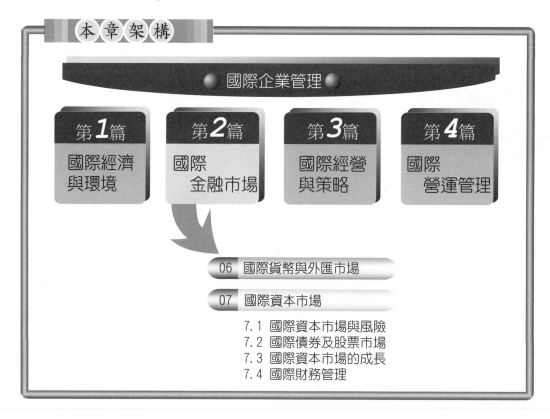

▶本章學習目標

1. 國際資本市場的意義，及此市場重要的參與者。

2. 單一資本市場與國際資本市場風險的比較。

3. 瞭解國際債券市場與股票市場的功能。

4. 瞭解國際資本市場的成長與該市場的功能。

5. 影響國際財務管理的內、外變數，及內部轉撥計價決策的衡量因素。

國際資本市場就是資金自由化與國際化的代名詞，乃是世界經濟整合過程中極為重要的部分，過去的企業較少參與國際資本市場，主要是因為區域經濟的盛行，但最近的數年來由於全球化的趨勢，造成更多的國際企業產生，由於這個因素，造就國際資本市場的蓬勃發展。當然風險與自由化、國際化就像是一體的兩面，它們是並存的，所以如何瞭解、使用此一市場的好處並規避壞處，並作為國際財務規劃重要的資源使用市場，將是本章所應學習的重點。

7.1　國際資本市場與風險

在世界經濟蓬勃發展之過程中，金融市場之自由化與國際化，乃是經濟整合過程中不可或缺的重要部分，論及資本市場國際化的問題，其主要的訴求點除了資金成本、交易成本及風險的降低外，其實仍包括其他許多領域，像是金融交易相關障礙之排除、國際資金流動的自由度、國際資金取得的方便性、金融商品創新、電腦交易技術之發展、法規限制之自由化與國際租稅協定障礙因素之突破等等，上述種種都是資本市場國際化的訴求範圍，也是未來資本市場國際化的重要方向。

所謂的資本市場，通常是指以一年期以上或未定有期限之有價證券進行交易之金融市場；而國際資本市場，如就其廣義定義而言，包括像是單一性質之全球交易市場及非集中性之開放市場觀念等，都可謂之廣義的國際資本市場。國際資本市場的概念與傳統之金融中心觀念是不一樣的。真正之國際性資本市場是指由全世界之金融業或資金供給者、需求者相互交易所形成之一種市場，而此市場具有國際化之特徵（國際化特徵包括像是：法規自由、交易方式眾多、權證發行種類眾多、發行國家眾多、交易無人為障礙、訊息對稱、價格充分反映價值等等）。

如就交易參與人來定義資本市場，它泛指資金提供者與資金需求者互通有無的一種金流交易機制，這並不一定是一個有形的實體交易機構的機制，還包括無形的交易機制，而在這個機制的市場裡，主要有三個

➡️ 深耕臺灣的花旗銀行

花旗銀行是最早來臺的外商銀行，在臺灣已經有四十三年歷史，其於 2007 年併購具有 55 家分行通路的華僑銀行（2 家簡易分行與 53 家全功能外匯指定銀行），持續深耕臺灣市場。

交易的參與人：包括資金提供者、中介機制（通常指金融機構）、及資金需求者等。在資本市場的交易機制裡，資金的提供者包括有企業機構、個人、非銀行的財務機構（例如：撫恤金、退休金管理機構，保險公司等等），資金的需求者包括有企業機構、個人、政府機關等等；中介機構所扮演的角色有點像是財務服務的公司一般，它負責串聯起資金提供者與資金需求者的中間橋樑，常見的中介機構如一般商業銀行（如：花旗銀行、匯豐銀行、美國銀行）、投資銀行（如：摩根史坦利銀行、美林證券）及財務服務公司（主要指提供財務服務的公司機構）。在這個機制的操作過程中，資本市場貸放資金給需求機構（企業），其資金的貸放型式可以是實質的金錢貸放或權益證券型式的貸放；金錢的貸放是指金融機構直接將資金提供給所需企業，此時企業通常需提供對等價值的擔保品給金融機構；或者是企業亦可藉由發行股票方式及透過發行負債證券方式（例如：發行債券）取得資本市場的資金，企業經由資本市場取得資金，再將這些資金拿去購買廠房、設備、研發投資、支付原物料款、支付薪資等等之營業經營的運用。圖 7.1 是資本市場的基本架構圖。

論及國際資本市場演化的定義也是有許多不同的看法，本節則就廣義的看法來解釋國際資本市場的意涵；廣義的國際資本市場，其範圍與效益不侷限於國際債券市場、國際股權交易市場及各種衍生性商品之國際交易市場，只要是能獲得交易速度之提升、成本的節省，甚至包括上述市場中之本國與他國或國際市場間之互動關係，亦是資本市場國際化明顯的一個重要研究領域。因為資本市場的演化發展非僅影響各國經濟及金融，對於政府之總體政策與個人投資理財，均有深刻之影響。面對

此等發展，各國之本國法規與國際組織協定，均有相關的因應及改革措施，惟其發展尚屬緩慢階段，但資本市場國際化與國際企業的關連性，在未來仍有極大之發展空間。所以有關資本市場國際化的相關議題一直是許多國際學者有興趣的研究內容，因為它扮演企業國際化的一個極為重要的中介機制，接下來我們就資金使用者與提供者角度，來探討國際資本市場的意涵。

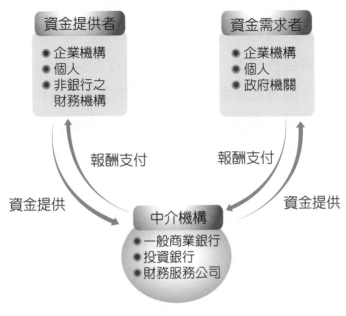

圖 7.1　資本市場基本架構圖

7.1.1　就資金使用者的觀點來看資本市場問題

對資金使用者來說，資金的使用成本問題將是一個重要的考量，如何獲得較低的資金使用成本，對其產品的市場競爭性及經營成本都是有關鍵性的影響。對一個只在本國經營的企業來說，企業的投資者往往都侷限在本國領土內，因此資金的來源往往就侷限於國內資本市場，包括一般的投資大眾、國內本土基金、國內法人機構等等；反觀來說，如果一個企業經營所需的資金有些是來自國際市場，那麼也就是說它可取得

資金的槽擴大了，因為這個國際資金的大槽，它容納了各種形態的資金，它收納了各國的資金，無形中企業可以選擇的選項就變得更多了，且籌資工具間的組合也變得更豐富性、更多元性，各種國際資金在這個大槽中相互競爭，對企業來說其資金成本自然就很可能是最低的。也許除了成本要素外還有一項流動性的因素，是國際資本市場中極為重要的一點，在國際市場中的權益證券，因其交易的市場幾乎是在國際資本交易中心，例如美國、英國、新加坡、香港等國家之國際性資本機構，其流通性的障礙絕對是較在國內流通的權益證券要小得多，國內資本市場也常因為流動性不足所以資金擁有者必須花更大心力，去說服企業使用本地資金，如果在國際市場上因為交易對象比較多，所以資金擁有者是不需要花費太大力氣去處理、去說服資金需求者使用他的資金，只要他的資金是有競爭性的，自然會有很多企業來爭取，就算獲利是較少的，但是對資金提供者來說，他可以選擇將資金提供給風險較低的使用者，即使報酬是較低。所以就資金的使用者來說，最大的好處還是在選擇的多樣性及資金成本較低廉，所以就這個角度來看，國際資本市場至少是一個較有效率的金流市場。

▌ 7.1.2 就資金提供者（投資者）的觀點來看資本市場問題

　　由於使用國際資本市場，投資者有更多寬廣的投資機會，有更多機會去投資國際一流國家、一流公司，獲得一流的報酬，最明顯的獲益就是投資者可以進行國際投資組合的多角化，可以很容易的去降低投資組合風險，這對只有投資在國內市場的投資者來說，其投資的風險性是較低的。當然，要成為國際股票的投資者，其仍有一些操作上（機制上）的問題，例如投資便利性、銷售便利性等問題，這些問題就與國際債券的投資者所面臨到的問題是一樣的，不過這些問題都是可以慢慢克服的，因為未來國際投資是越趨於簡單性。話雖如此，但投資國際資本市場的

變化也是非常的大（例如價格變動的風險就很大），所以說國際投資的風險也是挺高的，但對投資者來說，因為國際投資的情境，使得可以投資的標的變多，且因為國際市場的關係，一些人為操控訊息的情況會降低（也就是說人為操控訊息的情況，在一個不是國際化的國內單一資本市場是較常發生的），由於國際投資的管道增加，投資人的投資組合就可以很多種，因此受市場系統風險的影響就會變得比較低，且對一個國際投資的投資人來說，其受訊息不對稱投機變異的影響也會較低，國際市場價格的變動是較能反映該投資標的真正的價值，因此國際投資者其所忍受的系統風險絕對是較低的，因為投資者可以投資的商品，可以投資的國家都變得更具多樣性的選擇，訊息也較對稱與公平，所以說就投資者的觀點來看國際資本市場，此一市場自然是系統風險較低的一個市場。

　　舉個例來說，假設一個投資者沒有從事國際資本市場投資，只有投資臺灣股票市場的股票，當臺灣經濟或政治有所變動情況下，那他必須完全忍受臺灣股票市場的價格波動，接受此單一市場的價格風險，但相對來說，假如一個投資者參與國際資本市場的投資，他除了投資臺灣股票市場外，又透過摩根史坦利公司(The Morgan Stanley 是國際投資銀行)去投資歐洲、印度、澳洲的股票市場，再透過標準普爾 (The Standard & Poor's 500) 投資美國股票、期貨市場，因此他投資組合的產品就變得很多角化，且橫跨許多國家，當臺灣景氣不佳股票價格下跌，美國股票價格及歐洲或澳洲股票有可能因為資金移動關係而上漲，因此國際投資者就不用忍受單一市場投資的風險，他投資組合的風險就不再只是臺灣單一市場，還包括美國、歐洲、印度、澳洲等市場的組合，自然他投資的系統風險就降低許多。

➡「別把所有雞蛋放在同一個籃子裡！」這句話是投資鐵律，很幸運的，身處在資訊流通無礙的 21 世紀，我們可以透過各式國內、外金融商品的投資，來達成分散風險的需求。

■■ 7.1.3　就風險角度來看國際資本市場的效益 ●

　　如果就風險角度來看國際資本市場,其實國際資本市場的蓬勃發展,
對風險問題的降低是有幫助的,不論是對資金使用者或資金提供者來說,
這都是一個相對於單一國內市場風險要來得低的選擇。請參照圖 7.2 及
圖 7.3 的說明。

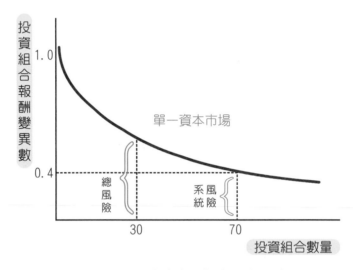

圖 7.2　單一資本市場投資組合風險

資料來源：Charles W. L. Hill (2005), *International Business:*
Competing in the Global Market Place, 5th ed.

　　單一資本市場的總風險是可以透過增加投資組合數量方式(如圖 7.2
所示),將總風險予以降低,但系統風險部分（系統風險又稱市場風險,
或是不可分散風險：是指由於某種因素的影響和變化,導致股市上所有
股票價格的下跌, 從而給股票持有人帶來損失的可能性。系統風險的誘
因發生在企業外部,上市公司本身無法控制它, 其帶來的影響面一般都
比較大）則是無法降低, 因為單一市場其系統風險是無法透過投資組合
予以有效性的分散。

　　國際資本市場的總風險除了可以透過增加國際投資組合數量方式
(如圖 7.3 所示),將總風險予以降低外, 其系統風險的部分由於國際投

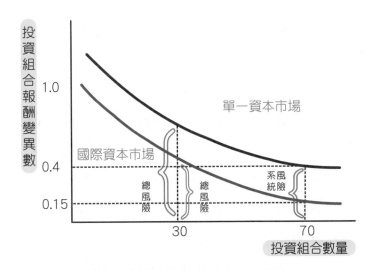

圖 7.3　國際資本市場投資組合風險

資料來源：Charles W. L. Hill (2005), *International Business: Competing in the Global Market Place*, 5th ed.

資多角化的關係，其系統風險也是來自國際市場系統風險的組合，透過組合的關係，可將投資的系統風險予以有效的分散，所以說國際資本市場的風險不論就總風險或系統風險來說，都較單一的資本市場要來得低；這是從風險的角度來看國際資本市場的效益。

　　我們若從總體經濟的角度來看，市場的開放總是會伴隨而來風險，首當其衝的將是對各國之總體經濟政策產生衝擊，其次是對各國國內金融體系產生影響，再其次則是對經濟或政治情勢之發展影響；所以說政府的角色也很重要，如何因應過量的國際資金，做好市場判斷與決策，且符合效率原則，避免因國際資本市場的過度經營，而掉進國際金融風暴與危機中，造成一發不可收拾的局面，不但傷及企業、群眾使用國際資金的信心，也賠掉一國經濟，這拿捏的分寸都考驗著政府當局的智慧。

7.2　國際債券及股票市場

　　在第一節中我們介紹了國際資本市場的概念、參與者、風險問題，

接下來本節將介紹資本市場中可以使用（發行）的工具；在國際資本市場中可以使用（發行）的工具很多，茲就最為大眾所喜愛的權益型證券與負債型證券作說明，並說明其間的差異點。

如果使用資本市場的資金是透過權益證券（所謂權益證券：是指證券的持有者，對公司利益擁有最後之剩餘求償權）發行之方式，例如以發行股票方式取得資金，則股票的持有者對公司利益將擁有最後之剩餘求償權，而這剩餘求償權是資本市場裡的一個重要機制設計，它保護資金提供者一個對等的安全性。對於取得企業股票的資金提供者來說，他有絕大部分的獲利是來自公司每年所配發的股利，至於每一家公司股利的多寡並沒有一定的限制，完全依照其所投資之公司的管理者於實際公司經營的操作獲利，再將獲利分配於股票持有者，投資者除了可獲得公司之股利外，其也可以透過股票交易市場進行買進或賣出股票，賺取差價利益，而股票的價格則反映該公司的實際經營獲利情況，如果公司獲利狀況不佳，則股票投資者也無法於股票市場賺取差價利得，且其所配發的股利也會很少，所以投資者其投資的利得與他所投資的公司股票就有很大的關連性。如就購買公司股票之投資者來說，雖然投資者並沒有實際參與公司的營運，但仍可透過持股方式參與公司營運的表決權，決定公司之營運策略與方向，因此投資者與獲利之間是有較直接的連動性影響。

另外如果使用資本市場的資金是透過負債證券（所謂負債證券：是指證券的持有者，對公司利益並沒有擁有最後之剩餘求償權）發行之方式，例如公司不是透過股票發行去籌措它所需的資金，而是透過舉債，或債券發行的方式，那麼投資者對公司就沒有所謂的可以參與表決公司之營運策略與方向之權利，自然跟一家公司的獲利狀況，就沒有太直接的連動關係，貸與者其金錢貸與的報酬率通常是貸與者與資金需求者雙方共同決定彼此可以接受的利率，此一利率水平通常是議價後就固定不變，而資金的貸與者通常是銀行、基金公司、投資公司等。

　　所以說，國際資本市場的設立是有利於資金需求者及資金提供者雙方；對資金需求者來說，由於可取得資金的管道變得更多，所以他可以取得較低的資金使用成本；對資金提供者來說，由於國際投資管道的增多，因此他所擁有的資金去路也變得更寬廣，有更多的投資機會，也因為投資管道變得國際化，在投資風險上也無形中降低許多。接下來介紹國際債券市場現況。

7.2.1　國際債券市場

　　全球債券市場最近二、三十年來成長非常的快速，債券對企業來說是一個很重要的理財工具。一般多數的債券其利率水準通常是固定的，投資者購買固定利率的債券將會於固定期間內收到固定利率的現金收入，一直到債券到期為止，債券到期後投資人可以拿回債券面值的資金。

　　目前國際市場上有兩種主流類型的國際債券：一個是海外債券類型、一個是歐元債券類型。海外債券類型是流通於海外市場，但是常以流通國家貨幣為計價單位的債券，例如美國在日本所發行以日圓為計價單位的債券，這類型債券通常一次在許多國家同時發行，籌募較低的資金成本來供企業界使用，或是再將募得的資金再做全球性的國際投資，目前市場上有許多新興市場的投資資金來源就是這種國際發行流通的國際債券；由於近幾年來日本的利率水準非常的低，因此有許多的美國企業或國際資金需求者、投資者在日本發行此一類型債券募集基金，由資料顯示日本此一類型的國際債券在過去幾年成長非常快速，比美國政府的公債成長還要高，由於日本的債券利息較美國低，因

➡ 美國債券

全球規模最大的債券市場是美國債券市場，流通在外餘額超過 20 兆美元，以公債及機構債券為發行大宗，其中美國公債為全球最具流動性債券，其次為英國及日本債券市場。

此真的是有許多美國企業到日本去籌措較為便宜的資金使用。

　　歐元債券它通常是屬於檯面下發行（承銷）的情況，它是由銀行聯盟所組成的發行團所發行的，歐元債券是一種常態性的國際發行（發行團會固定期間，發行債券），流通於國際間的資本市場，這類型債券對一些常態性資金需求者或投資者來說也是一種很好的投資工具。

7.2.2　國際債券市場的吸引力

　　最近幾年來，國際債券市場在國際資本市場上之所以有很大的成長與吸引力，其實是有它的魅力存在，債券市場的吸引力如下所述：

1.投資報酬穩定

　　通常債券上載有固定（或浮動）利率，按期償還本金或利息，投資人享有確定收入；若是可轉換公司債，則還可以分享股票上漲之利益。

2.投資風險較低

　　如果是投資各國政府所發行的公債，其風險極低，幾乎沒有債信之問題。

3.資金運用便利

　　國際債券或國際政府公債之變現性強，並可以以債券充當抵押或保證之用；若是一些附條件交易方式之債券，尚可充當資金周轉之用，且不影響持券人之債息收入，資金的使用相當便利。

4.免徵各項稅賦

　　例如買賣政府公債尚免徵證券交易稅；若是海外債券型基金之所得，亦不用併入所得課稅等。

7.2.3　國際債券市場的風險

　　國際債券市場仍是有一些風險因素存在，國際企業及一般投資者應多加留意的，例如：

1.流動性風險

國際債券市場仍屬於較為寬鬆的淺碟型市場（所謂淺碟型市場是指發行機構或投資者，侷限在一些特定財務機構、銀行、企業，其流通對象非一般大眾謂之），債券的價格常會因為利率的急速變動，促使交易商加寬報價或是停止報價。且有些債券有可能因發行量過小，缺乏可信賴信用評等機構評估債信而喪失國際市場的流動性。

2.違約風險

即所謂的信用風險，債券發行機構本身無法償還本息，造成投資債券的重大損失。目前有許多國外專業信用評等機構，對債券的發行做債信評等，可提供投資人參考。

3.匯率風險

投資國際金融債券，需將債券報酬率扣除匯率波動利差，才能得到實際報酬率；若是國際債券發行面額金額皆十分龐大，除了信用風險外，匯率風險也是特別需要考慮的因素。

4.通貨膨脹風險

實質利率加上通貨膨脹率等於名目利率；當通貨膨脹率上升時，就會損蝕債券投資之收益率，造成投資債券的損失。

7.2.4 國際股票市場

在國際股票市場中有許多公司的股票掛牌，且以海外匯率被交易，例如諾基亞 (Nokia) 公司的股票在紐約證交所 (NYSE) 掛牌以美元交易。

www.nokia.com.tw

許多國際性的公司都會在國際股票市場中掛牌及交易，因為透過國際股票市場該公司可以增加國際資金募集容易度，且可以增加公司在國際市場上的知名度，這對公司的財務組合操作或國際聲譽的提升都有極佳的效果，因為能在國際股票市場掛牌交易的公司代表其公司在經營管理上是有一定的水準。而投資者也會使用國際股票市場去強化財務投資組合的績效，這樣的財務資源允許國際企業吸引更多的國際資金，而不單侷限於單一的母國股票市場，且可以降低甚或避免掉單一國家的股票市場

風險。有許多的國際企業都會在海外股票市場發行股票，這些企業是為了避免國內法規條例的限制，因為當國內法規規範如果相當嚴格時，到海外國際市場發行債券通常較為容易，也不需煩惱流通方面的問題，因為國際市場所發行的股票，大多經由國際專業承銷機構去發行，這些專業承銷機構大多是跨國金融銀行團所組成，其全球通路的布建都非常完善，很輕易的就能將發行的股票銷售出去，所以流通上是沒有問題的，且國際市場的產品發行組合也通常是非常多樣性的，可以完全配合公司的財務操作計畫做最佳配置。

股票良好流通的優點是國際市場的一個很大的吸引力，今天我們從國際掛牌交易的公司股票去看，大多數是經營實力非常好，擁有極佳的經營遠景與團隊的公司，才有能力在海外股票市場掛牌交易，例如：諾基亞 (Nokia)、新力 (Sony) 等公司，所以這些國際掛牌公司的股票常是一般投資者或基金公司慎選的投資標的，其在市場中的交易頻率是許多國內市場的好幾倍，且由於國際資金流動非常的快速，每天都有新的股票在這個市場發行，同時在國際市場發行股票的國際企業每年固定的時間都要對國際市場提出財務報告，所以其財務的公開性與透明度都較高，因為這些公司的財務公信力都是由國際知名財務會計公司或專業評鑑機構做評鑑、評等，所以可以說國際股票市場公司的股票是具有很高的財務公信力，因此在流通性上它是無庸置疑的要比單一國內市場發行的股票為佳。

www.sony.com.tw

如果就所有權分散的情形來看，股權分散，公司營運就不易受外部制衡，一般在上市公司股本結構中，某個股東能夠絕對控制公司運作須持有 51% 以上的絕對控股份額或是不佔絕對控股地位，只是相對於其他股東股權比例高（一般界定為 20%）時，該股份持有之股東就可以控制公司運作。而在西方更為成熟的證券市場，有很多公司都是無人控股的，股權結構相當分散，其主要的原因是這些公司絕大多數在國際股票市場發行，因為在國際股票市場有眾多的投資者，公司也可以不用擔心股權

會因過分集中而侵蝕公司的經營權問題，這是在國際股票市場籌資相當大的好處。

7.3 國際資本市場的成長

據資料統計，過去在 1980 年代，美國、英國、法國、日本等國家其海外證券發行量僅佔其 GDP 之 9～11% 左右，到了 1994 年時，海外證券發行量已經達到該國家之 GDP 110～120% 左右，發行規模已經超過 2 兆美元，且此國際發行規模仍持續增長中。進入 2000 年後，國際資本市場仍是持續蓬勃發展，其中主要一部分是國際衍生型商品交易 (derivative transaction) 的大幅成長，所謂的衍生型交易，是指買賣雙方之一種契約，其價值乃依附於基礎變數（基礎變數：可為金融商品或其他現貨資產）之上。國際資本市場目前已經是一個積極成長的市場，也是一個高度互相依賴的市場，不論是外匯交易、發行交易、衍生型商品交易等等，都形成一定的關連性，例如過去的霸菱銀行因投資衍生型商品所導致之破產危機，亦形成各國資本市場之極大的變動壓力；由上述跡象看來，目前資本市場是朝向連動性、國際化、自由化的方向發展，任何國家的各項經貿、金融政策，均難免會受到國際資本市場的影響。

亞洲資本市場自由化開放，是這些年來新興市場發展過程中最具有影響力的，據資料統計從 90 年代起，亞洲國家包括像是臺灣、日本、中國大陸、韓國、馬來西亞及菲律賓等國，便積極涉入國際資本市場，共計在國際資本市場募集超過 180 億

www.nyse.com

➡ 紐約證券交易所 (NYSE)

若能夠在 NYSE 掛牌交易，對企業在國際市場上的知名度有極大的幫助，目前臺灣企業以美國存託憑證 (ADR) 形式在美國境內掛牌銷售的有台積電、聯電、中華電信、友達四家。

美元以上的國際資金。亞洲國家在 NYSE（紐約證交所）及 NASDAQ（那斯達克）發行的 ADR（存託憑證）也頗具成績，其中以菲律賓發行的存託憑證表現最為優異，自 1990 年至 1996 年，菲律賓存託憑證指數的表現超過百分之四百。亞洲國家介入國際資本市場也是屬於漸進式的發展，例如臺灣從開放外資企業參與國內企業經營，企業可以從事國際發行籌募資金，到開放外資可以介入國內金融市場，再到民生相關的電訊等產業經營的漸進開放。當然臺灣參與國際資本市場也是漸進式的成長，從海外債券 (ECB)、存託憑證 (ADR)、到直接掛牌籌資發行股票，也是一步一步朝向國際資本市場邁進，這也顯示了資本市場自由化、國際化是各國努力的政策，同時也是一個世界潮流，資本市場國際化也是促使一個國家積極成長的一個方向。

接下來將討論為什麼要將資本市場國際化，也就是國際資本市場的功能與效果為何，其可以探討的方向也很多，例如如何有效率的使用資金成本、交易成本及風險的降低、金融交易相關障礙之排除、國際資金流動的自由化、金融商品創新、電腦交易技術之發展、法規自由化與國際租稅協定障礙因素之突破等，然而本節將從金融市場（包括：金融商品創新、金融規範與金融政策）等角度來說明國際資本市場之功能與效果，其主要的功能與效果如下所述：

1. 加速及促進金融市場效率之提升

國際資本市場的金融機構因提供不同到期日、風險、報酬率及流通性之金融商品，所以金融服務也變得非常多元，而更具競爭性。再者，金融服務或金融商品之使用者，因更直接且更廣泛地接受該市場之金融商品與金融服務，有助於金融市場知識的累積。且由於市場基礎 (base) 擴大，金融創新變得提高或更具效率，因此整體金融市場之經營，包括整體架構及分配之效率都變得更容易，使得國際資本市場之效率得以獲得更大之發揮，各種商品或其商品之特性，得以獲得更適當之評價，使投資人之資金得以取得最高之利潤，使金融資源獲得更有效之運用，這就

是國際資本市場最大的效率提升。

2.金融工具的多元化發展得以實現

　　由於資本市場國際化的發展，使得各項金融交易方式及金融商品得以創新發展，有利於提升金融商品之交易廣度與深度，也由於國際資金流通的快速，使得交易市場趨於穩定，降低訊息不對稱的效果影響，因此金融工具得以多元發展與實現。例如：過去由於垃圾債券之問題一直困擾國際交易市場，及霸菱銀行之危機等，最後導致資本市場之混亂及崩潰，造成嚴重的國際資本市場危機，近幾年諸多國際金融組織（例如：世界銀行、國際貨幣基金、世界經貿組織等）因鑑於過去危機的前車之鑑，紛紛提出防範金融市場混亂之若干建議，例如像是衍生性商品交易之透明化與內部控制之貫徹等，使得今天的國際金融秩序得以恢復，各國對國際資本市場又恢復信心，各種金融工具的多元化發展得以實現。

➡投資新天堂──金磚四國 (BRICs)

金磚四國的崛起，提供了資本市場資金更多的去處，懂得掌握趨勢的人，將可在這一波熱潮中累積巨大財富。左上：中國大陸──上海；右上：巴西──聖保羅；左下：印度──班加羅爾；右下：俄羅斯──莫斯科。

3.促進金融法規與秩序的重新調整

過去資本市場以長期、固定及流動性之商品為主，此種金融商品之相互競爭與混合發展情況，已經造成過度的瓶頸，目前各國均面臨證券與金融業是否有必要做絕對區隔之爭議情況。且目前由於新型金融商品之產生，使得傳統之證券與銀行業務均遭受嚴重挑戰，以短期、浮動及欠缺流動性商品為主的金融商品已經不符企業需求、不具國際市場競爭優勢，取而代之的是混合型的金融商機，如何透過重新包裝金融商品，使金融商品更符合企業需求及國際競爭，變得更加重要。這些都是促使金融法規與秩序重新調整的動能，也促使跨國金融交易更有保障。

但國際企業參與國際資本市場的經營也不是全然沒有風險，2000 年以前，平均每年約有 600 億美元的資本流入東亞市場（當時全世界的平均值約是 1,500 億美元），而亞洲國家是直接外人投資比例最高的地區，佔了國際資金流動的 40% 左右。由於大量的資金流入因素，促使某些國家有較高的利率水準，而為了對抗因資金流入所引發的通貨膨脹，必須刻意壓抑外匯匯率的大幅變動使金融風險降低，使得資本帳管制相當不易，這都挑戰一國金融秩序風險問題。而資本市場的開放又似乎是難以避免的趨勢，因為大部分的先進國家都有著極為開放的資本市場，但是總體來說開放的政策其利是大於弊的，因為資本的自由移動會促使全球儲蓄獲得更有效的配置，將資源導向最值得運用的地方，如此將加速經濟的成長，促進人類的福祉，而個別國家也可以獲得更大的投資資金，企業也可以接觸更大的國外資本市場；國際社會則因資本的擴大而支撐更壯大的多邊貿易進行，由於貿易商機的擴大其投資將可獲得更多的融資機會，所得水準也就因貿易投資的擴大而增加，因為投資機會的擴散，獲利率也隨之增加，國內企業的資本體系也因先進技術的引進而獲得效率的提高。

東亞、歐盟、北美目前是號稱世界三大區域市場，過去東亞國家資本市場在自由化推動之前，外國投資人只能透過共同基金投資東亞國家

股市，此類共同基金通常為封閉式基金，雖然在 1997 年金融危機發生以前，東亞國家股市整體收益多為負數情況，例如投資印尼、韓國、泰國的投資人則損失至少 70% 以上，但也不是所有東亞國家的表現皆為負數，例如投資在馬來西亞及菲律賓的股市表現卻是超過 MSCI（摩根史坦利資本國際）世界指數的報酬。但就目前資本市場穩定程度角度來看，目前東亞國家的股市收益波動性還是遠高於美元計價之收益波動性，雖然有其風險但報酬率仍是可觀。資本市場投資人還是可以採行動態交易策略（投資人可利用國際資本市場自由化機制，將資金做動態配置，隨時調整其在各國的投資組合）來提升其國際投資組合表現並降低風險。

我國政府早於 1982 年起，即考量國際金融自由化問題，從允許國外資金進入臺灣到 1986 年的允許外匯的自由兌換（外匯進出自由化），到 1997 年允許外資進入臺灣市場，外資可以擁有上市公司股權 30%，由這演化的軌跡來看，我國資本市場的自由化係採漸進的發展模式，目前也正積極朝向國際化、自由化邁進，努力與國際市場接軌中，仍得共同期待。

7.4 國際財務管理

國際企業的財務管理要比單一國內市場企業的財務管理難上許多，因為國際企業除了受國內環境影響外，還要受外部環境因素影響許多。所謂的內部環境主要是指組織、產業及國內金融環境，而外部環境主要是指國際環境的變數；因為內部及外部環境變因會影響國際企業在資金籌措、財務操作規劃、財務利潤分配政策的變動，常見影響財務內部環境變數有：

1.組織文化、管理風格、管理制度

例如該國際企業是採母國制度或利潤中心制度的財務計畫。

2.產業環境變因

例如產業環境的需求、產業地位與該產業遠景，都會影響財務計畫。

3.國內金融環境的自由度

國內金融環境越自由、越國際化，國際企業的財務管理與計畫阻礙較小，越能順利操作，反之，財務操作困難度越高。以中國大陸為例，中國大陸就不是一個外匯自由進出的國家，因此在中國大陸的國際企業其對外的外匯、財務投資就常受大陸金融環境的牽制，財務操作困難度要比在外匯自由化、國際化的國家要難上許多。

4.政府部門的政策

例如臺灣政府投資審議委員會的對外投資政策，常會影響國際企業的財務資源配置效率問題。

上述這些內部變數，都會直接影響國際企業的財務資源配置及財務規劃問題，值得國際企業之財務人員作財務決策時，特別加以留意。

接下來探討影響國際企業財務管理的國際環境變數，也有好幾個因素，主要是因為國際企業要面臨許多不同國家、國際間複雜的經營環境，主要有如下所述：

1.政治因素

光是政治因素就有許多，比如國外政局的安定程度，政府對該產業的支持度，被投資的公司是否會被政府沒收、收歸的風險。例如過去因為菲律賓的政局極為不穩定，許多的國際企業便不敢加碼投資該國，因此造成菲律賓連續好幾年的經濟大衰退，這便是政治因素對國際企業的國際財務操作計畫的一個影響。

➡️ 內戰

在某些國家，政局的不安定還伴隨著內戰的紛擾，例如賴比瑞亞、象牙海岸等，這都會阻礙國際企業對當地投資的深化。

2.經濟因素

經濟因素常會對國際企業造成直接的影響，例如匯率的穩定性，被投資國的通貨膨脹問題，被投資國外匯管制的情形，被投資國利率水準，被投資國資本市場是否易於融資程度等等；上述的變因將直接對國際企業的財務操作造成直接的衝擊。例如若一個國家其外匯極為不穩定，則企業在產品的報價上將無所適從，因為往往有利潤的生意，有可能因為匯率的快速貶值，而造成嚴重損失的情況。

3.法律因素

常見的法律因素，就像是反托拉斯法，美國就是一個代表，不允許有完全獨佔的公司存在；還有像是反傾銷法，許多國家對這個法案是非常重視的，認為有反傾銷法行為存在情況下，常會施以報復手段，當有這種情況發生時，常造成國際企業市場的障礙，間接也影響到財務的結果。

4.租稅因素

因為各國的稅賦制度都不相同，如果被投資國當地稅賦極低，例如不課徵貨物稅，出口也不課徵出口稅或關稅，且給予企業減低營業所得稅的課徵，則該國必能吸引許多的國際投資者前往投資設廠，中國大陸過去就是以極低的稅賦政策來吸引眾多國際資金的投資；相反的，如該國有嚴重重複課稅問題，相信應該沒有一個國際企業願意前往投資設廠。

5.國際因素

國際因素包括像是國際性石油能源危機，或全球性金融風暴，所造成的財務風險。

國際企業從海外投資決策制定後，到付諸實行，包括投資環境的選擇，投資區位的決定，研發技術的移轉與人員培訓的養成，再到經營利潤的規劃，在這過程中財務管理的角色，始

油價高漲壓垮經濟

近年來，油價的高漲在相當程度上拖累了全球經濟發展，而這也是國際企業在財務風險上所無法避免的國際因素難題。

終是相當重要的，舉凡是會計制度、匯率、稅務、利率、經濟條件、損益、轉撥計價、資金調度、籌資、發行、資本市場及貨幣市場變動等等，皆與財務有直接或間接的關係，所以評估好內部及外部環境變因，如何做好財務政策及規劃並達成利潤目標，是國際企業公司財務部門的重要職責。

國際企業的財務管理除了會受上述的內部及外部環境變因嚴重影響外，其中一個較為隱含但又是極為重要的部分是，內部轉撥計價的問題，許多的財務專家在探討國際企業財務內涵時，常忽略這一點。最後將討論國際企業內部價格移轉的政策；內部價格移轉 (intra-firm transfer pricing) 是指國際企業，其母、子公司間或各子公司間各項成品、勞務移轉時，所訂定的交易價格 (例如：微軟的美國母公司，將其成品——office 系統軟體以一套 120 美元賣給臺灣的微軟子公司，而臺灣的微軟子公司以一套 200 美元於臺灣零售市場銷售，這中間成品 120 美元／套，我們稱為國際企業間之移轉交易價格，或內部移轉定價)。由於國際企業往往需考慮到國際關稅、匯率、內部績效評估制度及地主國合作夥伴的態度等等之因素，在以最大利益為前提考量下，訂出最佳的內部價格移轉，所以這可以說是頗難的決策。但本節提出以下的幾個考量方向，以供國際企業財務操作之決策參考。

1. 市場的考量因素

當國際企業為了經營某一國家或某一區域市場，且當該國家或區域市場有極強大的競爭者，為了產品能順利取得市佔率，能比其他公司的產品更具有競爭性，因此在內部移轉的價格就應訂得較低些，使得本企業產品能順利進入該市場。

2. 稅賦的考量因素

稅賦因素包括關稅及相關商品的各項賦稅，如果一個國際企業的子公司其所在的地主國是一個較高關稅及商品稅的課徵區域，那麼多國籍國際企業的母公司其內部價格移轉也應訂得較低些；例如歐盟體系的國

家，若是非此體系的會員國，將會被課徵較高的關稅。

3.資金成本的考量因素

當某一區域的貨幣市場或資本市場其籌資成本較低時，多國籍的國際企業可以透過價格移轉機制，將所需資金從資金成本較低的市場移入，從資金成本較高的市場移出，以利國際財務資金調度及財務績效的創造。

4.金融市場的考量因素

如果一個國家的貨幣有貶值或有極高的匯兌風險或金融環境不是很穩定的情況下，多國籍的國際企業應將資金抽離出來到財務風險較低的國家，也可以運用母子公司間價格移轉機制，將資金從高風險的市場轉出，從低風險的市場轉入。

鴻海集團國際資本市場空前成功

電子業的成吉斯汗——鴻海集團，為了擴張其在電子產業國際市場的影響力，該集團近三年來，持續的在國際各區域市場展現其驚人的爆發力，透過一連串的國際購併活動，展現其拓展電子產業版圖的決心；該集團在消費電子產品的著墨也是相當深，包括目前全球最暢銷的消費性產品，例如 SONY PS2, PSP, 及 APPLE, iPOD 等當紅炸子雞產品也都是由鴻海集團所主導開發；目前該集團在電子產業的布局觸角，除了既有的電腦市場外，甚至上推至面板、下推至電子通路，及汽車零組件等，都可以看到鴻海集團發展的軌跡。

鴻海集團目前是我國最大的民營企業之一，該公司董事會於 2005 年通過，辦理 120 億元的無擔保公司債，此筆金額主要用途為償還銀行借款，除外，公司也預計發行 3 億股的 GDR（海外存託憑證），估算將募集約 460 億元的資金，此筆發行金額也創下 2005 年國內企業最大筆的募資金額；這是鴻海自上市以來，第一次在臺進行大規模募資動作，也吸引許多國內投信機構及銀行團競相詢問。過去由於台積電、聯電等大廠若募資高達 100 億元以上時，礙於國內資本市場吸納資金效果的考量，證期局大多建議選擇前往海外籌資，而此次鴻海集團首度在國內大規模發行可轉債的情況，有許多財務專家認為主要是因為美元走貶的趨勢與國內利率水準較低、籌資成本相對便宜有較大關聯，且加上國內資本市場操作也漸趨穩定成熟，因此此次鴻海的案件，應有助於提升國內資本市場大規模化與國際化的作用，同時政府當局亦希望藉由此次鴻海集團的募資，可牽動其他大廠跟進，在國內進行大規模募資行動，不一定要到海外市場發行。

據鴻海集團董事長郭台銘指出，未來 2005～2010 年鴻海集團還是會積極繼續成長，且未來集團成長的動能主要來自於海外企業購併的規劃，未來該集團將由過去業務布局的情況轉至財務布局；現階段財務國際化的布局才正開始展開，海外籌資將是鴻海集團的下一個努力目標，希望集團未來可以以國際資本市場的資金為其集團主要的財務操作方式，讓整體企業更具國際化的條件。

鴻海集團目前可說是已經陸續為集團旗下企業做「業務全球化、財務全球化」布局，並由業務導向逐步轉至財務導向的國際經營策略；以鴻海集團旗下之富士康國際控股 (FIH: Foxconn International Holding) 為例，鴻海富士康國際控股是以組裝手機為

主要業務，是出口導向的公司，該公司過去連續五年拿下大陸出口金額榜首，顯示富士康國際控股在香港及大陸的經營操作是十分成功的；富士康國際控股於 2005 年 2 月在香港以國企股掛牌上市以來，短短數個月時間，就締造了高達新臺幣 3,275 億元的市值，這是早期臺灣上市母公司鴻海精密目前市值的一半，這種打破香港首次掛牌上市 (IPO) 的新紀錄，讓很多的臺商看了都很動心。我們仔細觀察鴻海企業經營成功的操作就是標榜以臺灣經驗、中國大陸生產、加上香港上市的三角操作模式，來作為現階段鴻海的國際市場操作。因此有不少業界及財務專家認為，鴻海在香港資本市場的成功，可能會掀起一股「掛肉粽」效應，促成臺資企業赴港掛牌的熱潮，造成國內資金缺少動能，這種資本市場的排擠效果是值得我們持續觀察的。

【進階思考】

1. 請思考有哪些原因讓鴻海集團願意在國內市場以發行債券方式籌措所需資金。

2. 鴻海集團以購併之財務策略作為未來積極成長的操作方式，請問購併策略與國際資本市場有什麼樣的關連？

3. 請就鴻海集團董事長所提的「業務全球化、財務全球化」布局策略，提出你的看法。

4. 你認為鴻海富士康的香港掛牌成功，是否會掀起一股「掛肉粽」效應，促成更多臺資企業赴港掛牌的熱潮？

5. 請就目前許多企業利用海外子公司在海外從事資本募集，以規避政府對企業投資中國大陸金額上限（目前為資本額的 40%）政策，提出你的看法。

>> 參考資料

◆外文參考資料

1. Charles W. L. Hill (2005), *International Business: Competing in the Global Marketplace,* 5th ed., The McGraw-Hill Companies, Inc.

2. Daouk, H., Lee, C. M. C. and Ng, D. (2006), "Capital Market Governance: How Do Security Laws Affect Market Performance?" *Journal of Corporate Finance*, 12 (3), pp. 560–593.

3. Farrell, D., Key, A. M. and Shavers, T. (2005), "Mapping the Global Capital Markets," *McKinsey Quarterly* (Spec. Iss.), pp. 39–47.

4. Honda Y. and Kuroki Y. (2006), "Financial and Capital Markets' Responses to Changes in the Central Bank's Target Interest Rate: The Case of Japan", *Economic Journal*, 116 (513), pp. 812–842.

5. Jarrett, J. E. and Kyper, E. (2006), "Capital Market Efficiency and the Predictability of Daily Returns," *Applied Economics*, 38 (6), pp. 631–636.

6. Orlov, A. G. (2006), "Capital Controls and Stock Market Volatility in Frequency Domain," *Economics Letters*, 91 (2), pp. 222–228.

7. Rutkauskas, A. V. and Dudzevičiute, G. (2005), "Foreign Capital and Credit Market Development: The Case of Lithuania," *Journal of Business Economics and Management*, 6 (4), pp. 219–224.

◆中文參考資料

1. HiNet 新聞網，http://times.hinet.net。

2. 全球華文行銷知識庫，http://www.cyberone.com.tw。

3. 工商時報社論 (2007/05/05)，〈兩岸資本市場情勢逆轉的警訊及省思〉，《工商時報》。

4. 雅虎奇摩股市，http://tw.stock.yahoo.com。

5. 王麗娜 (2006/02/28)，〈台資富士康股價漲 3 倍　香港股市勁刮"颱風"〉，上海證券報。

6. 江妍慧 (2006/11/23)，〈回台掛牌　臺商籌資大利多〉，《新台灣雜誌》，第 557 期。

7. 長劍 (2006/11/16)，〈"富士康模式"已成臺商競相模仿的籌資模範〉，中國電子資訊參考。

8. 康曉龍 (2004/11)，〈台商回台或赴港上市面面觀〉，《貨幣觀測與信用評等》。

9. 聯合新聞網，http://udn.com。

10. 董沛哲 (2005/04/01)，〈香港主板台資企業上市籌資新舞臺〉，《電工資訊》，第 184 期。

11. 電子時報，http://www.digitimes.com.tw。

12. 臺灣區電機電子工業同業公會網站，http://www.teema.org.tw。

第3篇

國際經營與策略

Chapter 8

國際企業之經營

通用汽車以購併方式突破中國大陸市場壁壘

通用汽車是 1861 年由美國汽車史上的傳奇人物威廉‧可瑞波‧杜倫 (William Crapo Durant) 所創辦,由於通用所生產的產品材質佳、造型美,加上杜倫的擅於廣告行銷,因此公司業績蒸蒸日上,不出幾年,通用汽車就已經成為美國最大的車輛製造公司。

通用集團旗下所生產的車系幾乎都是自行研發的產品,且都是以一系列的品牌為行銷方式,據統計地球上每五輛車就有一輛是通用汽車製造的,因此同業間皆認為通用汽車是汽車產業的領導廠商,也是業界的奇蹟,所以通用汽車素有「汽車媽媽」(Mother Motors) 的別號。

通用汽車自 1910 年起,銷售量大為突破,以每年 400 萬輛以上的銷售成績傲視群倫,佔有 20% 的美國汽車市場市佔率,但由於美國於七〇年代後,整體經濟市場呈現蕭條情況,美國汽車產業不但要應付國內低迷市場的窘境,且同時要應付進口車的競爭,加上國際市場的區域壁壘等障礙,造成許多的車廠不得不向外伸張經營領域,所以購併風潮便成了汽車產業生存的法寶。因此購併策略,便漸漸的成為通用汽車面對國際經營障礙及成長考量的一個重要策略,特別是其購併的對象已經轉向赴海外購併其他公司,通用汽車集團一連串購併策略的成績可說是業界的代表。

依據資料顯示 2004 年,大陸汽車工業產量及銷售量已經達到 507 萬輛以上,其中轎車產銷量也分別達到 232 萬輛以上。因此目前大陸汽車工業之生產能力,可以說已經達到漸趨成熟階段,目前每年的產值已經居於世界的第 3 位。所以現今有許多的汽車相關產業也都積極在大陸投資設廠,例如,世界著名的輪胎公司米其林、普利斯通等,現在都已經在大陸建立了輪胎生產線;世界最大的鋼鐵公司阿塞勒鋼鐵公司,也已經在大陸建立了生產汽車薄板的合資企業;而汽車媽媽通用公司鑑於大陸汽車市場具有高度製造能力及市場成長勁

道，因此於 2000 年起便積極將與汽車相關的工業生產向大陸轉移，通用汽車在中國大陸的戰略構想，主要是想以上海作為該公司在大陸發展的根據地，且將引進高檔的凱迪拉克等車型放在上海生產，而將其他類型的汽車生產，如經濟型轎車和 MPV 轉移到像勞動力成本更低的瀋陽、山東、廣西等地生產，以進一步降低成本並擴大市場佔有率及經濟利潤。

面對中國大陸汽車產業的崛起，歐洲及美國境內的汽車製造業已感受到極大的壓力。美國汽車面對中國大陸汽車的市場挑戰，其主要的競爭點仍是在要如何對抗中國大陸廉價的汽車勞動成本及廉價的汽車零件；根據美國商務部的數據顯示，到了 2003 年時，汽車產業已經變成 22 億美元的逆差，所以說在過去短短的時間裡，美國汽車工業已經被中國大陸汽車工業打得一塌糊塗，中國大陸的汽車產品對美國市場已經造成了實質的產業威脅；因此通用汽車透過入主中國上汽汽車，主要是想破除中國大陸市場自製比率的障礙問題，同時優化通用汽車在亞洲合作夥伴的市場資源，進一步提升其在亞洲的市場地位及經濟利潤，此一策略是否能深化通用汽車在亞洲市場的成長與競爭優勢，值得觀察。

◎關鍵思考

國際經營是現今許多企業不得不去執行的一個國際化策略，但是究竟是什麼原因造成企業要到國際市場去經營、去競爭，它的背後其實是有許多的原因可以探究，但不外乎是一些貿易壁壘的相關問題；現今許多企業為了享受大陸市場廉價的生產成本，但卻需忍受中國不開放透明的政治因素、經濟限制……等之壁壘，因此有不少企業是透過股權收購甚或是私下投資行為等等，作為規避這些貿易障礙問題，不管怎麼說，如何確保投資利益及最佳資源運用問題，相信始終是一個思考重點。

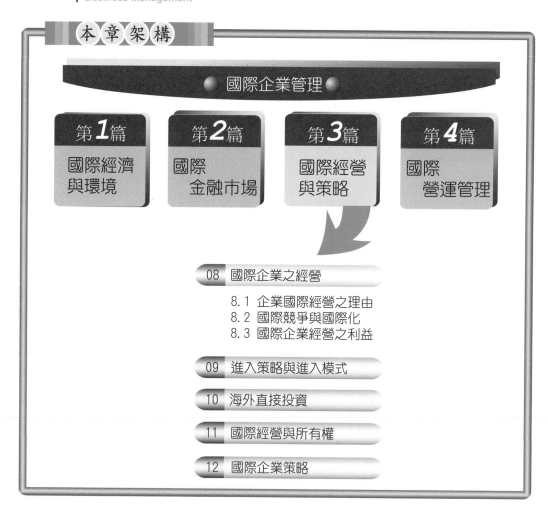

本章架構

國際企業管理

第1篇	第2篇	第3篇	第4篇
國際經濟與環境	國際金融市場	國際經營與策略	國際營運管理

08 國際企業之經營

　　8.1 企業國際經營之理由
　　8.2 國際競爭與國際化
　　8.3 國際企業經營之利益

09 進入策略與進入模式

10 海外直接投資

11 國際經營與所有權

12 國際企業策略

▶ 本章學習目標

1. 企業經營所面對的交易障礙。

2. 關稅型障礙的類型與非關稅型障礙的類型。

3. 瞭解國際競爭的趨勢，及企業國際化過程所應考慮之因素。

4. 企業國際經營對母國公司的利益，及對被投資國的利益。

關稅及非關稅的障礙是促使企業橫跨國家疆界，邁向國際經營的重要驅動原因，所以才有那麼多的國際企業誕生；當然在全球化口號之下，全球性的國際專業分工也越來越成為一股潮流，但是國際舞台的競爭程度絕對要高出單一市場許多，如何考量各種客觀因素，評估企業本身的資源優勢，使得企業在國際化的過程中能更順暢，也將是本章的一個學習重點。瞭解了國際化過程中的考慮因素後，本章的最後一節再探討企業國際經營對本國公司的利益及對被投資國可能的經濟利益。

8.1　企業國際經營之理由

當一個企業經營到某一個階段或其規模成長到一定的程度時，一個企業其所面臨的競爭者與市場，往往不是國內區域市場就能夠處理及滿足的，有時為了追求更大的經濟規模效益或是企業長期的利潤目標，便不得不橫跨國家界線，將企業經營之操作領域向海外市場延伸。如果就市場面的考量因素，一個企業常面臨的問題，包括像是貿易上的障礙、市場規模大小等等的問題；如果就生產面來看，包括像是他國廉價的生產要素、他國特有的資源使用等等的考量；就整體經濟面來分析，包括像是政府的經貿措施、經營環境的演化（像是本國政府禁止的產業，而在其他國家政府卻是積極輔導生產的產業）、投資環境考量等等。上述這些種種因素都將是造成一個企業會積極橫跨國家界線，向海外延伸它的經營領域。

就交易障礙的觀點來看，企業之國際經營經常得面對的障礙可概分為兩大類；一類是關稅型的障礙，關稅型的障礙通常是官方所引起的，包括像是一國政府對商品或勞務提供的限制或規範，常見的關稅型障礙如關稅障礙 (tariff barriers)、出口限制 (export controls)、配額問題 (quotas)、傾銷與反傾銷問題 (dumping and anti-dumping)。另一類是非關稅型的障礙，包括像是對他國投資的條件設限，或是對他國製造商在國

內市場經營上的一些限制；非關稅型障礙的形態有時並不是可以十分清
楚的判定，但最常見的形態是法律或政府官方的規範條約。

8.1.1　關稅型的障礙

關稅型的障礙，最常見的有如下四種類型：

1.關稅障礙 (Tariff Barriers)

關稅的課徵就好像是對商品加重其成本一般，一國政府常會對進口
的商品或勞務課徵進口稅賦，使進口商品或勞務的價格常高過國內自製
的商品或勞務，因此也間接保護了國內的製造商或銷售商。關稅它是一
個直接而且典型的累加稅制，常依產品或勞務的價值來加以課徵，從十
九世紀以來它就被各國家政府所廣泛的使用，在過去的歲月裡，關稅障
礙制度曾經有被濫用的情況，在國際間有曾經對進口商品之價值課徵到
60% 的高關稅紀錄，真是匪夷所思。

➜美國海關總署

關稅在現今的世紀裡，其實是有
愈來愈傾向降低的趨勢，包括像貿易
大國的美國、加拿大及其他國家。雖然
美國及加拿大等先進國家對進口商品
的稅賦課徵有愈來愈降低的趨勢，但
在某些民生資源及民生用品的商品
（例如像糖類、油脂類），卻還是維持
高關稅政策，沒有明顯降低的趨勢。且
稅制的徵收各國也都傾向以課徵單一
稅制為主，避免重複課徵的不公平情
況。當然各國對各類商品的稅賦比率
是擁有所謂的決定權，但一國的經濟
繁榮與成長當然不能自絕於全球經濟
的影響，因此國際間其稅賦的決定往

往是協商後的一個結果，所以關稅制度常是造成國際間商品交易的一個大障礙。當然國際組織 GATT 有鑑於此問題的嚴重程度，因此積極致力於降低此一國際間稅賦問題。

一般來說,已開發的國家其稅率通常都較開發中或未開發國家為低，甚至在已開發國家的某些產品，其商品的進口稅率也有零的情況，以美國來說其某些洲的進口商品就是不課徵任何的進口稅賦。當然從這些低稅率的國家來觀察，發現採行較低關稅政策的國家，它的政府也常會從事一些補救的措施來轉換或吸收他國低價商品的衝擊效果，例如政府會鼓勵廠商發展高附加價值的商品生產或高技術的產業，甚或一些保障本國勞工的勞動政策，以轉換及降低低關稅政策的衝擊。

2.出口限制 (Export Controls)

在某些國家的制度裡，有時會基於一些因素考量或安全風險，而有規範限制某些類型的商品是禁止出口的，是屬於管制類的商品，例如像是一些戰艦、戰鬥機、生化類的商品等等是禁止輸出的。其次像是生產石油的國家對其他國家的出口限制也是一個極大的貿易障礙，如果公司是一個以出口為導向的公司，且它所經營的業務有大部分都是政府管制出口的產品，那麼這樣的出口限制條件，將會影響公司國際業務經營的拓展，自然削弱公司的國際競爭力。以美國為例，美國自 1989 年以後便開始對中國大陸實行嚴格的出口管制政策，部分可以軍用和民用雙重用途的產品要出口到中國大陸，必須獲得美國商務部工業安全局頒發的許可證明才可以；另外一些產品必須經由白宮審核，並且報批國會才可以出口。所以觀察過去幾年間，美國繼續依據其與大陸

➡ 國家安全比賺錢更重要

有些產品再有錢也買不到，譬如有極高國防安全考量的軍艦，生產國不見得願意出口給其他國家。

有關出口管制之法律規定，以某些中國大陸公司持續出口管制物品給美國制裁的國家（例如：美國的敵對國）為理由，對這些中國大陸公司實施出口限制的措施要求，這就是出口限制造成國際經營障礙的一個絕佳的實例。

3. 配額問題 (Quotas)

配額管制最典型的就是依據產品品項之單位予以數量管制或是依照其產值予以管制，關稅配額是一種進口國限制進口貨物數量的措施。進口國對進口貨物數量制定一定的數量限制，對於凡在某一限額內進口的貨物可以適用較低的稅率或免稅，但關稅配額對於超過限額後所進口的貨物則適用較高或一般的稅率。嚴格地說，關稅配額由於其對進口貨物的總量並不作明確的規定，所以並非屬於配額的一種。但是因其高額的進口關稅，也在無形中對進口貨物產生了限制作用。關稅配額是在給與受惠國內部或國家集團成員國間進行分配的最高限額。這種配額如果是由所有受惠國使用的情況，則稱為全球關稅配額；如僅限於個別受惠國單獨使用的，則稱為單一受惠國關稅配額。某些配額管制措施允許每年依照一定的比率增加或降低，配額管制超脫了關稅障礙及進口禁止的規範，它通常是依照市場佔有率或市場需求的條件所設置的額度。配額管制措施最常見的例子：例如像我國紡織品輸往美國就需接受美國對我國的配額限制管制。

配額管制就好像是限定性的承諾,對國內生產者有一定的保護效果，然就產業的角度來看，它也具有保護國內產業的作用，例如美國對其他國家的紡織品配額限制，及美國對日本車廠所製造的汽車配額管制，多少都有保護國內產業發展的作用，這對國內製造商有極大的競爭力提升效果，因此配額管制政策的確是自由國際經貿發展上的一個極大障礙，但比完全限制進口或出口的管制措施要好上一些。

以我國國內汽車市場之配額為例，我國加入世界貿易組織 (WTO) 後，小汽車仍舊實施關稅配額，依據我國入會承諾，自北美（美國及加

拿大) 及歐盟進口者，係採先到先配之方式核配；上述以外地區產製者，係依事先核配方式分配，其中日本、韓國、南非、澳洲、墨西哥、馬來西亞及泰國等七國製造的汽車，係由該等國家自行辦理分配，至於其他配額數量充足且不願意自行核配之國家或地區，係按申請順序之先後辦理分配。有關小汽車實施關稅配額，其中採先到先配者，財政部係委由海關依運輸工具進口日之先後核配；至於採事先核配者，係委託經濟部國際貿易局辦理配額之分配。

我國 95 年度小汽車以關稅配額方式輸入，其配額內數量分別為加拿大：26,774 輛，美國：330,159 輛，歐盟：330,159 輛，及其他每一個 WTO 會員為 20,736 輛，其適用之配額內稅率為 24.6%（未獲得配額者適用配額外稅率 60%），至於配額核配之方法，採先到先配方式辦理者，是由海關依運輸工具之進口日之先後順序核配；而依事先核配方式辦理者，獲配人應向經濟部國際貿易局申請關稅配額證明書後才可以辦理進口❶。

4. 傾銷與反傾銷問題 (Dumping and Anti-dumping)

傾銷被定義為一國的產品，以低於正常價格輸往他國進行商業銷售，謂之傾銷。傾銷的進口貨物，如造成進口國相關產業因此遭受實質損害 (material injury) 或有實質損害之虞 (threat of material injury)，抑或實質阻礙該國相關產業的建立，則該進口國除可依規定徵收關稅外，另可對該項進口貨物加以徵收特別關稅，這種特別徵收的關稅謂之反傾銷稅。所以說傾銷被認定乃是一國賣其商品到其他國家，其價格是以非常態的低價（非公平市價），甚至低於其自己國內市場之價格在他國銷售，而這價格的計算標準，常常是以生產成本或其他出口商之出口價格為評估之依據，以判斷他國是否有傾銷之惡意，是否有打擊他國市場之意圖。例如美國政府規定：外國商品剛到岸的價格若有低於出廠價格時，則就會被判定為傾銷商品，可以立即採取反傾銷措施。雖然在《關稅及貿易總協

---

❶ 財政部關政司 95 年度小汽車實施關稅配額之公告，http://www.doca.mof.gov.tw/，2006/09/10。

定》中對反傾銷問題做了一些規範，但實際上各國仍是各行其是，仍把反傾銷做為貿易戰的主要手段之一。由於傾銷之行為會造成貿易上的負面衝擊，特別是對進口國家之本國市場的傷害，我們可以歸納出至少會有下列三種的影響：

(1)會阻礙進口國相關產業的發展：由於進口國相關產業面臨著來自外國產品的低價傾銷，不得不被迫與其進行價格競爭，因而漸漸的失去了自我定價的能力，其最終結果會導致企業利潤下降、經營虧損、工廠倒閉等局面，影響了一個國家的實際產值。

(2)扭曲了進口國市場機制：例如國內一個生產企業，依靠進口材料進行生產加工，因接受了市場錯誤的低價信號而擴大了生產規模，一旦出口國停止了傾銷，則進口的材料成本可能高漲，國內的產業將無法保持已經擴大的資本支出規模，而造成在資源配置與使用上的浪費，因為無力支付高額的原材料費用，致使可能花費大量資金的設備閒置和浪費情況。

(3)對進口國產業結構調整和新興產業的建立，造成威脅和抑制：在國際競爭壓力下，全球都在進行產業結構的調整和升級，以適應世界經濟一體化和貿易、投資、服務自由化的發展趨勢，特別是已開發國家在這方面已率先完成或正在進行過渡調整階段。若已開發國家對這些開發中國家新興產業生產的產品擴大傾銷，將會直接威脅開發中國家新興產業的發展，這些阻礙甚至會摧毀這些國家對建立新興產業和進行產業結構調整所為之努力，因此對進口國產業結構調整和新興產業的建立造成莫大的威脅和抑制。

根據 WTO「反傾銷協定」第 5.8 條之規定，主管機關認為無足夠的傾銷或損害證據，以證明有正當理由處理反傾銷稅案件時，應立即駁回反傾銷稅案件的申請或終止調查；主管機關如認定傾銷差額微量（傾銷差額如低於出口價格 2% 時，應認定係微量傾銷）或有實質上、潛在的傾銷數量，但其損害程度可忽視時，亦應立即終止調查。若某個他國傾

銷輸入的數量低於進口國同類貨物進口量的 3% 時，原則上應認為可以忽視，但若數個國家其個別輸入雖僅佔進口國同類貨物進口量的 3% 以下，但其合計進口量佔進口國總進口量 7% 以上時，則不在此忽視條件的限制之內。此項規定現在已經納入我國「平衡稅及反傾銷稅課徵實施辦法」中，所以說世界貿易組織 (WTO) 基於全球經濟及公平的考量，基本政策上是允許對傾銷行為有一些合理矯正之措施。所以說，傾銷問題，嚴重者甚至有可能造成被傾銷國家之經濟一蹶不振，且特別是當被傾銷國家若採取反傾銷政策，對其傾銷之國家採行報復行動，如此之惡性循環之結果，將造成全球經濟及產業發展之嚴重衰微。

臺灣毛巾業者抗議傾消

舉個最近發生在臺灣的實例：臺灣毛巾業者對中國大陸進口毛巾低價傾銷提出進口救濟措施申請，雲林毛巾業者於 95 年 3 月 2 日會同家具、陶瓷、大理石、織襪等傳統產業業者搭乘數十輛遊覽車北上，舉行「搶救本土產業」遊行，分別前往經濟部、行政院、立法院、凱達格蘭大道陳情表達訴求，呼籲政府應對中國大陸的傾銷商品採取有效因應對策，全力搶救臺灣的傳統產業；業者訴求強調以標榜臺灣優先的本土政權執政，應對大陸的傾銷商品提出抵制措施，應更全力推動產業根留臺灣，扭轉國內產業之中國大陸經濟傾向，落實真正根留臺灣的經濟政策。

我國毛巾業者大多集中在雲林縣，提供了資源貧乏的農村不少工作機會，但自 90 年開放中國大陸毛巾進口以來，在低價傾銷下，國內各大賣場均出售低價中國大陸毛巾，其中有七成之毛巾市場被中國大陸貨佔領，業者幾

（圖片由聯合報系提供）

乎無法生存，因此業者才向政府提出陳情與控訴，期盼政府拿出對策反制中國大陸毛巾的低價傾銷。毛巾業者已經提出進口救濟申請，我國政府已依世貿組織的規定處理，而中國大陸也派出官方代表出席我方舉辦的聽證會，顯見在世貿的架構下，乃是臺灣處理與中國大陸經貿糾紛最好的依據。

　　此次中國大陸毛巾低價傾銷的問題如何解決，不僅攸關臺灣毛巾業者的生存，更牽動臺灣傳統產業的興衰起落；其實，中國大陸對臺灣低價傾銷的貨品，包羅萬象，琳琅滿目，豈只毛巾，包括家具、陶瓷、不織布、牛皮紙、光纖電纜、大理石建材、聚酯薄膜等種種本土產業，皆受到嚴重的威脅。而這正是現階段臺灣經濟發展最大的危機。臺灣的產業，西進中國大陸者，帶走了資金、技術、人才與管理經驗，不但造成臺灣產業空洞化，往往也成為臺灣本地產業外銷的最大競爭對手。而根留臺灣者，則遭逢中國大陸貨品的傾銷，逐漸萎縮，不但無力支撐臺灣經濟發展，其所造成的關廠失業問題，更成為臺灣社會的沉重負擔。

　　尤其中國大陸貨品雖然價廉，卻不物美，多數品質低劣，而違法走私來臺的農漁牧產品、南北雜貨，尤多黑心商品，一旦國人食用，必將危害健康，對生命造成嚴重威脅。所以，中國大陸貨充斥臺灣市場，不僅導致經濟問題，更影響國人的健康與生命安全。據行政院表示，經濟部、財政部已經啟動相關機制，進行反傾銷調查、進口損害救濟等程序，任何有利於臺灣產業方案，政府都會仔細評估。換言之，此次毛巾業者反對中國大陸的低價傾銷案件，絕非單純的個案，它所面臨來自中國大陸的生存威脅，何嘗不是所有臺灣傳統產業的縮影？而臺灣的經濟，一方面被西進的產業所掏空，一方面根留臺灣的本土產業卻遭受中國大陸貨品的傾銷競爭，幾無生存餘地，造成嚴重的失業問題。

　　因此此一案例絕非單純的經濟失衡，而是攸關全民的利益、安全與福祉，甚至國家產業生存之命脈，如何妥善處理臺、中之間的經貿摩擦，必須妥為規劃，方可因應此一中國的嚴重挑戰與威脅。另一方面，政府必須提出有效方案，提升國內產業的競爭力，降低成本，更新設備；同時，國內勞工也應與產業主密切合作，以熟練的技術，增加產品的附加價值，使臺灣的產品能在國際上有立足之地❷。

　　基於世界貿易公平性原則，反傾銷協定係世界貿易組織 (WTO) 之重要協定之一，主要內容在於規範實施反傾銷措施的形式與實質要件，包

---

❷　⑴鄒景雯 (2006/03/04)，〈中國傾銷毛巾 防我實施進口救濟〉，自由電子報。
　　⑵南方電子報／綜合報導 (2006/03/02)，〈不滿中國毛巾傾銷，台灣業者怒吼上街頭〉，南方電子報。

括通知、調查程序、事證、爭端解決等。從經濟部國際貿易局的統計數字來看,從 1995 年至 2003 年間,我國業者被控傾銷案件共計有 79 件,全球排名第三,僅次於中國大陸 254 件與南韓 107 件,所以中國大陸是目前世界上遭受反傾銷最多的國家;據 WTO 祕書處公布的 2005 年上半年反傾銷統計報告的主要內容,與 2004 年同期相比,WTO 成員上半年提起反傾銷調查數量和最終實施反傾銷措施的數量均下降;中國大陸受反傾銷調查雖然從 2004 年同期 25 件降至 22 件,但仍是受反傾銷調查最多的國家。

表 8.1　1995 年至 2003 年全球反傾銷調查件數統計表

年度別	總件數
1995 年	157 件
1996 年	224 件
1997 年	243 件
1998 年	256 件
1999 年	355 件
2000 年	294 件
2001 年	366 件
2002 年	311 件
2003 年	210 件

資料來源:經濟部國際貿易局。

表 8.2　1995 年至 2005 年底全球遭受反傾銷調查最頻繁的國家地區統計表

國家地區別	遭受反傾銷調查件數	遭課徵反傾銷稅件數
中國大陸	356 件	338 件
南　韓	182 件	127 件
臺　灣	123 件	99 件

資料來源:經濟部國際貿易局。

在我國過去的經驗裡，國內業者若面臨國外反傾銷控訴時，經常遭遇到的一些問題，包括：國外調查程序公平性的質疑、主管機關行使裁量權不當問題。由於我國的企業大都是以中小企業為主，常常因為提出反傾銷訴願需花費大筆成本，而多數業者大都放棄上訴機會，一旦業者被控傾銷成立後，大多數企業都必須放棄該市場，重新尋找其他新市場商機，甚或轉移生產基地至其他國家。所以反傾銷的相關經貿制裁是非常的嚴重，對一國經濟發展及企業經營都有長遠的影響，我們不得不去關心。

8.1.2 非關稅型的障礙

接下來討論非關稅型的障礙，除了上述關稅型的障礙外，其他類型的障礙我們都可歸入非關稅型障礙來討論，包括像是對他國投資的條件設限，或是對他國製造商在國內市場經營上的一些限制，這些非關稅型的障礙有時是很難去衡量及判定，不過最常出現的形態乃是法律及政府規範條約的限制，例如政府基於保護國內經濟不被壟斷及產業發展的理由，對外資企業經營範圍的限制及投資比重的限制等等。一般常見的非關稅型障礙有：管理性的限制、生產補貼、緊急進口保護、海外銷售合作限制、禁制通商條約、技術合作限制等等。

1.管理性的限制

許多的管理性規範也常導致貿易上的障礙，例如政府常會訂出各種規範去限制進入該國區域市場的產品。以大陸為例，目前根據大陸有關「國產化」政策之規範，要求外資企業購買一定數量的當地產品作為生產投入之要件，例如：汽車產業政策規定「國產化」與進口散件的關稅稅率掛鉤，大陸當局依貿易平衡之規定，要求外資企業購買或使用當地產品，強勢限制必須與當地生產產品掛鉤，還要求外資的企業出口必須大於進口，進口不得超過銷售總額的 30%。其次大陸對外資企業外匯平衡要求和出口產品配額、許可證限制等等措施，這些規定均違背了對外

資企業實行國民待遇及取消數量限制政策（上述兩項政策是 WTO 與貿易有關的投資措施協議的兩項基本原則）。這就是大陸政府當局在國際經貿上的管理性限制，但相信未來在 WTO 架構下，這些與 WTO 相關協議有所衝突的管理性措施，應會做適應性的內容修改。

其次還有像是大陸的審批制度也是一個頗為明顯性的管理性限制，大陸對外資審批制度長期以來的不透明，未來在 WTO 要求下，大陸當局對外資審批均須根據公布的法律進行，且審批程序力求簡單、公開和有效率，並擴大外商投資領域，特別是在服務貿易的市場核准方面。大陸當局除定期向 WTO 通報外資政策變動情況外，還需建立外資政策發布機制，指定媒體公布，並保證外資企業隨時可以獲得政策法規方面的訊息。根據大陸與美國達成的協議，未來大陸將允許外資在銀行、保險、經銷、電訊、運輸、法律諮詢和會計等服務行業進入大陸市場經營。

在管理性限制部分，像商標標籤也是常見的一種障礙，有許多國家政府強制規定若要在當地市場銷售，其商品之標籤說明或商品描述必須以當地語言文字表達，雖然這不是一個極為不合理的障礙，但出口商有時不小心，常會忽略了各國對此商標標籤規範。以美國為例，美國商標法第四十三條規定，於任何商品或服務上或於任何之商品容器上使用任何文字、專有名詞、姓名、名稱、記號、圖形，或任何對於原產地為不實之表示、對事實為不實或引人錯誤之陳述，而致他人蒙受損害或有蒙受損害之虞者，得向其提起訴訟賠償。且任何標示或貼有商標之商品如違反本條款之規定，均不准進口至美國，亦不被允許進入美國之任何海關。且各國對商標、商品之標示規範也有不同規定，所以說各國在商標標籤的管理限制也都不盡相同，因此往往造成貿易上的麻煩或損失，形成障礙。

其次另一個常見的管理性限制像是全球行銷及供應鏈經營管理上的限制，我們知道企業在許多的區域有製造生產或是行銷，經常為了節省運輸成本或效率的考量，公司常會以聯合、合併或整合運輸方式做為供

應鏈整合操作，讓公司產品較有效率的分配到全球其他各地的市場，但在國際業務操作上，許多出口導向的公司常會面臨其他國家有這方面的管理性障礙。例如美國常會以北美貿易協定 (NAFTA) 之規範，禁止墨西哥公司直接出口貨品到美國，甚至連墨西哥的貨車也不能運送商品進入美國，如此一來，墨西哥公司的出口商往往要經由其他海上運輸或其他方式將商品迂迴出口至美國，所以這個管理性的限制將會造成墨西哥產品成本的增加，也會造成墨西哥商品在美國市場的競爭力降低。

2.生產補貼

許多國家對外國公司在本國市場經營生產活動，常有生產報酬補貼之要求，此一措施主要是削弱國外生產者在本國市場之生產競爭優勢；另一種生產報酬補貼的方式，就是政府直接對國內該產業該公司進行生產補貼。像許多的歐盟國家對其國內航空產業進行生產報酬補貼，其次像臺灣早期的汽車產業、臺灣鐵路、公賣局等，都是在政府強力的補貼政策下，才能夠生存至今天。但就消費市場來看，它不是一個極為重大的消費者福利損失，主要是因為消費者心目中的價格並沒有被嚴重的扭曲，並沒有直接影響到消費者理性之消費決策。話雖如此，此一生產報酬補貼制度雖沒有對國際經營有直接衝擊，但就國際資源配置效率及貿易公平性角度來看，它還是屬於非關稅障礙的一個問題。

WTO 補貼暨平衡稅制度將補貼區分為三大類別，分別為禁止性補貼 (prohibited subsidies)、可控訴的補貼 (actionable subsidies)，及不可控訴的補貼 (non-actionable subsidies)。

第一類：禁止性補貼。因係嚴重破壞全球貿易的自由競爭及公平性，WTO 明文禁止此項補貼。各出口國對其產品、廠商或產業進行禁止性補貼者，進口國得對之課徵平衡稅。

第二類：可控訴的補貼。雖非如禁止性補貼般嚴重，但因出口國在其境內從事補貼，而造成進口國國內產業受損、利益被剝奪或減損，或利益嚴重受損。其性質仍有違世界貿易的自由競爭及公平性原則，所以

WTO 規定得對該出口補貼採取相當法律行動，包括採取對抗措施及課徵平衡稅。

第三類：不可控訴的補貼。出口國政府的補貼若符合 WTO 不可控訴補貼的規定，原則上，他國不得對之採取任何法律行動；惟在例外情形下，進口國若有理由認為他會員國授予或維持該項補貼，會造成進口國國內產業嚴重受損的不利後果，得請求該會員協商。協商未能達成解決方案時，協商當事國得將該案提交 WTO 補貼暨平衡措施委員會仲裁，該委員會認定該不利效果存在時，得建議補貼國修改該項補貼計畫，以消除該不利效果。補貼國若未能接受該委員會的建議，委員會可授權申訴國採取適宜的對應措施以消除該不利效果❸。

3.緊急進口保護

當一個國家的國內產業是因為進口產品的關係,導致該產業大震盪、頹靡不振、嚴重威脅該產業的生存時，民間機關、協會或政府可以因為國內產業遭受空前打擊、嚴重影響生存為理由，而實施緊急進口保護措施，政府可以縮減配額甚或限制他國產品輸入。例如過去美國就曾經對日本汽車之進口實施緊急進口保護措施,以減緩對美國汽車工業的傷害。最近的例子是 2005 年日本政府對從中國大陸等地進口的鰻魚、鮮香菇、燈芯草發動緊急進口限制措施，以保護日本國內農民的生存空間，這是日本首次引用世界貿易組織的保護貿易措施，對外國產品實施緊急進口限制。而 2005 年法國也以書面正式發函告知歐盟執委會，將對中國大陸進入歐盟市場的紡織品實施進口限制,以保護法國國內紡織產業的危機。

4.禁止通商條約

所謂禁止通商條約乃指政府以法令限制某些商品或勞務出口至某一個國家或地區，或是限制某些商品或勞務輸入本國或地區謂之。以美國來說，由於是州政府治理的情況，因此各州政府的禁止通商條約都不盡相同，不見得一個企業的商品都可輸往美國各州。其次像高科技商品部

---

❸ 中華經濟研究院臺灣 WTO 中心，http://www.wtocenter.org.tw，2006/09/10。

分，高科技貨品出口管制目前已經成為全球各個國家的一個趨勢，例如亞洲國家的日本、韓國、香港、新加坡等國，均曾經實施這項出口管制制度。由於我國之高科技產業係屬於我國經濟發展的重要產業，因此我國自民國 84 年實施戰略性高科技貨品（簡稱 SHTC）出口管制以來，均著重於 SHTC 輸出管制清單列管項目之出口管制，所以某些技術層次較高的產品均列入管制清單中，主要有下述幾類：

⑴尖端材料：此類貨品目前僅有「碳纖維」一項。

⑵材料加工程序：此類貨品中，受到管制之項目為「數位控制器」，其多係進口後裝置於國產設備再出口的部分。

⑶電子類：此類貨品中，國內受到管制之項目為「積體電路」。

⑷電腦類：此類貨品中，國內受到管制之項目為「個人電腦」。

⑸電信類：國內在此類貨品之部分，如高傳輸速率之數據機、雷射同調技術、波長多工設備等❹。

民國 93 年 4 月 30 日，我國政府公告修正我國戰略性高科技貨品(SHTC) 輸出管制地區，將大陸地區增列為戰略性高科技貨品輸出管制地區；且精密工具機類、核生化用途之原料及技術、半導體晶圓設備中「生產半導體用化學蒸著沉積器具」等，增列在出口管制清單中。對於違反規定之廠商，政府得依貿易法相關規定，處以行政及刑事處分❺。

5.技術標準要求

各國對技術標準的要求規定都不盡相同，常見的技術標準要求規範，例如安全規範、汙染規範（環保規範）、技術標準規範等等。目前世界各國在電器類環保規範以歐盟 WEEE & RoHS 兩項指令最積極及明確，歐盟規範兩項指令的目的在減少電器廢棄物的產生及增加廢電器之再使用、再生利用 (recycle) 及其回收再利用 (recovery)，以期減少廢棄物的處

---

❹ 李煥仁，高科技貨品出口管制制度及未來展望，http://www.moea.gov.tw/~ecobook/season/sa233.htm。

❺ 經濟部國際貿易局，http://cweb.trade.gov.tw/，2006/09/04。

理量，同時延長電器產品的生命週期，以期減少環境汙染問題。由於歐盟是目前國際市場十分重要的經濟體，各國電子電機廠商為避免喪失未來市場前景，都十分重視歐盟的綠色環保規定，以臺灣來說在電子電機產業之廠商大多為 OEM、ODM 廠，自然必須接受買方的要求，因此綠色環保規範似乎已經成為目前國內廠商面臨的最重要的障礙。

還有像某些製造電器產品的公司，其產品規格雖符合在國內市場銷售，但若要將產品銷往美國或歐洲國家，則對電器產品的材料使用與產品安全就必須符合美國或歐洲國家不同的材料要求及安全標準規範要求，方能將產品銷往美國或歐洲國家。其次像食品業的 HACCP 認證標準要求規範也是，例如在丹麥及荷蘭等國家便要求進入他們國家的食品，必須要有 BVQI 機構認證授權的 HACCP 檢驗證明，因此許多亞洲國家及歐洲 70 餘家食品出口公司均選擇 BVQI 為其執行 HACCP 驗證。由於這些規範各國規定都不盡相同，也頗為複雜，所以技術標準要求規範，常會造成企業經營上的困難與障礙。

從過去經濟發展的軌跡可以瞭解，各國在關稅上的障礙對一個企業的國際貿易或國際經營，的確是造成極大且顯著的影響，這點可由進出口海關之統計數字窺知一二；而非關稅的障礙是否也對企業的經營有極高的影響，這點目前倒是沒有直接相關的資料佐證，不過其對企業的經營仍是有一定的影響，雖然非關稅型之障礙已經有國際機構（例如：世界貿易組織）在處理並降低它的影響，但在某些地域仍然持續的發生巨大的影響力；上述這兩大因素就像腳踏車的車輪一般的交互作用著。舉例來說，像印度這個國家，就世界（全球性）的角度來看，可說是一個極具有濃厚保護色彩的市場，印度市場是一個有強烈人文色彩及民族主義相結合且鮮明的特徵，這也意味著它是一個有距離，對海外投資者有阻礙且抗拒色彩鮮明的市場，再加上印度政府當局非常保護它的本國企業，因此各國要在印度進行貿易或投資，其困難程度可要比在亞洲四小龍開發中國家都要高些。

➡ 專業化分工下的產物
電腦的外型設計、零組件生產、拼裝組合、運銷配送等流程，都交由專業化分工後的廠商來負責，大大提升了經濟效率。

　　再就全球化的觀點來看，全球化儼然已經漸漸的扮演實質性資源轉移的功效，並引發全世界經濟的變化，就全球化的概念來看全世界的經濟其實是息息相關的，任何想要對貿易或投資做獨立阻隔的障礙建立，其實是行不通的，就算是國際間存有時空的阻絕、語言的障礙、國家文化的差異、商業經營模式的不同、政府的管制條例等等之障礙因素，但這些因素仍不能阻絕一個企業橫跨國家疆界去從事商業貿易及投資活動。況且國際間的距離其實正逐漸的在縮短中，主要是拜國際運輸的通暢及電信網路科技技術的神速進步，讓國際間的文化差異、消費習慣等，正逐漸縮短中；因此原始地域文化的差異也漸漸的縮小，消費行為也漸漸變得趨向一致性；由於國際間的經濟互依程度也逐漸的提高變成為一個全球經濟的系統，因此全球化儼然成為未來經濟及商業發展的一個趨勢。

　　在這全球化熱浪之下，全球化的專業分工可以說是愈來愈明顯了。例如：某些美國人民有可能在德國公司從事汽車產品之設計，這些設計好的汽車模型樣品有可能是在墨西哥的克萊斯勒美國公司從事製造生產及組裝，然後再銷售到全球其他地方。還有像日本的許多汽車產品的零組件，其中有許多是來自韓國的鋼鐵及馬來西亞的橡膠，而馬達內的消耗油品有大部分是來自英國的跨國公司。還有像在美國銷售的惠普及戴爾電腦，其內裝的零組件包括像 CPU、液晶面板、風扇、主機板、電腦機殼、鍵盤等，有絕大部分的比例是臺灣的電子製造公司所設計或製造，甚至某些零組件也有來自大陸的臺灣子公司，經拼裝組合後，再運銷往美國這個全世界最大的消費市場。所以說消費者所購買的任何一項商品，

有絕大的比例都是全球國際分工後的最終產品,就商業經營的觀點來看,全球化的經營模式也無形中增加企業創造生意的契機及降低經營的投入成本、增加利潤營收的機會。

　　近幾年,主要發達國家因經濟增長乏力,貿易保護主義有重新抬頭之勢,隨著傳統貿易壁壘作用的弱化,各國也紛紛尋求更新貿易壁壘,以保護其自身產業利益。以美國和歐盟為例,這兩國是中國大陸最大的貿易夥伴,其貿易壁壘對中國大陸往往產生巨大影響,攸關中國大陸經貿的成長幅度。在世界經濟日趨一體化的今天,貿易壁壘是貿易自由化當中的不和諧音。現今新的世界貿易規則(例如:世界貿易組織的規範)正積極促進各國貿易更加自由暢通,以增進人類福祉的最大化。在各國實現自由貿易的過程中,因為國際競爭因素,加劇了國外優勢產業對開發中國家弱勢產業的威脅,所以設立各種貿易障礙成為發展中國家和未開發國家的一個不得不的共通選擇。已開發國家常因具有超新的技術優勢,使得它們可以更有效地利用技術性貿易壁壘和環境性貿易壁壘,而較不為貿易壁壘所滯礙,但反觀發展中或未發展國家卻只能利用傳統的貿易保護措施,這種措施又是新的國際貿易規則(例如 WTO 中的規範)所不允許的,這就造成了已開發國家和開發中國家喋喋不休的貿易爭論。所以說不論是貿易上的障礙或全球化的趨勢,這都將造成企業橫跨國家界線,擴展其經營領域的一個絕佳藉口或理由。

→ 街頭反對 G8 高峰會的塗鴉

近年來 G8 高峰會所發表的共同聲明,大多環繞在經濟全球化、政治民主化、解除貧窮等議題,但因為真正落實的有限、舉辦會議成本極高,以及遭到反全球化人士的抵制,此會議每次舉行時,都有規模不小的示威活動。2001 年在義大利舉行的 G8 高峰會,估計至少有 30 萬人參與「反全球化」的抗議活動。

8.2　國際競爭與國際化

　　隨著國際貿易與國際投資的自由化，使得產品在生產過程中的專業與分工程度日益深化，有帶動國際分工的趨勢。相對於自由化的發展，貿易保護措施之非關稅障礙與區域貿易協定之關稅障礙的形成，也往往牽動國際貿易與國際投資行為的改變。譬如利用投資於進口國或第三國，進行簡單的裝配或迂迴進（出）口的方式，以規避反傾銷調查、取得配額、享受自由貿易區內的零關稅或特別的優惠關稅等產業投資策略，不斷的演化出現。在二十一世紀的今天，全球性的競爭已經是一個趨勢，當然企業經營者在企業國際化的歷程中，必須要能瞭解企業自身的策略與國際競爭定位以及競爭優勢何在，並仔細地評估國際營運所能承擔的風險能力（諸如：國家法令、政府態度、匯率自由度、國家政局穩定程度等等），經由實際瞭解自身企業的國際經營的能力後，再去評估外部之因素之條件程度，例如：生產因素條件、市場需求條件、供應鏈因素、產業結構程度，以實際衡量企業國際化的風險與國際競爭策略的制訂。

　　企業在國際化歷程及擬定國際化營運策略分析的過程中，所應考慮的因素很多，本節茲就主要的考量因素，整理分述如下：

1.經營風險管理能力

　　所謂經營風險管理之能力乃泛指企業在面對非單一（國內）經營範疇所能承受及管理其風險的程度謂之。國際化經營與競爭要面對的範疇絕對要比單一經營範疇要複雜得許多；例如面對更多的生產製造競爭、不同國家法令、政府態度、匯率波動與自由程度、國家政局穩定度、國界藩籬與文化差異、語言的限制、不同客戶在不同市場中的多樣化、多變化的需求等等。所以自身的經營風險能力衡量，就非常重要，如果在自身無法擔負的管理能力之下而勉強去作,那麼失敗的機率就非常的高，甚至損及原企業的經營成果，所以應審慎評估才是。

2.生產因素條件

生產因素條件是國家資源豐富之程度，經濟學家所謂之生產要素，包括人力資源、物質資源、資本資源及基礎建設。在完全以製造為導向的企業裡，低廉的生產製造成本往往是決定一個企業長久經營、競爭的契機。

3.市場需求條件

指市場對企業產品需求的性質、複雜、成熟與規模程度。例如為了要滿足市場需求條件，其經營策略是專業 OEM（純代工）或是 ODM（設計代工）模式才能滿足市場需求，並維繫客戶多元且變化迅速的需求，或是致力於新興市場與行銷通路的開發等。其實在實際經營的企業家口中常會流傳這樣一句令人玩味的話語就是：「市場在哪裡，我們的服務就在哪裡」，由這樣的一句話我們可以知道，市場需求面的考量往往也是企業國際化一個重要的影響因素。

4.供應鏈關係

供應商及協力廠商之間密切程度。例如公司與各區域供應商間擁有密切的合作關係，則可藉由散布全球之衛星工廠或供應鏈，則較能輕易的架構起國際經營體系。

5.產業結構與競爭優勢

包括經營者管理模式、產業結構程度（產業集中度及整合度）、公司間之競爭度等，是否具有國際競爭優勢，也都是必須加以考量的。

當企業發展國際營運時，常需要整合全球的生產據點、配銷通路、整體運作程序、實際市場需求開發與配置的問題；企業必須能協調與整合全球性之產銷活動，藉由海外需求市場的開發與全球資源的整合，來作企業國際化及國際競爭的最合理的分配與規劃。當然在企業決定國際化、國際競爭的經營路線時，其發展的模式也可透過幾種方式進行，例如：企業可透過國際合作或策略聯盟來進行，就策略聯盟來說的確是企業發展國際化時的一條捷徑，但是策略聯盟本身並不能完全解決企業國

際化真正問題，策略聯盟通常被用來當作是過渡時期之策略，長期國際化的企業經營模式通常不會長久依賴這種合作模式。而國際合作就是企業國際化程度較高的一種方式，企業透過國際合作等模式，從內而外來將經營範疇逐步地拓展至全球的規模市場中，企業的全球市場經營競爭與品牌行銷通常是企業國際合作的最終目的。

當企業從國內品牌行銷邁向全球品牌行銷之過程中，企業的規模大小並不是企業面對國際競爭的唯一決定因素；企業是否擁有自己的核心專長、技術，能否根據產品市場的生態進行整體策略規劃，並培養出落實品牌經營與行銷之能力，才是企業應該審慎檢視與思考其國際競爭策略的核心。因為跨國經營的企業需克服許多不同於國內單一市場的障礙（關稅與非關稅障礙），及許多地理與國家的限制，從原物料與零組件的運送、成品的組裝及配銷等程序來增加不同競爭環節中的優勢，以及不同的產業環境與市場利基的考量；所以許多企業在推行國際化與全球品牌行銷的策略時，均會嘗試利用許多不同的國際化模式以降低全球營運的風險，鞏固既有之競爭優勢。例如宏碁電腦在 1987 至 1990 年間曾先後購併了美國康點電腦、Service Intelligence、高圖斯等企業，希望藉由國際購併來增加國際化實力，並降低海外市場進入的障礙；然而隨著個人電腦產業的崛起，再加上產業劇變與公司決策偏差的結果，導致企業國際化的策略陷入空前的困境，造成公司內部庫存積壓及高額人事成本負擔，讓宏碁集團的全球運籌遭遇了極大的危機，甚至影響到本國母公司的經營。所以說企業在確定國際經營的策略後，還是得仔細評估企業承擔風險的能力及國際市場的進入模式才能事半功倍，畢竟國際經營的困難度要比國內市場經營要高得許多。

8.3 國際企業經營之利益

企業橫跨國家疆界，延伸他經營活動的過程，我們會在第 10.1 節裡

作重要理論演化的介紹，但不論是什麼樣的理論背景，企業國際經營有一個很重要的出發點就是國際經營的利潤；而利潤很重要的支撐點有兩大成因，一是資源效率問題，一是分配效率問題。上述兩大概念幾乎涵蓋了國際企業所探討的其他次要因素，而其最終呈現的結果就是利潤，因此本節國際企業經營的利益，將從這兩大概念延伸，去探討企業利益及國家利益的問題。所以就企業國際經營的利益，我們可以從對企業本身 (home country firm) 的利益及對地主國 (host country) 的利益兩大構面來瞭解。

8.3.1 對企業本身的利益

1.可擴增使用資源的基礎及資源配置效率

由於企業國際經營的原因，無形中也增加企業對使用資源的基礎，因為其資源的來源已經不侷限於國內區位，企業也可以使用其他國家的資源，例如便宜的資金及勞動成本，進行經營活動。且企業也可以在國際間進行其資源的最佳配置，例如可以利用中國大陸或馬來西亞便宜勞動成本，從事生產製造，而將高技術的研發放在臺灣、歐洲、美國等地，充分國際分工，以增加資源配置效率，增加企業利潤。

2.有利於企業多角化的發展

多角化是屬於成長策略的一環，意指企業從單一產品經營的企業，轉化成多數產品經營的企業，並將產品擴展至海外其他地區。由於企業國際經營與操作的經驗累積，也漸漸累積豐富資源運用的能力，這其中也包括產業價值鏈整合的成果，因此國際經營的企業總是較國內企業更容易累積企業多角化經營的實力。

3.市場的全球化

一個國際化經營的企業，其市場的概念往往是全球化的，因為其市場領域已經不再侷限於國內市場，特別是一些推動全球性產品的公司，它看市場的角度往往從世界的視野去瞭解，從世界的角度去瞭解其消費

者行為的變化。

4. 規模經濟效果的發揮

由於資源的最大效益發揮，讓企業經營規模更趨於大型化、專業化，也就更容易發揮企業經營之規模經濟效果。

5. 延長產品生命週期

當產品在國內市場已經到達成熟發展階段時，企業往往會將產品延伸到國外的其他市場，繼續創造或延長產品的生命週期。

6. 投資風險的分散

因為在多個國家經營之緣故，就好像股票之一籃子投資組合一般，無形中分散掉了在單一國家經營的系統風險，自然而然的多國經營的風險要比將所有資源全部集中在一個國家經營的風險要來得較低。

7. 共同技術的提升

國際經營的企業，其知識的流動就好像是網路一般，不論是母公司與子公司之關係，或是子公司與子公司之關係，它們就好像是一個知識分享的大系統，各單位間經常有資訊、技術、管理等等之交流與支援，也共同提升系統內所有公司之技術水平。

8.3.2 對地主國的利益

1. 創造就業機會、增加國民所得

由於投資之增加相對的就業機會就多，自然而然的便增加地主國之國民所得（經濟學中所提：國民所得的增加 = 投資的增加 + 消費的增加）。

2. 增加稅收、改善地主國國民收支

人民國民所得提高了，政府稅收自然增加，且因被投資關係，地主國可以減少從國外購買零件及設備或其他資源性採購之支出，因此可以減少外匯支出，漸漸的可以改善國際收支的不平衡性。

3. 提升技術水平

　　由於被投資關係，地主國常會接受母國企業之各項技術移轉（例如：研發技術、生產技術、品質技術、專利等等），所以對地主國之技術能力提升有莫大效果。像早期臺灣的電子製造業，因為歐洲、美國等地公司，例如易利信、惠普等等眾多公司之技術移轉，才能造就今天臺灣電子製造業與世界並駕齊驅之製造能力及高科技研發能力。

4.可培養地主國人才

　　在國際性的投資裡，往往要借重當地之人力資源，特別是一些知識性的技術轉移，要訓練與教育地主國人員的專業性，這對地主國來說有助於培養地主國人才的發展。像現在許多臺商企業前往大陸投資，通常不可能所有的管理五大功能全部用臺商幹部，因為成本太高了，必須訓練當地員工的專門知識，這就有助於中國大陸人才水準的提升。

5.搭便車 "free riding" 效果

　　地主國公司由於經常接受母公司之各項資源性投資，包括關鍵技術能力、經營管理能力、資金資源等等，不論是合資、聯盟或授權等方式，均需透過複製與學習的過程，無形中也提升被投資公司之品質能力、經營能力、競爭能力，往往被投資之公司都能成為地主國產業內之佼佼者，對地主國被投資公司來說，便擁有所謂的搭便車 "free riding" 效果。

中華汽車突破經營僵局、邁向國際市場

　　過去由於國內汽車產業發展起步遠落後於歐、美國際大廠，加上內需市場規模與地理環境均狹小等因素，因此國內汽車產業發展的趨勢便是與日系車廠合作，從合作中取得關鍵技術開始，然後再逐步培養自己研發能力之經營模式。在我國業者經過多年的努力後，目前我國整車製造品質已經與其他歐美國家水準相當，產品品質已普遍獲得國人之肯定。雖然品質極佳，但礙於我國目前汽車市場成長幅度已漸趨飽和，加上加入 WTO 後市場的競爭將更為激烈，因此此一產業在臺灣市場未來的成長爆發性是很令人疑慮的。

　　相較於對岸的中國大陸，由於目前中國大陸是屬於一個快速成長的市場，不論是在消費品或汽車耐久財的消費上，都可說是位於才開始要大幅成長的階段，據統計，中國大陸自 1992 年起，汽車產量及銷售量便呈現快速成長，特別是在 2000 年後，中國大陸政府採取擴大內需需求政策，導致中國大陸汽車市場出現較大幅度的成長，目前中國大陸的汽車市場已經躍居為全球第三大汽車生產國，成長速度十分驚人。但我們觀察中國大陸汽車產業雖擁有龐大規模，卻大多數是小規模生產，產品品質不佳，開發能力低的情況，且中國大陸汽車產業的保護主義非常嚴重，有極為高的關稅及貿易壁壘政策，外資企業想要打入此一市場並不是非常容易，所以說目前大陸汽車產業可以說是完全內需導向市場，幾乎所生產的車輛全部於國內銷售，外銷比率極低。

　　中華汽車是臺灣汽車產業老字號的公司，該公司成立於 1969 年，一開始是在新竹與楊梅分別有二個製造工廠，中華汽車是以商用車起家，後來才積極跨足轎車與休旅車市場，中華汽車憑藉著靈活的行銷策略與對市場潮流的充分掌握，在國內汽車市場市佔率始終保持第一、二名；但面對國際化經濟的挑戰，中華汽車除了在國內市場繼續努力創造佳績外，目前也積極投入拓展國外市場，特別是在大陸汽車市場這一塊，中華汽車鑑於近幾年中國大陸汽車市場的高度成長與製造成本優勢，加上各項進入障礙（例如：高關稅、進口配額許可證制以及其他非關稅壁壘保護政策）等因素，中華汽車基於全球國際市場布局及經濟利潤的衡量，因此於 1996 年與大陸福州汽車各出資

50% 成立東南汽車，以生產經濟型商用車為主，希望藉以掌握大陸市場布局。

目前中華汽車所投資之東南汽車主要以生產銷售商用車為主，車型主要有 "DELICA" 和 "FREECA" 兩類型車款。該公司所生產的車款相當受大陸市場歡迎，成長

（圖片由聯合報系提供）

狀況非常的好，可說是大陸商用車市場的銷售霸主，估計每年至少有 4 萬輛以上的銷售佳績。所以整體來說現階段仍有許多的國內與國外汽車廠商，在貿易壁壘相關限制條件下，紛紛積極進入中國大陸市場投資設廠，相信此一市場的成長與獲利期待對這些進入的廠商來說，應是非常高的。

【進階思考】

1. 請思考國內汽車廠商，例如中華汽車、裕隆汽車它們面對哪些國際經營的障礙問題？

2. 請思考國內汽車廠商，例如中華汽車、裕隆汽車為何要前往中國大陸投資？就企業經營（或產業）的角度來說，你認為主要的原因是什麼？

3. 你認為國際競爭與國際營運是否有益於國內汽車廠商的營運操作？請問是否會對該廠商帶來好處？

4. 你認為眾多的國際汽車大廠及國內汽車廠在大陸投資從事國際企業的經營，主要的著眼點是什麼？這對臺灣的國內汽車製造業是否會造成什麼影響？

>> 參考資料

◆外文參考資料

1. Dunning, John H. (1981), *International Production and the Multinational Enterprise*, London: Geage Allen and Unwin, pp. 72–108.

2. Link, A. L. and Bauer, L. L. (1989), *Cooperative Research in U.S. Manufacturing: Assessing Policy Initiatives and Corporate Strategies*, Lexington, Mass: Lesington Books.

3. Nelson, R. and S. Winter (1982), "An Evolutionary Theory of Economic Change," Belknap Press: Cambridge, MA, 1982.

4. Penrose, E. (1959), *The Theory of the Growth of the Firm*, Wiley: New York.

5. Williamson, O. E. (1985), The Economic Institutions of Capitalism, N.Y.: The Free Press.

◆中文參考資料

1. Joseph B. White and Stephen Power (2007/04/18),〈通用汽車移師中國和印度〉,華爾街日報。

2. 工研院經資中心 IT IS 計畫,

http://www.itri.org.tw/chi/services/ieknews/m1702–B10–02581–DD85–0.doc。

3. 中國汽車工程學會,《汽車工業中長期科技發展戰略研究》, (2003/12)。

4.《中國汽車工業年鑑》, 2001 年。

5. 中國評論社 (2007/01/18),〈中國市場推動, 通用汽車成功扭虧為盈〉, 中國評論社。

6. 中華汽車網站, http://www.china-motor.com.tw。

7. 中華經濟研究院(臺灣 WTO 中心), http://www.wtocenter.org.tw。

8. 王黛麗 (2007/04/19),〈刷新紀錄 通用汽車預測中國銷售突破百萬〉, 法新社。

9. 李安定 (2006/11/24),〈安定名人坊: 中國市場還是首要關注點——訪通用中國公司甘文維〉, 人民網。

10. 李泊諺 (1999),《臺商大陸投資成長策略與事業部組織規劃之研究》, 未出版論文, 國立成功大學企業管理研究所論文。

11. 李煥仁, 高科技貨品出口管制制度及未來展望, http://www.moea.gov.tw。

12. 新華社 (2002/10/14),〈上汽首次參與全球汽車工業重組購併〉, 新華社。

13. 新華社專稿 (2006/11/21),〈西媒: 中國 10 年內將超過世界最大汽車市場〉, 新華社。

14. 經濟部國際貿易局，http://cweb.trade.gov.tw。

15. 經濟部統計處，http://2k3dmz2.moea.gov.tw。

16. 葉永傑 (2001/11/28)，〈汽車產業探討〉，臺證證券研究報告，
http://www.tsc.com.tw/report_file/tsiaweb/cipdf/c&i_20011214_220000_220000.pdf。

17. 葉永傑 (2001/11/28)，臺證證券研究報告。

18. 臺商電子報 0514 期專題分析，http://news.cier.edu.tw。

19. 騰雲 (2003)，〈轎車行業分析報告〉，金鼎證券研究報告，
http://www.tisc.com.tw/images/cn/2003yearbook16.pdf。

20. 騰雲，金鼎證券研究報告，http://www.tisc.com.tw。

肯德基之中國特許經營策略

由於工商社會快速發達的結果，人們在吃東西、吃飽這件事上就不願投資太多的時間，希望愈快速愈好，因此發源於美國市場的速食業，也就漸漸的東吹流行起來，曾幾何時美國速食文化漸漸的也就成為中國人日常生活及文化的一部分，有愈來愈多的東方人接受此一食物，要不然也不會有許多的國際速食連鎖公司都將中國大陸視為未來值得開發的市場。而麥當勞與肯德基目前則是國際速食市場上的兩大龍頭，麥當勞在全世界的一百多個國家裡擁有超過三萬多家以上的分店，其每年營業額更是超過美金 400 億元；而肯德基雖然全球總店數僅有一萬多家，但也是此一行業的老二，這兩大速食龍頭各有其經營特色，可說是兩種不同層級別的經營模式；話雖如此，在全美排名第一的麥當勞到了中國市場，卻只能贏得老二的頭銜，但在美國市場排名落後的肯德基，在大陸市場卻是叱吒風雲，獲得空前的勝利。我們知道麥當勞在世界各國的業績均是

大幅超越肯德基，麥當勞在西式速食業界的經營可說是非常的成功，未曾嘗過敗績，但惟獨在中國市場總是一蹶不振，呈現大幅落後的景象。

若我們分析麥當勞在中國大陸為何沒有特別的績效，成了肯德基的手下敗將？其實是有一些脈絡可循的，雖然麥當勞和肯德基兩家公司在產品的經營上各有其優點，例如兩家公司都極為重視服務，也適時的將產品推陳出新，以因應消費者需求，但在行銷手法上，兩家公司卻有極為不同的作法，例如麥當勞仍是一貫以孩童為宣傳中心，而將父母及年輕男女包裝在孩童的周圍；但是肯德基的宣傳手法則是完全相反，是以年輕男女為訴求中心，然後才是孩童與父母，因為肯德基認為中國的年輕人在消費人群比重上是最高的，至少佔有 60% 以上，且在中國消費通常是由成人決定的，年輕的雙親是孩童消費的決定者，這點恰好與臺灣的速食消費文化是由孩童所引導的有很大的不同，因此肯

德基才大大的以年輕男女為行銷訴求重點；雖然只是行銷手法的不同，但在行銷手法引導下，其整體後續的服務如餐廳裝修與擺設，產品內容都漸漸產生極大差異性。

其次在展店策略上，兩大集團仍是有很大的不同，肯德基是以直營與加盟兩種形態並存的特許加盟 (franchising) 連鎖模式來經營大陸市場，因此市場便快速的打開來，市佔率便大幅提升，迅速奪取了市場第一品牌的形象。而麥當勞在展店策略上就顯得過於保守，其展店的速度顯得力道不足，導致有不少消費者抱怨，「找不到麥當勞，放眼望去都是肯德基。」所以説進入策略的不同也常導致市場競爭結構的差異性，由麥當勞與肯德基的例子便可窺知一二。

◎關鍵思考

由上述的實例中，我們可以發現主要是需求面的因素（也就是市場因素及消費者因素），影響到肯德基對進入策略的決定，接著透過特許經營 (franchising) 的模式深化市場，最後獲得海外市場空前的成功；所以我們可以發現，進入策略及進入模式對一個國際企業的影響有多麼的大，它就好像是棒球隊的第一棒打擊手，當第一棒得分後，後續的打擊手才有機會上場打擊，也才有回壘得分的機會，進入策略及進入模式在國際企管的領域中，一直被許多的學者研究，它是很重要的一個部分，所以讀者更要好好的研讀本章。

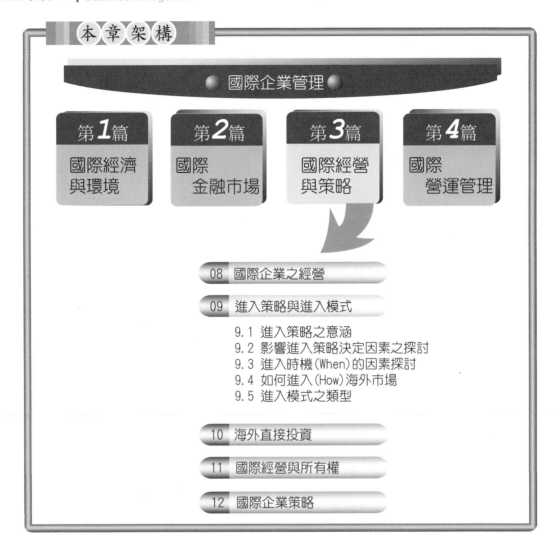

本章架構

國際企業管理

- 第1篇 國際經濟與環境
- 第2篇 國際金融市場
- 第3篇 國際經營與策略
- 第4篇 國際營運管理

08 國際企業之經營

09 進入策略與進入模式
- 9.1 進入策略之意涵
- 9.2 影響進入策略決定因素之探討
- 9.3 進入時機(When)的因素探討
- 9.4 如何進入(How)海外市場
- 9.5 進入模式之類型

10 海外直接投資

11 國際經營與所有權

12 國際企業策略

本章學習目標

1. 進入策略的意涵。

2. 先進入者所具有的優勢為何，劣勢為何。

3. 區位選擇的重要影響因素。

4. 進入時機的因素探討，進入海外市場的方式。

5. 進入模式的分類。

進入策略 (entry strategy) 與進入模式 (entry mode) 在國際企業的探討中，一直是很熱門的，也有許多的學者專注於這一領域的研究，主要是因為進入策略及進入模式非常的重要，它牽涉到國際企業未來在國際操作上的資源配置、控制程度、企業承諾、企業演化方向的問題。所以本章從進入策略的意涵去瞭解企業國際深化的真實意義，瞭解先進入者可能擁有的優勢與劣勢；接著再探討區位選擇的重要變因，從成本稅賦、需求、策略、經濟、政治等構面去多方探討其可能影響的程度；最後再從股權的角度將進入模式分類，以增進讀者對進入模式的瞭解。

9.1 進入策略之意涵

進入策略 (entry strategy) 是企業踏入國際市場的一個重要決策，攸關國際企業未來在國際市場經營的成敗，這一章節主要探討的主題包括進入策略的決定，進入國際市場的時機，經營規模的決定，進入模式的選擇以及策略聯盟的定位等等。任何一個企業在決定要執行國際擴張活動，跨越國家界線去延伸它們的經營範圍時，第一個面臨的問題就是要如何進入海外市場、進入的時間點以及經營規模的決定，當然企業在從事跨國經營決策時，所面對的決策複雜度要比國內決策高出許多，當然一個企業會面對這樣的決策風險，且決定去接受並執行它，主要還是看到未來國際市場的機會點或是長期經營的利潤。

海外市場進入模式的選擇，是企業國際深化的一個重要門檻，當然有許多的進入模式可以選擇，這也代表不同的風險承擔意義，常見的進入模式有如下：例如可經由出口 (exporting)、授權 (licensing)、特許經營 (franchising) 等間接方式，當然也可以較直接的進入方式例如聯盟 (alliance)、合資公司 (joint venture)，甚至以獨資 (wholly owned subsidiary) 方式經營海外市場。當然上述的各種進入模式都有它的優點與缺點，之所以會造成企業選擇不同進入模式操作，主要的影響因素包括有運輸成

本問題、貿易障礙、政府政策風險、經濟風險、經營成本、公司策略等等，在上述各種因素的綜合考量之後，企業就會選出較為合適的進入模式，到底是要實質控制所有權較好或是授權經營較好等等，就會有最佳的解答了。

像早期在我國投資的美國及歐洲跨國電子公司（例如：易利信、惠普科技），主要是集中在技術授權 (technology licensing) 獨資經營的方式，因為看上臺灣的廉價勞動成本及高素質的人力資本，因此許多的技術與製造能力都在臺灣完成，再將成品行銷全世界，在這一階段臺灣電子產業也無形中享受了搭便車效果 (free riding)，漸漸培養高科技製造之技術與能力，方能有現今臺灣的電子產業與國際市場並駕齊驅的景象。再看看日本跨國企業的例子，日本汽車製造廠，其早期的進入策略通常是以授權 (licensing) 或特許經營 (franchising) 的方式經營，主要著重在技術授權或技術移轉，這一時期的日本企業主要是看上海外市場成長的潛力，但隨著海外市場的成長與穩定，漸漸的後來在其他國家的進入策略，就以合資公司模式來作為取代，此一階段的日本企業主要強調在子公司的實質控制能力，以貫徹母公司之策略願景。像目前許多日本企業在中國大陸的進入模式就是以合資方式經營，先尋找好事業夥伴，然後再進入中國大陸設置一家新公司來經營，以食品產業來說，日本就與我國許多的企業合資，例如統一、大成長城……等公司，以聯盟或合資公司方式經營大陸市場。

當企業決定進入國際市場

➡臺日「新關係」

圖片為裕隆日產蘇聰敏經理（右二）接受經濟部沈榮津主任秘書（左一）頒發 2005 年「汽車製造廠對日輸出比例最高獎」。裕隆汽車在 1960 年代吸引日產汽車投資與合作，早期因為日商技術領先，故與臺商是屬於上對下關係，今日則大不同，以裕隆汽車為例，看準大陸市場，比日商更早投資大陸風神汽車成果豐碩後，日產汽車才跟進，在競爭激烈的大陸市場中臺、日關係從師徒，轉變為同伴。（圖片由裕隆日產汽車提供）

時，海外市場的決定是非常重要的，當然企業執行海外擴張的策略時，必須植基於長期發展的潛在利益，如果連這個驅動因子都不存在時，企業就沒有必要大張旗鼓的執行其海外擴張策略。當然，這個潛在功能性因子的存在，是被許多的因素所影響的。在早期國際企業海外行為的研究裡，有許多的經濟性因素及政策性因素導致企業跨國從事海外投資行為，詳細分析這兩大因素裡面有許多是地主國潛在的市場商機及地主國提供優良投資環境所引發，不可否認的，這兩大因素的確是跨國行為驅動的一個重要因素。

從長期發展的潛在利益角度來看，一個國家的功能性因素例如：市場的大小（地主國市場條件因素）、市場內消費者之購買力及該市場未來成長力等。如果市場很大且又有眾多消費者，例如像中國、印度等國家，雖然目前這兩個國家的生活水平很低，購買力又不是很強，相對來說是一個較小的市場規模，但從經濟的角度去衡量這兩個國家，它所具有的風險及成本是較低的，如果能以先佔之姿取得市場優勢，未來隨著國民所得的提高，消費力的增強，市場商機自然是無可限量的發展，所以有許多的企業在開發中國家的投資，基本上就是屬於這種長期發展潛在利益的商業思考邏輯。

在這個長期發展的潛在利益前提之下，跨國企業也通常必須面對地主國經濟發展的遲緩及政策穩定度的考驗，以中國來說雖然被世界評比為最具有發展潛力國家之第一名，但其政策穩定程度是令人不敢恭維的，也常有朝令夕改，或是中央與地方不同調的政策措施，令許多的外資企業無所適從。所以說開發中或未開發國家的潛在商機是無可限量的，但有時不免需從企業所能承受的風險去加以衡量，並做出最佳決策。長期發展的潛在利益必須仰賴該國的經濟成長率，而經濟成長率又需根基於市場系統功能的自由度（指市場機制不受政府政策干擾的程度）及國家成長能力（吸收他國資本及經濟的能力），有點類似利潤—成本—風險的一個槓桿效果，這中間是有一些替換效果存在，例如為了經濟成長，一

個國家不得不開放市場，而開放市場吸收國際資本可能引發國內通貨膨脹危機，又可能造成控制危機，在經濟失控情況下有可能破壞政策穩定程度，所以說這個循環關係裡面是有一些替換效果的風險存在。

當然除了上述長期發展潛在利益的原因外，其實還有一個國際擴張的誘因值得探討，好比是海外市場商機的創造，商機及價值的創造對一個企業來說也是非常重要的；在國際市場上其實有許多的商品是源自於他國子公司的創意及發明，並非完全取決於母公司之決定，這些來自他國子公司的技術或創意生產的新產品，再回流到母國公司市場或其他國際市場，並造成新的競爭優勢及利潤的例子也是非常多的。因為企業國際化的原因，其所擁有的資源便無形中增加，也增加了它產品多角化、創意化組合產品的能力，因此企業能透過當地市場快速擴散其商品，最後再將商品以高價在國際市場銷售，贏得國際商機，所以說有時市場商機創造的競爭優勢，也會是一個海外市場經營的重要理由。

我們已經界定了一個具有吸引力的市場，它必須有長期發展的潛在利益，因此在決定了海外發展市場後，接下來就必須決定進入的時機，俗話說：「進的早、不如進的好」，所以進入時機的衡量也是很重要的考量。接下來我們先瞭解先進入者 (first mover) 的優勢有哪些？先進入（先佔）優勢包括有：

1.知名度優勢

通常先進入者比後來進入的競爭者具有較高的品牌知名度或經營優勢，因為消費者心目中對第一個品牌通常具有較高印象，因此先進入者較能在消費者心中建立起第一品牌印象，例如現在大陸方便麵的第一品牌：康師傅，就較後來進入該市場的統一，擁有超高的第一品牌優勢。

2.有較下滑的學習曲線

通常先進入者對當地市場有較高熟悉程度，不論是在經銷商、上游供應商、市場特性等，都較熟悉且較容易掌握，因此能很快速建立起製造、銷售網路，能夠快速的製造或銷售其產品；對一個後進的新競爭者

來說，先進入者的學習成本會較低，所以邊際貢獻就會較大，因此先進入者通常可取得成本優勢，當成本優勢反映在價格上時，往往就能左右市場機制，所以先進入者通常可取得市場先佔優勢，讓後進者沒有生存利基。

3.創造轉換成本利基

先進入者往往擁有所謂的創造轉換成本的能力，因為先進入者對市場熟悉度高，包括對供應鏈或消費者脈動的掌握，因此很容易將一些成本轉入產品或服務中，且又較能掌握消費者行為的變化，因此其創造轉換成本能力自然高於一個對市場陌生的後進入者。

當然新進入者也有一些不利的成本存在，例如開拓成本 (pioneering

→康師傅大陸行銷策略

利用強力的廣告放送，以及先進優勢，1994～1997 年間頂新集團的康師傅方便麵在大陸市場快速成長，同時也奠定了他在大陸市場冠軍的地位。（圖片由康師傅控股有限公司提供）

costs)，所謂的開拓成本包括有公司經營失敗的成本、海外投資環境的疏忽、當地市場特性的不瞭解、教育消費者的成本等。開拓成本對一個新進入者來說通常是必須面對及忍受的，不論是先進入者或後進入者都會存在，只是程度上的不同罷了。特別是在當地主國所生產的產品與母國所生產的產品是不相同，或是截然不同的市場特性，那麼開拓成本往往就會高些，因此所花費的人力、物力與學習時間就會較長，例如國際知名飲料公司可口可樂的產品，在中國大陸發展初期，就必須投資許多教育消費者對產品認知的成本，要扭轉中國人數千年來以喝茶解渴的消費習性，且要花費許多廣告費用訴求可口可樂的產品是年輕、有活力的解渴飲料，到最後被中國大陸的消費者所接受，所以可口可樂公司初期所

花費的開拓成本應是相當的可觀；其次像美國的麥當勞速食食物，也是一個極為明顯的例子。相反的，如果母國與地主國市場特性或生產產品很相似或相同，那麼所花費的人力、物力與學習時間就會很短，自然而然開拓成本就會很低，例如日本的美白化妝品在亞洲的其他國家基本上是屬於相似的市場特性，因為東方女性仍舊以皮膚美白為美麗的代表，不像美國或非洲其他地區，有些是以其他膚色為美麗的象徵（例如以咖啡色為健康及美麗的象徵），因此日本的美白化妝品要打入亞洲其他國家市場的開拓成本就比打入美國或非洲其他地區國家的市場要來得低些。

綜合上述所言，新進入者雖能擁有一些優勢，但這優勢也未必會是絕對的，因為有時在開拓成本的支出往往是超出預期的負荷，所以多方衡量自身企業能力及所能承載的風險，慎選進入海外市場的時機，往往才是一個關鍵因素。

9.2　影響進入策略決定因素之探討

影響進入策略之決定因素與影響海外投資的因素相類似，但本節主要針對 Where 區位選擇 (location selection)、When 進入時機及 How 進入模式選擇 (entry mode selection) 的影響因素做說明。

進入策略 (entry strategy) 中有關區位決策、進入時機及進入模式的選擇之所以如此重要，主要是因為企業面臨跨國競爭要面對的國際障礙是很多的，不同於國內熟悉的競爭市場。而進入策略之不同，會影響到未來企業在國際市場面對投資環境變化處理方式的不同、操作方式的不同、資源承諾的不同及發展演化途徑的不同，像中國大陸在 1980 年代以前就常被認為是一個恐怖的投資國家，因為它有太多的不開放因素存在，導致它的透明度是不足的，但觀察這幾年有許多極具野心的投資愈來愈多，許多的合資公司或獨資公司如雨後春筍的在中國大陸展開，當然與世界其他已開發（透明度較高）國家比較，中國大陸的投資風險仍是較

高的，所以說在中國大陸投資的公司其經營
經驗及面對風險和危機的處理能力往往就
要高些，才能處理國際投資的障礙問題，化
危機為轉機。

　　我們討論區位選擇其實所探討的不只
是投資國家的決定 (country selection)，還包
含了地域性的選擇 (regional selection)，也就
是投資國家內州、省、城市的決定。在國際
企業決定投資國家的決策制定過程中，其影
響因素的探討與因素分析裡，主要是屬於宏
觀經濟面的考量，例如國際企業決定投資巴
西，以巴西為中介月臺，主要作為日後前進
拉丁美洲及加勒比海等國家經濟發展基礎

➡巴西在南美
投資南美看得將不是只有巴西這個市
場。

與實力，所以說這樣的考量因素主要還是在宏觀經濟面的衡量，當然這
還包括了國民所得、經濟成長率、該國基礎建設、政治穩定程度、政策
透明度等等的衡量。但是在地域性的選擇上，例如決定要在哪一個國家
的城市內設立製造基地等，比如要決定在中國大陸的蘇州設廠，還是要
在廣州、無錫等地設製造工廠，這地域性的區位決定，其所考量的因素
又是不一樣的，但在地域性區位的衡量因素裡，主要還是植基在功能性
操作面的衡量，有大部分都是以生產基礎為衡量主軸，例如該地區是否
有便宜的勞動成本、是否有良好的供應商、是否有良好的產業基礎或基
礎建設等。舉個例子，像摩托羅拉 (Motorola) 就選擇南京代替北京或上
海作為它在中國的主要生產基地，主要就是考量到當地的勞動成本及基
礎建設齊全。這種城市區位的選擇主要還是在微觀的實際操作面的考量，
是不同於宏觀經濟面因素的衡量。

　　如果區位的決定非常恰當的話，那麼對國際企業的日後營運收益是
有極大的保障，因為選對了一個合適的國家及城市，對一個國際經營者

來說是無比的重要，因為他決定了未來營運操作的模式，未來資源配置的問題，也決定了未來的預期利潤，所以說上述種種的預期願景都被區位決策所影響。當然國家的選擇應該更強調在國際因素的部分，而國際因素的部分也會影響到地域性的因素，話雖如此，但是國際因素是發生在前面的考量因子，而地域性的因素通常是在後面的考量因子，當然有極少部分是相反的情況。

區位選擇與競爭力的關連度，當然是不在話下了，其關係可說是非常的密切，如果從國家競爭力的角度去看國際企業區位選擇的問題，我們更可以瞭解被投資國的國家環境問題及區位選擇的相關變數，當然也不是所有的區位選擇決策的制定，都必須這麼清楚的去分析每一個變數的問題，但是至少我們可以從相關變數的影響及關連性去做最佳的決策判斷，畢竟一個國際投資的決策往往動輒數千萬、數億元的投資，因此也就不得不小心謹慎，將投資的不確定性及風險問題降到最低程度。

在影響區位選擇的因素探討中，我們可以從以下的幾個構面做瞭解：一是成本與稅賦問題，二是需求面的因素，三是策略因素，四是經濟面的因素，五是政治社會面的因素。上述的各構面問題對廠商來說都是重要的影響變因。例如：高科技的區位選擇投資問題，有關技術移轉與複製能力問題，往往就是重要衡量指標，因此策略因素的考量將變得很重要；而在區域市場導向 (local market focused) 的國際投資裡，需求構面的因素變因往往就變得十分重要；在出口市場導向 (export market focused) 的國際投資裡，則成本與稅賦問題往往就會成為首要考量的變因了。

9.2.1 成本與稅賦問題

1.運輸成本問題

國際企業在運輸成本的考慮包括有從母國運輸原物料到被投資國，或是運送已經完成的產品到母國或國際市場，這中間所需運輸的成本。如果母國的市場非常仰賴被投資國所生產的產品，那麼上述兩趟的運輸

成本就變成是極為重要的考量，因為成本會反映在母國市場產品的售價，當售價沒有競爭力，無法被市場接受，那麼自然也就不需要海外設廠生產製造了。所以說國際企業必須要去計算運輸通路的成本，包括鐵路、海路、空中運輸等成本考量及將產品運送至經銷商或零售商的成本，且還要去計算可以配合的運輸通路商。所以說運輸成本對許多的跨國企業來說的確是一個重要且令人頭疼的考量因素。

➡ 運輸成本驚驚漲

近年來油價的高漲，使所有交通工具的燃油成本都增加不少，而運輸業者為了反映成本，也將貨運報價相應提高，最叫苦連天的，就是必須承租貨運量的國際企業了。

2.工資水準問題

我們從過去生產導向的投資活動中可發現，區域的工資成本往往在實體生產成本中佔有極為重要的一環，許多的海外生產行為的發生常是因該國或該區域有較低的生產成本誘因，其中勞動成本也常是左右海外投資行為中「區位」的重要決定因素，就個別的廠商來說這種低生產成本的因素，也常是重要競爭優勢的來源之一。當國際企業決定在某一個國家的某一個城市設置生產基地，往往都會將當地的工資水準列入重要考量，我們看現在的中國大陸，就是反映了這一個真實的現象，中國大陸目前號稱是全世界的生產工廠，其主要的訴求就是它的工資水準相較於已開發國家來得低，所以中國大陸現在仍像是一個大吸盤一樣，吸引世界各國的投資者在中國投資設廠。因此工資水準對國際投資區位選擇之決策扮演重要的角色。

3.原物料成本問題

國際企業在使用地主國的資源或原物料的比率有持續增加的情形，這種當地化的傾向愈來愈高，因為使用當地資源不但可以降低採購原物

→ 家具鉅子──IKEA

來自北歐瑞典的 IKEA，自引進臺灣以來，就席捲了所有男女老少的心，更帶動了一股追求生活質感與家居美學的風潮。

料之海外匯率交換的風險，可以培養改進與當地政府的關係，可以享受企業當地化的利益。特別是在當地資源或原物料供應豐沛具有成本上的優勢時，採用當地原物料是可以降低生產成本增加毛利的。像國際知名家具及材料商 IKEA 公司幾乎有 80% 以上的比率是採用當地供應商所提供的原物料或產品到它們公司的通路，如此一來不但與當地政府或企業有良好的互動，且營運成本也會有可觀的降低。

4. 租金成本相關問題

租金成本問題、未來空間擴張性的問題、當地政府在土地租賃或購買的政策等，都會影響一個國際投資經理人的核心決策判斷，當然這些考慮因素都會影響到日後實際營運的措施、相關管理及決策問題，當土地取得是非常不便或是租金成本太高，未來空間擴張又很不易的情況下，若營運狀況極佳要擴張規模時，這時一連串的問題會影響到後續運輸成本、人力成本，所以說對一個經理人的投資決策就會有所影響，這是投資決策設定之前就應會納入考量的影響因素。例如賓士車廠在 1993 年選擇美國阿拉巴馬州為它的運動車款的生產基地，主要原因就是該州政府提供 1,000 英畝土地供賓士車廠使用；還有現在中國大陸積極提供各投資國在土地取得的優惠或提供許多工業區為各國投資者使用，往往就受到各國投資者青睞，紛紛到大陸投資設廠。

5. 建造成本問題

建造成本需考慮資本投資中實體建廠及設備之成本，在不同的區域設廠其原物料成本、建造成本與建造品質都是不相同的，這一點也需納入區位選擇的考慮因素。像早期美國漢堡王在歐洲的投資活動主要以授權經營為主，其主要也是考量到在歐洲的建造成本太高，不符合投資效益。

6.財務成本問題

　　財務資金的成本對國際企業來說也是很重要的一環，因為大量生產的企業往往需要龐大的資本支出，如果全數來自已開發國家的母國，往往資金成本與匯率風險就較高些，如果當地財務系統或資本市場非常發達，且容易取得所需資金，則國際企業可以考慮充分運用當地財務資金，所以當地財務能力及財務成本對國際企業當地公司財務資源的提供，也常是國際企業主要的考量，因為國際企業需要大量生產，所以需要許多的當地財務資源的支持。包括像當地銀行及當地資本市場的資金操作，因為若在公司的財務資金結構中，有大部分的比率是來自當地，這樣可以大幅的降低公司所需求資金的匯兌風險及政府政策變動的不確定風險。例如現階段由於兩岸的政策並不十分明朗化，因此許多的臺商企業多半都是利用海外境外公司的模式，在中國大陸進行商業活動，一方面可以降低政治上的風險，另一個主要原因是使用境外公司的模式在大陸的金融操作或融資活動乃至於資金的支用與分配自由度都較高些。所以如果地主國的財務系統非常開放，例如可以自由的匯入與匯出所需調度的資金，則就財務的角度來說，這就是一個很好的投資金融環境且財務成本之問題就比較小些。

7.稅賦問題

　　相關稅賦、稅率問題也是影響廠商投資意願的重大因素，特別是法定稅賦的稅率通常是決定一個跨國公司應繳多少稅金，也直接對營收有所影響，影響國際企業公司的整體經營效率。提供稅賦上的優惠通常是吸引外資投資的第一個重要考慮因素，像早期中國大陸對外資企業提供一定年限的稅收優惠，比如兩免三減政策（前兩年免稅，第三年起減半徵收），一般是五年，等這些稅收優惠期結束後，再沿用一般稅率。目前在中國的外商投資企業的名義稅率是 15%，內資企業的名義稅率是 33%。內資企業稅率大概比外資企業多一倍；若對中國 FDI（海外直接投資）流入做分析，可以瞭解真實 FDI 的流入除了歸結於東道國良好的宏

觀經濟環境、市場前景、人力資本、市場等因素外，其實稅賦優惠是一個極大的吸引海外投資誘因。

8.利潤匯回的限制問題

子公司利潤限制匯回母國公司的規範，通常是一個負面的影響因素，尤其會大幅降低母公司的投資意願。其次還有許多的當地國公司的政府對匯率有所限制，進行大幅干預措施，或甚至以政府政治力影響限制跨國企業的資金自由度，特別是在一些低度開發中國家常會有這種情況發生。這種特別的限制將會嚴重影響跨國企業資金流的布局，因此愈是有這些規範的國家，其吸引外資的投資意願來說將是愈低的，它是一個負面因子。

9.2.2 需求面因素考量

1.市場大小與市場成長性

不同的國際企業即使在相同的當地市場，對市場所強調的也不盡然相同，有些公司並不會去重視當地消費者，但就國家的角度來看市場問題，該地市場的大小與未來成長性的機會常是進入策略的重要考量。例如美國的玩具反斗城在 1990 年代選擇日本為其主要國際市場擴張的地區，主要是考量到日本自從 1980 年代以後其經濟成長實力及消費能力的急速成長，因此市場商機無限，這是造成美國玩具反斗城在進入日本市場初期獲得極高利潤的主因。而要衡量該市場成長性的問題，最初可從該國國民所得水準增長的幅度及消費指數去做初步的分析。

2.消費者因素

通常國際企業會考慮在當地市場設立製造基地長期經營，主要也是考慮到要長期經營當地消費者，希望能更接近買方，也由於在當地市場設廠經營，所以在當地的涉入程度會比較高，當然較具有成本效率與市場效率。像幾年前的紐約人壽及美國包裹快遞公司 UPS (United Parcel Service) 選擇臺灣為它們在亞洲地區的主要發展國家之一，主要也是衡

量到臺灣市場有眾多的消費者需求存在。還有像早期的美國可口可樂 (Coca-Cola) 公司與百事可樂 (PepsiCo.) 公司最初就在中國大陸的東岸設廠，主要是衡量到中國大陸東岸是它們公司飲料產品的主要市場，因為在東岸擁有許多的消費者。

3.當地競爭因素

當地國競爭的情況也常是需求層面考量的一個因素，因為它直接衝擊到國際企業在該國該產業的競爭地位及產品銷售量、邊際毛利的比率問題，一般的情況是除非國際企業在該國該產業具有獨特性，擁有別人所無法複製或模仿的優勢，方才有可能在眾多競爭者中脫穎而出，否則當地市場的競爭問題將會是一個重要的考量。比如紐約人壽及 UPS (United Parcel Service) 選擇臺灣為它們在亞洲地區的主要發展國家，也是評估過此一市場仍有競爭空間存在，或是自認本身具有特殊的競爭優勢，能挑戰當地的競爭者。

9.2.3　策略因素考量

1.投資基礎環境

如果有良好的投資基礎環境，的確是吸引國際企業赴該地投資的重要因素，特別是在知識性或技術性的專業性專案投資；好的投資基礎環境對國際企業來說，可達事半功倍之效，這些良好的投資基礎環境包括有：鐵路、港口、機場、公路、電信設施、投資抵減、政府政策、政府效率等等。像香港與新加坡就有許多的國際企業，主要是因為香港與新加坡擁有良好的投資基礎設施，例如有良好的港口與運輸系統，方便全球進出口貿易的進行，通訊無阻的電信系統，開放的政府政策與極高的政府效率。

2.製造相關因素

在製造區位選擇的條件中，有一個相當重要的決定因素那就是製造成本的問題，製造成本的節省是選擇製造區位重要指標，我們可以發現

在製造區位上有一個傾向就是，常會有聚落的形成，也就是說相似的產業或相似的公司，或上下游的公司會群聚在一起，形成一個類似製造網絡的群體，仔細去研究聚落的形成通常有幾個原因，例如有充沛的勞動力提供，便宜的勞動成本，完善的生產設施，原物料提供充足等等，導致有製造上的優勢。我們觀察國際企業在製造中心地點的決定上，通常是該地完善的原物料供應網絡，完善的勞動力提供及技術支援系統。

3.產業鏈結因素

互補性產業或特殊服務產業的充足與良好品質，也是影響策略因素的原因之一，例如通路、顧問、稽核輔導、銀行、保險、行銷等等行業，這些互補性產業的充足性，對國際企業在當地國的跨國操作成功與否相當有影響力，產業鏈結的效益對國際企業經營活動的價值創造也扮演著功不可沒的角色。

4.生產活動力

技術水平的普及及提升、過程創新及國際生產力之提升都是需要高的生產活動力及技術能力。因為在生產的過程中需要時間去訓練勞動力，特別是在國際企業技術移轉過程中，更需要給當地勞動力去適應公司系統的運作，因此若當地擁有較佳的人力資源，則這一個過程將花費較少的時間，當然如果當地人力資源素質不佳，則這一個過程將會花費較多時間，因此生產活動力將會提升較慢。所以說如果是管理能力、行銷能力、技術能力訓練有素的投資區域，那麼對公司的生產活動力就為因果關係，可大大減少公司在策略執行與貫徹上的障礙。

5.後勤供應鏈的能力

向前的供應鏈包括有原物料及所有生產過程中所需的必要投入，國際企業通常非常仰賴當地向前的供應資源,尤其對製造傾向的國際投資，其管理者常將這種供應鏈視為核心考慮因素。至於向後整合的供應鏈，則是包括商品從公司到買方或消費者手中的這一個過程，如果公司追求市場整合及產品專業化策略，那麼向後整合供應鏈的整體配置就非常的

重要。例如許多美國電腦公司如戴爾 (DELL) 及惠普 (HP) 就選擇臺灣為其主要的生產基地，主要是考量到臺灣電子產業向前整合及向後整合的供應鏈非常的完善，因此大部分的訂單都在臺灣生產。

9.2.4　經濟因素考量

1.產業政策

在許多的國家，產業政策常會對國際企業及當地企業造成困擾，因為產業政策影響到的層面很廣，會影響到邊際毛利、競爭優勢、競爭定位、產業生態的重組。常見的產業政策包括有：反托拉斯規則、個案開發的限制、產業經營範圍及產業經營規範等。在區位選擇上，國際企業需要去確認理想目標國家，在產業政策上的規範是否有利於國際投資，如果產業政策的內容會影響到國際企業在當地市場的操作或與母公司經營策略有所抵觸，那麼國際企業在做國際投資時就必須要仔細的衡量這其中的利弊得失，方能做最佳決策。例如許多國家常會規範必須有多少的本地製造比率，才能在內銷市場銷售其產品，還有多少的國內資本額比率，方能申請國內營利登記證等。例如像臺灣早期的汽車產業都還規定必須有多少的產製比率（技術移轉比率），才能進行生產製造，當然這個產業政策主要在扶植國內汽車製造商的製造技術能力，但對國外的投資者來說就不見得是一個極佳的產業政策。

2.直接投資政策

在決定投資國家與區域的過程中，國際企業需要學習什麼樣的進入模式是被地主國所允許，例如合資或聯盟方式。其次不同國家或區域其所提供的不同稅賦優惠，及當地活動所需的條件等；例如當地原料、零件、相似產品、供應商、生產條件與狀況，都必須清楚瞭解。國際企業需要去確認當地區位的限制及所能供應的條件，例如中國在加入世界貿易組織之前，其銀行系統的融資條件是僅限於當地設廠的廠商，這些都是國際企業在決定區位上所需要衡量的投資政策問題。

9.2.5 政治社會面因素

1.政治不穩定性

政治的不穩定度會反映在投資的不確定性上,因為國際投資的關係,其所面對的政府不是國際企業國內的政治環境,所以政治的穩定程度較高對一個國際投資來說,其風險是較低的, 相反的如果是一個高度政局不穩定的國家, 例如中南美洲的國家, 因長期內亂, 導致許多的國際資金不敢進入投資, 因為它所面對的風險是無法衡量的, 沒有投資經濟就無法繁榮了。所以說投資環境的不確定性(政治不穩定性高)的確是阻礙國際投資的一個重要因素。

2.文化障礙

與地主國的文化障礙是一個不確定性因素, 這個因素會決定一個公司在地主國營業操作的接收能力與適應能力,而其中語言障礙又是文化障礙中最為顯著的, 所以語言障礙是一個重要但不明顯的區位決定衡量因子, 雖然每一個海外公司都會有當地員工, 在與總部的溝通上雖可以同一國籍員工溝通為主, 但在總部外派管理者與當地員工仍會有溝通情況; 甚至外派管理者與當地供應商或買方仍會有所溝通, 所以有時文化認知的差異及語言的錯誤解讀, 常造成效率的打折, 這的確是另一個社會因素的問題。

3.當地經營環境之熟悉

事實上因為國際疆界及文化障礙的阻隔, 因此國際企業在知識、技術、資源的取得上常有許多困難, 就算國際企業本身有絕佳的技術能力及管理的知識, 但面對疆界的藩籬及文化的差異, 仍然不能保證能經營成功, 因此有時就不得不透過合作模式去延伸它的經營優勢, 因此能否瞭解當地經營環境與整合資源的能力, 常是國際企業在海外市場與競爭者一較高下的勝負關鍵。

4.公眾群體的特質

在政治社會層面的因素裡，還有一個重要考慮的構面，那就是公眾群體特質因素，公眾群體特質包括群體的大小、群體的觀念、教育程度、群體氣候、群體政策及防衛保護觀念是什麼、對外來企業的態度等等，這一部分經常會被國際企業所忽略，但這些公眾群體特質因素仍是會影響國際企業的前置作業及未來營運上的操作。像臺灣早期拜耳公司要在臺中縣梧棲設廠，但終究是胎死腹中沒有成功，最主要的因素是當地公眾群體並不接受會有汙染疑慮的公司在當地設廠，即使拜耳公司一再保證會創造當地居民的就業機會，保證回饋當地居民，但拜耳公司終究敵不過當地公眾群體的反抗，這就是一個在臺灣發生的例子；再以美國來說，由於各州規定並不相同，甚至美國有許多的公眾群體組織，若國際企業沒有適度評估這些影響因素，有時常會有功虧一簣的遺憾。

5. 汙染控制問題

由於社會的快速繁榮進步，使得國民所得愈來愈高，因此各國都有許多的防治汙染規範及環境保護的法令，國際企業為了要達到合格設廠的標準，也都勢必投資大量成本去符合防治汙染規範及環境保護法令，這當然是一個影響投資設廠的變因，因為各國各城市的規範都不盡相同。特別是在已開發國家，這類規定更是嚴格，相對於一些開發中國家或是未開發國家應是較為鬆散，自然而然的設廠成本就不同，成本結構不同，毛利空間自然也就不同了，所以這也是一個影響區位選擇的因素。

9.3　進入時機 (When) 的因素探討

在探討進入時機的決定因素中，我們若以進入的時間點來區分，可區分為先進入者 (first mover)、早期跟隨者 (early follower)、後來進入者 (late mover) 三大類型的國際企業。進入時機之所以重要，之所以值得探討是因為它會決定國際企業的風險、競爭環境、經營商機三大構面。在今天愈來愈多的全球性整合市場出現，導致全球性的競爭愈來愈激烈，

需求滿足的程度、消費者行為趨勢、競爭密度等，都變得難以預測，因為這些都時時刻刻處於變動中，上述的構面都是導致國際擴張決策的核心變數。一般交易型的國際投資者，他們在海外市場的投資通常都是較短期的考量，希望能快速的獲利，畢竟面對的是不同的產業結構及市場，基於風險降低的因素，交易型的國際投資者常是先進入者，享受先進入者的市場商機，當產業循環到成熟後再退出市場，這一點常不同於移轉型的國際投資者的投資行為。但先進入者不見得就是獲利的保證，因為他仍要面對許多的地主國障礙因素，反而有時候是跟隨者及後來進入者較有國際投資的獲利機會。接下來我們從先進入者與早期跟隨者的時機優勢與劣勢做探討，便可以瞭解什麼是最佳的進入時機了。

■ 9.3.1　先進入者與早期跟隨者的優勢

先進入者與早期跟隨者我們可以稱它是開拓型的國際企業，通常先進入者會享有一些優勢，例如市場的影響力 (market power)、早期的商機及更多的策略選擇權，相較於後期的進入者，這些早進入的優勢反映在獲利上，也常是充滿無限想像的空間。早期的進入者因為早就在上游供應鏈及下游通路商、產品網絡布置、產品定位、製造技術能力、人力及相關資源有充分的瞭解與運用經驗，自然而然的對當地市場與資源都較後來進入者更容易且清楚的掌握，這些實力就自然反映在經營的獲利上；且早期進入者其品牌的形象建立也是後進者所無法取代的優勢。我們可以看臺灣的食品業在大陸耕耘的例子，康師傅方便麵從很早就開始在大陸經營，其在產品的定位與通路的經營及品牌形象的建立都是後進者的統一企業所無法挑戰的，雖然統一企業在臺灣的企業形象及產品知名度都較康師傅要高出許多，且也得到臺灣民眾的認同，但統一企業在大陸市場的起步較慢，因此自然在大陸市場的供應鏈、通路商、產品網絡布置、產品定位、人力及相關資源的運用就不及康師傅方便麵要強，特別是在品牌形象上的建立，更是不及康師傅在大陸市場的知名度，因為康

師傅方便麵在大陸民眾的心目中已經是第一品牌，統一企業要挑戰這個局勢，將是極為困難的，這就是先進入者優勢的一個絕佳例證。

由上述的例子可以瞭解，先進入者通常可以獲得絕佳的商機，我們也可以說這好像是市場的一個權力一般，不論在促銷活動、通路活動、產品品牌形象、公司商譽都較容易去建立。再舉個例子，目前在中國

➡經典車款——金龜車

福斯汽車扮演開拓型的領導者，率先進入中國大陸市場，因而建立了後進者所難以取代的形象優勢。圖為其經典車款——金龜車的雅痞身型。

的汽車產業裡，像福斯汽車 (Volkswagen) 它因為很早進入中國大陸市場，現在已經成為中國大陸小型汽車的領導者，而通用汽車 (GM) 目前也是中國大陸豪華型大車的領導者，這就是先進入者經營很成功的例子。

所以說開拓型的國際企業，其所享有的市場的影響力 (market power) 優勢，之所以如此可怕，是因為早期的進入者它可利用它的市場影響力去阻絕其他進入者，築起一道堅強的進入障礙 (entry barrier)，當進入障礙築高時，其所產生的競爭優勢，就能阻斷其他競爭者的加入，甚至享受孤門獨市的經營利潤。

9.3.2　先進入者與早期跟隨者的劣勢

早期的進入者比後進的進入者要多忍受一些不利益，因為早期開拓型的國際企業必須忍受更多的環境不確定因素及營運上的風險。環境的不確定因素至少來自下列三個原因：(1)地主國政策變動或不確定的投資法律規範及規則，(2)地主國政府缺乏處理國際企業事項的相關經驗，(3)在地主國產業或市場的胚胎發展時期的阻礙。而在營運上的風險至少來自下列四個原因：(1)合格原物料供應或生產所需投入資源的短缺，(2)相關產業價值鏈資源的無法提供，例如當地財務資源、海外匯率的管制、

通路障礙、行銷及顧問管理的障礙，⑶地主國缺乏完善的基礎建設，如運輸港口、通訊設施等，⑷當地市場需求的不穩定或不成熟等等，上述原因都將影響國際企業在營運上的風險。

所以說後進者就可不用忍受環境不確定因素及營運上的風險，就算不能說避免但至少可以減少環境不確定因素及營運風險的困擾，因為既然是後進者，至少整體地主國環境是比較穩定的，是比較有規則可循的，基礎建設及市場需求狀況，都是較開拓型的國際企業來得要更容易掌握。我們可以觀察美國的國際企業幾乎都是較屬於先進入者或早期跟隨者的類型，而像韓國幾乎都是屬於跟隨者後進型的國際企業居多。

我們之前有提過新進入者雖能擁有一些優勢，但這優勢也未必會是絕對的，因為有時在開拓成本的支出往往是超出預期的負荷，這些開拓成本涵蓋的範圍很廣，包括像是人力資源的教育訓練、技術移轉的訓練、企業經理人的養成、消費者行為的掌握、產品的調整或定位等等，這些也許都不同於母國的情況，當母國的經驗完全無法複製，而必須重新摸索時，那這個開拓成本就將是無法估計的。而且跨國經營因為障礙很多，需要花費許多的時間成本在經驗的學習及適應當地的環境，這些經驗的學習包括當地文化、當地社會習慣、經營方式、法律問題、相關政策或法規規範，所以這些學習成本也挺高的。雖然後進者在這方面有先進者的借鏡機會，可以避免掉一些失敗，但後進者仍會有一些學習成本存在，只是比先進者要少一些罷了。所以多方衡量自身企業能力及所能承載的風險，慎選進入海外市場的時機，往往才是成功的關鍵因素。表 9.1 乃是一個先進入者或早期跟隨者的優、劣勢比較整理表，請參考：

表 9.1　先進入者或早期跟隨者的優、劣勢比較表

優、劣勢	意　涵	來　源
優　勢	超高利潤報酬的可能性	市場影響力 (market power) (1)製造技術能力領導者 (2)產品定位 (3)顧客忠誠度的養成 (4)進入障礙的建立 早期的商機 (opportunities) (1)品牌優勢 (2)行銷網絡的建立 (3)市場整合商機 更多的策略選擇權 (strategic options) (1)供應鏈及通路商整合優勢 (2)製造、通路、市場網絡選擇 (3)人力及相關資源充分運用經驗
劣　勢	高度不確定的風險成本	環境不確定因素 (1)地主國政策變動或不確定的投資法律規範及規則 (2)地主國政府缺乏處理國際企業事項的相關經驗 (3)在地主國產業或市場的胚胎發展時期的阻礙 營運上的風險 (1)合格原物料供應或生產所需投入資源的短缺 (2)相關產業價值鏈資源的無法提供 (3)地主國缺乏完善的基礎建設 (4)當地市場需求的不穩定或不成熟

9.4　如何進入 (How) 海外市場

　　國際企業在一番策略評估，確定進入海外市場後，接下來就是如何進入 (how) 的問題決定了，常見的進入海外市場的模式，可分為幾大類型做探討：如貿易型的進入模式、移轉型的進入模式及投資型的進入模式，上述三大類型的進入模式將在 11.3 節做詳細討論，因此本節我們就進入方式做說明，一般常見的進入方式如：合作型式、股權收購、國際併購等三大類方式進入國際市場。

1.合作型式

合作型式的方式常是初期國際企業所採用的方式,因為一開始接觸國際市場,為了將風險降到最低常透過與當地市場的現存經營者做接洽,雙方建立合作關係,不論是純粹出口方式,或是授權經營方式,或合約關係,此一時期的國際企業可以由合作過程中,獲取國際經營經驗及對當地市場資訊的瞭解,漸漸的對地主國的經營環境、政府政策、產業環境都不再陌生,一方面可以增加產品銷售的市場,二方面又可培養自己對當地市場、文化、產業、資源的瞭解,這有利於未來國際企業在當地市場直接營運操作實力的培養,所以說這種透過合作,獲取合作彼此雙方的利益時期,對國際企業的國際經營過程來說是非常重要的。

2.股權收購

➡️ 明基 (BenQ) 跌了一跤
明基併購德國西門子手機部門造成母公司大幅虧損,德國廠員工失業,最後明基更宣布停止投資,在國際化之路上顯然是重重的跌了一跤。圖為明基董事長李焜耀低調向投資人道歉。(圖片由聯合報系提供)

股權收購是所有權擁有的一個初步動作,即公司利用購買股權的方式,進入當地市場;尤其在敵對性合併 (hostile take-over) 的情形,合併公司常採所謂公開收購股份 (tender offer) 的方式以取得目標公司之股權;收購者一旦收購到達有影響力的必要比例之股票,則其可以以新的董事取代現行董事,再由董事會的決議來主導公司的營運策略,甚至經由董事會投票同意被收購公司併入收購公司,進而取得該公司。股權收購乃以取得對方公司股票的方式來達到控制對方企業的目的,股份移轉的方式可以透過原有股權移轉或發行新股的認購等方式來進行。

3.國際併購

國際併購是指企業間的結合,國際併購若依雙方在併購過程的角色觀點來看,可分為:協議式併購 (agreed merger)、中立式併購 (unopposed merger)、防禦式併購 (defended merger) 及競爭式併購 (competitive merger) 等等。所謂協議式併購是指併購的買賣雙方經由協議或談判方

式，互相決定併購方式及雙方持股等，是屬於溫和型的併購模式；中立式併購是屬於被動方式的一種併購，可能基於市場考量或雙方成本因素等原因，而互為的一種良性併購；防禦式併購是指被併購的一方（被吸收合併的一方）常是出於非自願性及抵抗併購的情況，甚至在被吸收合併過程中做出阻撓行為的情形；競爭式併購是指併購的雙方或多方，互相於市場中吸收被併購對象公司資產或股權，當持所有股權掌握一定程度時，便達到併購及控制對方的目的，過去國內許多金控公司的併購，經常是上演這種劇碼。若從經濟意涵來區分，則可分為：水平式合併 (horizontal merger)、垂直式合併 (vertical merger) 及複合式合併 (conglomerate merger)。所謂水平式合併常是兩種相同產業或市場經營的合併，主要目的仍是在擴大國際市場佔有率；而垂直式合併主要仍是在產業價值鏈的一種結合，例如下游手機製造廠收購上游的零組件製造商，合併的主要目的在整體產業價值鏈效益的一種發揮；複合式合併可以是一種相互互補的合併，或是不同行業但經過結合後，能產生另一種市場效益的合併效果。上述併購的分類是以購買資產或股權方式進行分類，企業透過購買對方企業的資產或股權來完成結合對方企業的目的，購買的範圍可能為其資產之全部或一部分，以達到企業結合之目的。

9.5　進入模式之類型

　　企業從事海外投資面臨的第一個課題，便是進入模式 (entry mode) 的選擇，進入模式選擇的適當與否攸關一個企業日後經營管理方式與營運績效，不同的進入模式將會導致不同的經營管理運作模式，因此也對營運績效產生重大的影響，如何選擇一個適合自己企業的海外市場進入模式將成為海外投資成功與否的重要關鍵。

　　所謂的海外市場進入模式通常是指企業將自己的營運活動或業務功能推展至海外市場的一種最佳機構性安排，當然在最佳化安排的前提之

下，所要考慮的變因很多，這些變因的來源我們可以從相關的國際市場
進入模式的理論探討中去做整理與歸納，如內部化理論所提之廠商特定
因素 (firm specific factors)、國家特定因素 (country specific factors)、產業
特定因素 (industry specific factors)。像學者 Link & Bauer (1989) 的研究裡
認為廠商如果是處在一個研發非常密集的產業環境中，因為受限於自身
資源關係，他會傾向以聯合研發的合作模式，與其他公司作資源互補，
所以其所採行的進入模式也常是以契約式協議的合作方式會較多於股權
的合作模式；Agarwal & Ramaswami (1992) 在他們的研究中認為，如果
企業的國際化經驗非常高，對處理國際事務的能力及對國際環境變動的
掌握力會較強，則其面對國際營運風險變動的處理能力及掌握度會較高，
擁有較高的國際獨立經營能力，常會傾向以獨資經營的方式進入國際市
場；Prasad & Kang (1996) 研究認為廠商規模大小 (firm size) 會影響到國
際企業國際經營的成功與否，他們認為廠商規模較大，較能夠承受國際
經營的風險，且廠商在資源的投入程度也會較多，因此廠商規模大小會
影響到進入策略的是否成功。其次我們若從行銷的角度來看，其實行銷
的密集程度，也會影響到海外市場進入模式的選擇，特別是當產業的行
銷密集程度需求很高，為了將行銷資源發揮最大效果，通常會選擇較高
控制程度的進入模式，相反的如果產業的行銷密集程度需求很低，則通
常會傾向選擇較低控制程度的進入模式，例如以契約協議方式，或少數
控制股權的模式。因為長久以來進入模式類型的不同總是代表著不同的
控制程度、風險承受度、資源承諾度、甚至不同的報酬程度，所以對國
際企業來說這是一個相當重要的決策議題。

學者 Kumar & Subramaniam (1997) 就將進入模式以階層式
(hierarchy) 的概念來加以分類，認為在進入模式的第一階層裡應該可以
劃分為股權模式 (equity based mode) 與非股權模式 (non-equity based
mode)，第二階層裡可將股權模式再劃分完全所有權經營 (wholly owned
operations) 及股權合資經營（equity joint ventures; EJVs）兩種，在第三階

層裡再將非股權的進入模式概分為契約式協議 (contractual agreements) 及出口 (export) 兩種。而學者 Pan & Tse (2000) 再進一步將 Kumar & Subramaniam (1997) 的進入模式作更詳盡的整理與分類，其認為出口還可概分為直接出口與間接出口，契約式協議可再概分為授權、聯盟、研發契約，股權合資又可再概分為少數股權、均等股權、多數股權等等，請參閱圖 9.1 進入模式的分類；當然在決定各種進入模式前，仍需參照第二節所介紹的影響進入策略的各種變數做衡量，方能篩選出最適合自己企業的進入模式。

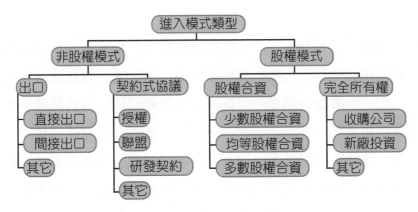

圖 9.1　進入模式分類圖

資料來源: 引用 Pan & Tse (2000)。

鴻海集團以股權合資進入新產業領域

鴻海精密工業股份有限公司是於 1974 年成立，公司初期的產品線是以製造塑料成品為主，該公司後來轉型進入生產計算機所使用的纜線裝配相關產品，該公司也是從這個領域中開始茁壯成長，到了 1985 年該公司積極將經營觸角伸向國際，一開始先成立鴻海美國分公司，後來也陸續在美洲、歐洲、中國、日本、東南亞等區域設立分支機構；該公司已經不只是臺灣最大電腦零組件製造商，也是全球最大的電腦連接器及電腦系統相關零配件生產廠商，且該公司以 FOXCONN 自有品牌行銷全世界，有電子業的成吉思汗美稱。

觀察該企業過去的發展，可以發現鴻海集團正積極布建中國大陸的生產基地，包括昆山、杭州、上海、北京等地區，均陸續投資興建廠房，朝向電子產業上、中、下游整合邁進；但近年來該集團已經出現產業轉型的跡象，漸漸的將發展重點朝向納米相關科技領域，該集團希望未來在納米、塑膠、陶瓷、金屬、熱傳導等領域取得領先及突破，以建立在光機電整合技術領域的世界領導公司。因此為了實現這個夢想，該集團要先整合連接器的接頭，因此將目標鎖定在生產線束的領導廠商大陸安泰實業。

大陸安泰實業主要以生產汽車線束為主，這對未來要整合光機電領域的鴻海集團來說是非常重要的，因為汽車這一領域如能像過去電腦與手機成功整合的經驗，則未來無線及光機電的整合就較簡單了；因此鴻海公司就以過去常用的股權合作方式切入新的領域市場，以股權收購方式收購大陸安泰實業；其實鴻海公司之所以選擇大陸安泰實業作為其切入汽車產業的捷徑，主要原因是安泰實業是鴻海核心技術連接器的上游，且因為汽車產業的全球供應鏈都較穩定及保守，通常這些供應廠商都有很高的忠誠度，不會輕易變更規格或更換供應商及產品，所以過去鴻海企業所生產的產品在汽車這一個領域都沒有很好的成績，一直攻不下來，因此此次透過股權投資收購安泰實業，主要仍是在上游的價值鏈因素，當上游都掌握了、都整合好了，則下游的業務交叉互補的效果就出來了，甚至標準化都擬好了，以後誰要切入這一市場將是談何容易啊？

目前大陸安泰實業所生產的線束被廣泛應用在福特汽車、裕隆汽車上，且安泰實業過去經營的績效一直以來就不錯，安泰實業過去曾獲得福特汽車所頒發的品質第一名獎，所以其製造的能力與客戶脈絡關係相信也是鴻海看上的一點，雖然安泰實業在研發上的

（圖片由聯合報系提供）

能量可能較為不足，但透過鴻海強大的支援下，相信必能為該集團發揮畫龍點睛的效果，扮演好串連產業價值鏈的強大功效，相信這也是鴻海集團之所以青睞的地方。

【進階思考】

1. 請對直接以股權合資方式，作為新領域產業的進入模式提出看法。
2. 請思考鴻海集團為何常以股權合資（股權收購）方式取得新領域市場的經營優勢？你認為鴻海集團篩選收購公司的考量因素有哪些？
3. 多數、少數、均等股權合資之進入模式，你較贊同哪一種？為什麼？

>> 參考資料

◆外文參考資料

1. Agarwal, S. & Ramaswami, N. (1992), "Choice of Foreign Market Entry Mode: Impact of Ownership, Location and Internalization Factors," *Journal of International Business Studies*, first quarter, pp. 47–54.

2. Beamish, P. W., Makino, S. & Woodcock, C. P. (1994), "Ownership-based Entry Mode Strategies and International Performance," *Journal of International Business Studies*, second quarter, pp. 253–273.

3. Erramilli, Krishna M. & Rao, C. P. (1993), "Service Firms International Entry-mode Choice: A Modified Transaction-cost Analysis Approach," *Journal of Marketing*, 57, July, pp. 19–38.

4. Hill, C. W. L., Hwang P. & Kim W. C. (1990), "An Eclectic Theory of The Choice of International Entry Mode," *Strategy Management Journal*, pp. 117–128.

5. Kim W. Chan & Hwang Peter (1992), "Global Strategy and Multinationals' Entry Mode Choice," *Journal of International Business Studies*, 23, pp. 29–53.

6. Kumar, V. & Subramaniam, Velavan (1997), "A Contingency Framework for the Mode of Entry Decision," *Journal of International Business Studies*, 32 (1), pp. 53–72.

7. Pan, Yigang & Tse, David K. (2000), "The Hierarchical Model of Market Entry Modes," *Journal of International Business Studies*, 31 (4), pp. 535–555.

◆中文參考資料

1. 大陸臺商經貿網，http://www.chinabiz.org.tw。

2. 台灣新生報網站，（2007/06/14 上網），
http://www.tssdnews.com.tw/daily/2005/02/07/text/940207fa.htm。

3. 李泊諺 (1999)，《臺商大陸投資成長策略與事業部組織規劃之研究》，國立成功大學企業管理研究所論文。

4. 徐秀美 (1998/06/06)，〈中式快餐連鎖潛「利」無窮─台商可進場卡位〉，《工商時報》。

5. 財團法人國家實驗研究院科技政策研究與資訊中心，科技產業資訊室，（2007/06/14 上網），http://cdnet.stpi.org.tw/techroom/analysis/pat044.htm。

6. 財團法人國家實驗研究院科技政策研究與資訊中心，科技產業資訊室，（2007/06/14 上網），http://cdnet.stpi.org.tw/techroom/analysis/pat075.htm。

7. 陳春霖 (1997/09/15)，〈麥當勞策略聯盟　擴張威力驚人〉，《工商時報》。

8. 新華網 (2007/04/11)，〈營養飲食　肯德基以感恩回報慶祝 20 周年〉，新華社，http://www.ln.xinhuanet.com/jkpd/2007-04/11/content_9754843.htm。

9. 魏晉 (2006/01/16)，〈提速擴張戰略讓肯德基老七變老大〉，《今週刊》，第 473 期。

10. 譚淑珍 (1998/05/08)，〈肯德基、麥當勞等速食業紛紛異業結盟〉，《工商時報》。

美國百威啤酒海外直接投資中國大陸

世界第一大啤酒生產企業——美國安海斯・布希公司,其公司主要啤酒品牌為百威啤酒 (Budweiser),百威啤酒享有「啤酒之王」(King of Beers) 的稱號,生產銷售量在全球和全美均屬第一名;安海斯・布希公司是全球第一大啤酒製造商,擁有世界銷量第一的啤酒品牌——百威啤酒。

過去安海斯・布希公司與當時外資啤酒商一樣,不能適應中國大陸市場濃厚的保護、地區封鎖政策,無法受到法規的保護與當地企業公平競爭。這是因為中國大陸啤酒市場的地區分割特別嚴重,在某一個地區常被特定企業的品牌所壟斷,加上各省規範又不一致,導致公司通路經營一直無法開展;因此自 2003 年以來,許多外資啤酒公司開始改變策略,紛紛以資本滲透(直接投資)的方式向中國大陸啤酒市場發起攻勢。

中國大陸現在已超過美國,成為世界成長最快啤酒市場,並以平均每年 5% 的速度增長,這也是安海斯・布希公司進軍中國大陸最重要原因。雖然安海斯・布希公司目前也是青啤的第二大股東,但礙於公司不能碰股權規範,原因是當初入股時有一個制約,就是安海斯・布希公司若擁有超過 20% 的表決權時,其超過之表決權將以信託方式授予國資辦的股東,也就是說在表決權上,青啤的股東國資辦是超過安海斯・布希公司的,所以公司並不能主導經營策略。但礙於公司原先在中國大陸的計畫,除了要擁有中國大陸市場的市佔率外,且要有快速的利潤成長,因此公司後來又規劃直接投資唐啤公司;安海斯・布希公司投資唐山啤酒廠成功簽約後,就成了外資在中國大陸投資成功的案例,也是惟一一個國有企業股權轉讓的專案。而美國安海斯・布希公司(百威啤酒)收購唐山啤酒廠,主要是透過哈爾濱啤酒集團有限公司(哈爾濱啤酒集團有限公司也是 2004 年,安海斯・布希公司斥資 7 億美元投資的)實現的,因此唐啤隨之納入在安海斯・布希公司麾下,

合資後的唐啤，憑藉安海斯・布希公司的資金與管理優勢迅速發展，成為唐山市場佔有率第一的啤酒品牌。

中國大陸目前有 4,000 多家啤酒廠，而年產 20 萬噸以上的只有 20 多家，此一市場的品牌集中度很低，市佔率最大的青啤也不過是 12.5% 左右；此次美國安海斯・布希公司（百威啤酒）投資 1,470.82 萬美元，收購唐啤 36.98% 的中方股份，主要是希望繼續擴大唐啤在唐山及周邊地區的影響力和市場佔有率，依據該公司首席執行長兼總裁伯樂思表示：這次全面入主唐啤，也是該公司進軍中國大陸市場的一個策略步驟，因為唐啤在當地有很好的品牌影響力，經由投資取得股份後，將更加便於總部管理，便於該公司在中國大陸戰略布局的實施，相信將來唐啤將肩負起進軍北京及天津啤酒市場橋頭堡的重要作用。

◎關鍵思考

由於國際經營須面對許多的障礙問題，例如各國法規對投資規範的不同，常造成國際企業海外投資所面臨的困難，這是實際存在於各國經貿壁壘的情況，特別是面對一個區域市場自由度不高，或該區域市場被某些企業品牌壟斷時，先以當地品牌打擊當地品牌，待市場規範更自由時，再以理想品牌勝出市場，奪取最佳的市佔率，因此以資本滲透（直接投資）的方式常會是面對區域市場自由度不高時的一個良好策略。所以一個國際企業要如何突破各國法規規範的障礙，拓展經營領域往往就考驗管理者的智慧了。

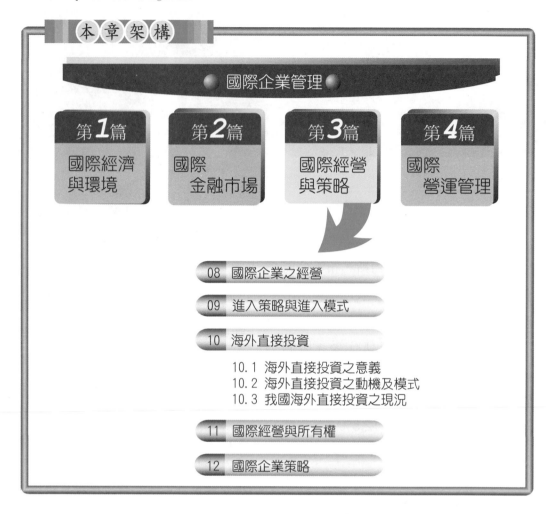

本章架構

國際企業管理

第1篇	第2篇	第3篇	第4篇
國際經濟與環境	國際金融市場	國際經營與策略	國際營運管理

08 國際企業之經營

09 進入策略與進入模式

10 海外直接投資
  10.1 海外直接投資之意義
  10.2 海外直接投資之動機及模式
  10.3 我國海外直接投資之現況

11 國際經營與所有權

12 國際企業策略

▶本章學習目標

1. 海外直接投資的意義。

2. 海外直接投資的理論基礎。

3. 不同海外投資模式對企業可能造成的影響。

4. 造成企業海外投資的驅動因素。最常見的海外直接投資類型的瞭解。

5. 我國海外直接投資的現況。

海外投資是企業跨入國際經營的一個初步階段，由於世界市場變得越無國界趨勢，競爭也就變得更快速，如何串起資源優勢，強化市場競爭是現今企業生存的關鍵，而海外投資便是建構競爭的初始活動，所以值得我們去探討。本章主要探討海外直接投資的部分，包括從各國對海外直接投資的定義、理論基礎的瞭解、影響海外投資的驅動因素、到企業常操作的三種海外投資類型，去有系統的介紹海外投資的相關議題，讓初學者很快能熟悉這一個領域的探討與對國際企業的重要性。最後再介紹我國目前海外投資的現況，可以幫助初學者明瞭我國現今的海外投資趨勢。

10.1 海外直接投資之意義

　　由於無國界開放經濟主義與全球化經營思維的浪潮，以至於有愈來愈多的海外投資的狂潮，不論是企業家、一般貿易商甚或政府官方機構，他們也都積極尋找在變動經濟環節中，把握任何創造利潤的機會。市場的機會就在無國界競爭及產業間、公司間迅速的移動，不論是開發中國家或已開發國家都是相同的，唯有藉由擴張公司規模與不斷的成長方能創造市場機會，基於這個絕佳的理由，許多企業不得不藉由海外直接投資來直接創造市場利基，當然海外直接投資複雜度與困難度都絕對要比國內市場的投資要來得高，風險有時更是無法預測，但是也因為風險的未知，所以其可能創造的超額利潤空間，往往也是充滿極高的想像。

　　所謂的「海外投資」，一般而言可以分為兩種形式，一種是直接投資，另一種是間接投資。所謂的「直接投資」乃是指廠商或投資人到國外投資，直接從事生產或經營活動之行為，其主要目的乃是參與經營或是以取得經營權性

➡ 海外直接投資

「海外直接投資」包括企業在國外興建廠房設備，以從事生產或經營活動，此投資行為通常會對地主國的經濟結構產生廣泛的影響。

質之投資謂之。而「間接投資」又可稱為證券投資，乃指投資人出資購買國外企業股票或債券之投資，其不以取得經營權為目的，而是以求取股利分配及證券交易利益的投資行為謂之。本節所討論的「海外投資」乃是以對外的直接投資為主，包括資本、經營能力、技術知識等資源做整體且長期的運用，而非為了單純的財務目的所作資源配置性之投資。然而各國對海外投資的定義多所不同，以下列舉聯合國、臺灣對「海外直接投資」所下的定義以供參考；

表 10.1　海外直接投資定義表

國家別	「海外直接投資」的定義
聯合國	聯合國貿易暨發展組織 (UNCTAD) 的定義，所謂海外直接投資是指企業在海外設有實體 (entity) 公司，且該海外實體公司與國內母公司在相同決策體系下運作；換言之，有實際的國外直接投資活動才符合海外直接投資定義。
臺　灣	依據經濟部投審會之規範，凡本國公司單獨、聯合出資或與外國政府、法人或個人共同投資在國外之新創事業，或在國外設置或拓展分公司、工廠或營業場所；或是增加資本擴展原有在國外事業或對於國外事業股份之購買，皆屬海外直接投資的廣義定義。

綜合上述各國對「海外直接投資」的定義，可以瞭解在對外投資的情況下，不僅地主國的經濟結構（包括像出口、就業、競爭、技術水準、國民所得等）會發生改變，甚至連母國的出口、就業、國民生產毛額、產業結構都會受影響，所以說海外投資行為的影響層面可以說相當的廣泛。接下來就「海外直接投資」理論基礎之不同觀點，來瞭解海外投資理論演化的基礎。

10.1.1　比較利益理論 (Law of Comparative Advantage)

比較利益理論乃是從經濟學的觀點來看，認為國際間之所以會有貿易及經濟活動的產生，乃在於各國所擁有的資源特質不同之緣故。李嘉

圖 1817 年在其所著的《經濟及租稅原理》(*The Principle of Political Economy and Taxation*) 一書中提出，在一個閉鎖性經濟活動中，國內商品之價值或優勢乃是依據相對勞動成本價值來決定的，在各種物品生產上都具有絕對利益的國家，應將所有生產要素集中於利益相對較高之物品進行生產與出口；而在不具任何絕對勞動成本價值之國家，仍可選擇劣勢相對較小的來進行生產，由於各個國家專門生產其具有比較利益之商品參與國際分工與貿易，最後各國將擁有最大的福利狀況。

李嘉圖比較利益理論的假說如下：

(1) 單位生產成本是固定不變的，且假設生產因素僅有勞動一種而已。

(2) 商品市場之假設為完全競爭的情況。

(3) 兩國勞動品質相同，且勞動因素在國內可自由移動，在國際間則無法自由移動。

(4) 無人為的貿易障礙存在。

(5) 社會生產資源已經達到充分就業的理想狀態。

由比較利益理論之假說中可以瞭解，生產要素不能自由流通與人為貿易障礙的存在，再加上廠商獨特資源（包括像管理知識、技術知識、資金等）會造成進出口的部分替代效果，因此會有海外投資取代進出口貿易的情況。

10.1.2 國際貿易理論 (International Trade Theory)

國際貿易理論是以價格理論為探討基礎，以一般均衡分析方法來研究國際的投資行為，同時價格的決定是一個循環的過程，所有因素均會相互影響、彼此相互決定，無任何一個因素可以享有優先的地位。然而在眾多決定性因素中，又以資本要素所佔的重要性最高，因為資本可以替換成各種的生產要素，且廠商在追求最高報酬率的原則下，往往會有國際貿易及國際投資行為的產生。然而兩國間的資本報酬率之所以會有不同，依國內學者林炳文 (1980) 之看法，可能由下列因素所造成：

(1)貿易障礙因素：如關稅、配額等措施。

(2)政府政策因素：如租稅減免、獎勵條件提供、政府態度等等。

(3)商品或生產要素有不完全競爭情況存在。

(4)兩國生產技術之不對稱存在。

(5)比較利益假說的存在。

10.1.3 產品生命週期理論
(Product Life Cycle Theory)

產品生命週期理論的研究者,將產品生命週期劃分為四個主要階段,
分別是：導入期 (Introduction)、成長期 (Growth)、成熟期 (Maturity) 及衰
退期 (Decline)。請參閱圖 10.1 的說明：

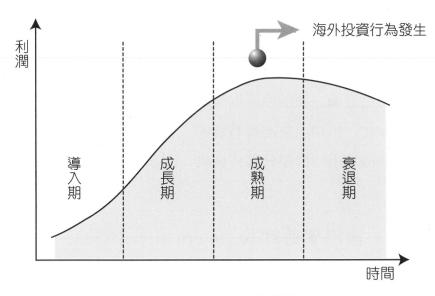

圖 10.1　產品生命週期圖

(1)導入期

係指新產品被導入市場後，銷售成長率呈現緩慢成長的時期，此
一階段需要相當高的費用投資,所以此一階段又可稱為「無利可圖期」。

(2)成長期

　　係指產品快速被市場所接受，市場佔有率逐漸提高，且產品利潤已有顯著增加的時期。

(3)成熟期

　　產品銷售趨緩時期，因為此時產品已獲得大多數潛在購買者所接受，就算再投資大量行銷費用，其市佔率也不見得有多大提升，此一時期最常有海外投資行為的發生。

(4)衰退期

　　指產品銷售急速下降，利潤也大幅下滑的時期。

　　國外學者 Vernon (1966) 在其所提出的產品生命週期理論中，將產品生命週期劃分為三個時期，首先是引導期 (Introduction)、再來是成長期 (Growth)、最後是成熟期 (Maturity)。

(1)引導期

　　此乃新產品發展階段，此一階段之生產、製造技術尚未穩定，因此新產品大多只能在高所得之先進國家發展，等穩定後再輸往其他高所得國家或開發中國家。此一階段廠商通常以技術優勢來保持其國際競爭力。

(2)成長期

　　此一階段產品生產技術已趨於穩定，廠商也開始以大規模生產為追求目標，但此一階段也面對同業價格競爭的威脅，所以廠商也開始考慮赴外投資的策略，尋求最佳的投資環境以維持競爭優勢。所以此一階段通常以產品差異化為市場主要發展的方向。

(3)成熟期

　　此一階段市面上的產品已經趨於同質化，為維持成長通常以價格戰為主要行銷策略，因此生產者基於追求資源使用之最大效益，往往會考慮將生產資源移至具有競爭優勢的地區去生產，也就是傾向全球營運的模式考慮。

10.1.4　區位理論 (Theory of Location)

此理論解釋廠商對外投資區位的選擇，也就是說明被投資國以其本身所具有的區位優勢、區位利益來吸引海外的投資活動。Dunning (1981) 將影響區位選擇之因素歸納為下列五種：

(1)市場因素：當地市場的大小與成長率。

(2)成本因素：包括勞動與必要的要素投入成本。

(3)投資環境：包括政治穩定程度、地主國政府態度、匯率自由度等。

(4)貿易障礙：例如關稅、配額等貿易障礙。

(5)一般性因素：如預期利潤及供應鏈完整程度等因素。

同時有些學者對區位理論提出一些補充看法，認為國際企業之對外投資與兩國地理上的距離間，存在著負向的關係。也就是說當兩國距離越遠時，地理上的相似程度通常越低，是越不可能有海外投資行為的發生。當地理區位越相近時，其地理上相似程度通常較高，越可能有海外投資行為的發生。

10.1.5　折衷理論

Dunning (1981) 認為影響國際活動的因素有許多，在進行海外投資評估時，應擷取各項重要因素做綜合性的判斷。當企業在進行海外投資活動時，會選出各種重要因素加以評估，此理論歸納出企業在制定海外直接投資決策時，應針對下列方向進行整合分析：

(1)競爭優勢比較

比較地主國廠商是否更具獨佔優勢。獨佔性競爭包括：差異化產品、獨特行銷通路、專利技術、特殊融資管道、管理技能等。

(2)市場失敗的風險

有三項重要因素是導致投資失敗的原因：風險的不確定性、企業達成規模經濟的能力、額外發生的交易成本。

(3)投資地區的考慮

　　投資地點的選擇，除了考量投資國的政治風險、地理文化環境的熟悉度、當地市場需求因素外，地主國關稅及貿易障礙、當地政府對外資干預的程度等，都會影響投資地點的決策。

10.1.6　產業組織理論

　　產業組織理論強調從個體的觀點，即以廠商為主體來討論對外投資。最早的產業組織理論由 Stephen Hymer (1960) 所提出，當廠商在管理、銷售或生產技術上佔有比較優勢，則廠商不論在國內或國外市場都擁有優勢，都會設法充分利用此優勢，以追求最大利潤。

　　產業組織的觀點，認為這些優勢包括有：

(1)技術的優良，如新產品，新機器，新製程。

(2)優良的管理系統、市場通路等。

(3)優越的財務管理能力。

(4)掌握關鍵原料來源。

(5)較大的企業規模（享有規模經濟的優勢）。

(6)較佳的分散風險能力。

　　此理論的兩大重點：(1)不論任何產業，首先帶動對外投資的廠商，必定要擁有其廠商特有優勢，否則無法與當地廠商競爭。(2)前往海外投資廠商未必擁有其廠商優勢，但為了確保市場佔有率，也不得不前往海外市場生產銷售，以維持其市場的競爭態勢。

　　對外投資類型及對外投資模式的選擇，是進入國際市場的重要一環，也是企業一切國際活動的開端，許多學者看法並不盡相同，接下來依海外投資模式、優缺點、控制程度、風險程度等構面，彙整各學者的看法，並做說明如表 10.2：

表 10.2　企業對外投資類型優、缺點比較表

模　式	意　義	優　點	缺　點	控制程度	風險程度
間接出口	企業利用專業外銷代理商從事出口業務。	企業可以從外銷代理商處，獲取國際市場訊息及經驗。	企業無法掌握自有通路，對國外市場仍有相當程度的距離。	控制程度極低。	風險程度極低。
直接出口	企業直接從事代理或配銷，或由分公司／子公司直接進行出口業務。	1.企業可以貫徹行銷策略。 2.可迅速獲得目標市場的反應及訊息。 3.較有商標、專利權、商譽其他無形資產的保障。	1.成本高。 2.資訊需求較高。 3.關稅問題。	控制程度較高。	風險程度較高。
授　權	即指契約式的安排。包括有專利權、品牌、商標、版權、製造技術等。被授權者可將產品導入新市場，而授權者可由被授權廠商處獲得權利金的報酬。	1.可避免關稅壁壘或貿易障礙。 2.政治風險較低。 3.可避免擔負拓展海外市場的風險及成本。 4.可獲得權利金的報酬。 5.可將成本轉嫁當地公司負擔。	1.無法全程掌控 4P 功能。 2.被授權者心態問題。 3.企業優勢（如製造技術）的易於被學習，而喪失競爭優勢。	控制程度普通。	風險程度普通。
工程、整廠輸出	又稱交鎖鑰作業，通常合約規定賣方先將國外計畫做到能營運地步，再交回買方，此時賣方有義務提供管理技	1.此一漸進方式，對當地經濟狀況、政治情勢、市場狀況可獲得較多資訊，可適時調整公司策	1.在技術轉移過程中，也可能培養競爭對手。 2.通常只有短、中期的經濟利益存在。	控制程度極低。	風險程度極低。

	能或員工訓練等，以便在建設完成後，買方能立刻經營。製造業經常使用此一模式。	略，以因應實際需求。 2.資源優勢（尤其技術方面）可獲得可觀的報償。	3.公司本身所具有的競爭優勢可能會有消失的風險。		
合　資	母國公司與地主國私人企業或政府機構，在共同分擔資源、風險的前提下，共同擁有企業所有權，共同分擔權利與義務。	1.與當地合夥人分擔成本與風險。 2.可借助地主國企業的經驗及對市場的瞭解，有助於企業目標市場的開拓。 3.藉由當地企業的參與，對當地競爭者、文化、風俗、語言、政治體系中獲益。	1.母公司對子公司的掌控無法完全的執行。 2.子公司政策衝突的調解問題。 3.全球行銷的困難度會比獨資企業要高些。	控制程度依所有權或契約規定。	風險程度中等。
獨　資	母公司直接在海外設廠、購買機器、招募員工，直接從事經濟活動。或是經由間接控股方式，從事海外投資，並從事經濟活動。	1.母公司擁有完全的自主權。 2.獨資企業可因應策略變化，作最佳的資源配置。 3.母公司所擁有的競爭優勢，可持續推展，可避免失去或被剝奪的風險。	1.需付出瞭解地主國文化、風俗、市場等成本。 2.需全盤接收海外投資的風險。	控制程度最高。	風險程度最高。

10.2　海外直接投資之動機及模式

　　廠商對外投資的動機，在不同的產業結構形態裡，意義是不一樣的。因此不同的產業結構，其赴海外投資的動機當然也就有所不同。所以從產業的觀點來分析，我們可以歸納出引發海外投資的驅動因子，可由兩大因素去瞭解企業海外投資的行為，一是企業的外部環境，二是企業的內部環境兩大構面。所謂的企業外部環境乃是指一個國家的產業環境或產業結構，這一因素通常非企業本身所能掌控的，企業通常是處於被動因應的角色。而企業內部環境則是指企業本身的特性因素，是企業本身可以改變的環境。

10.2.1　影響海外投資的三大因素

　　綜合對上述兩構面的討論，國際知名學者如 Beamish, Makino & Woodcock (1994) 認為國家因素、產業因素、企業特定因素是最為重要影響企業選擇赴海外投資的三大主要因素，分述如下：

國家因素

　　國家因素主要包括有政治法令、文化差異、生產要素、基礎建設等等。地主國環境因素的好壞，通常是企業選擇赴海外市場發展的決定性考慮因素。

1.政治法令

　　Dunning (1981, 1988) 認為投資環境（地主國政府的態度、政治環境穩定程度）、貿易障礙（關稅、配額）等問題，常是企業選擇對外投資時，區位考量的重點。Hill, Hwang & Kim (1990) 之研究發現當地主國家政治風險較高時，母國企業通常偏好較低整合模式（控制程度較低的模式，如授權或合資）的對外投資策略，而地主國家政治風險較低時，母國企

業通常偏好較高程度整合模式
（控制程度較高的模式，如獨資）
的對外投資策略。

2. 文化差異

文化差異包括地主國的風
俗、習慣、語言等。Erramilli (1993)
之研究發現當母國與地主國間文
化差異程度越大時，採出口或契
約合作方式較能彈性配合當地狀
況；相反的當地主國文化差異程
度越小時，控制程度較高的合作
方式較受歡迎。

➡ 臺灣高鐵左營站

交通基礎建設是投資人判斷是否進入市場的重要考
量因素之一，高鐵的設置將會對臺灣產業環境帶來影
響。（圖片由臺灣高速鐵路股份有限公司提供）

3. 生產要素

生產要素泛指與生產有關的要素投入，包括有人力、資金、原料、
技術等等。當地主國勞工、原料、資金等成本較低時，越能吸引外國企
業至當地直接投資 (Root, 1987)。

4. 基礎建設

基礎建設則是指交通、資訊、金融、商業體系等。地主國若擁有良
好的基礎建設，則對資訊需求及效率要求上的運用通常會較佳，企業也
通常以非出口方式（投資方式）進入此市場 (Root, 1987)。

產業因素

產業因素主要包括產業集中程度、地主國市場因素、地主國競爭狀
況等構面。

1. 產業集中程度

產業集中程度通常可由市場佔有率、潛在競爭者、現有產業競爭者
多寡、競爭者對國際化活動純熟度來衡量。Yu & Tang (1992) 認為在產業

集中程度太高的情況下，選擇合資或企業合作方式，將會較有利於地主國市場的開拓，因為可以發揮借力使力效果，以較小的投資發揮最大效果，同時可以降低投資的不確定性風險。

2.地主國市場因素

市場大小與成長狀況亦是影響對外投資考量的重要因素。Dunning (1981, 1988) 當市場規模越大、成長率越高、報酬越高情況下，越能吸引廠商高資源的投資，且較傾向採取高控制程度的投資策略。

3.地主國競爭狀況

市場競爭程度會影響海外投資策略的選擇，當市場競爭程度偏高，市場的吸引力便會相對降低，此時企業宜傾向較保守的出口或合約策略因應市場變化較佳，相反情況下，則選擇較高整合程度的投資策略較佳。市場競爭程度的強弱可由市場佔有率的變化、當地競爭者及潛在競爭者的多寡、產業技術變化的頻率來加以判定。

企業特定因素

凡是企業內部環境問題皆包括在內，其中最主要的因素有：企業內部策略、管理技能、組織學習經驗、組織規模、企業資源、產品差異化能力、產品生命週期、競爭優勢等。

1.企業內部策略

企業策略對投資決策具有決定性的影響。Hawang & Kim (1992) 指出當全球產業集中程度越高，競爭程度越高時，此時企業為了獲取全球利潤的極大化，通常採行全球化導向的策略，但為了整合全球資源問題，企業會偏好高控制程度的投資策略。

2.管理技能

管理技能會影響企業對外投資的動機及進入模式的選擇。當管理技能越強，廠商之競爭力也會越強，越會將此一優勢內部化。

3.組織學習經驗

對海外投資者而言，經驗是相當重要的考量因素。企業在海外投資策略的初期（國際化的初期）因為缺乏相關經驗，會選擇地理位置較相近的國家為投資地點，且多傾向較小的經營模式——出口，來換取海外投資的經驗。

4.組織規模

組織規模較大的企業，其資源擴張及承擔風險的能力往往也較高，則多選擇較高整合程度的投資策略進入國際市場。

5.企業資源

企業資源通常分為實體與無形兩種。Poter (1990) 認為企業的無形資產包括技術能力、產品或服務的市場聲望，無形資源對提升企業形象、聲望有絕佳的幫助，有助於將產品或企業組織推向海外市場。Williamson (1985) 指出實體資產乃指因特定交易所投資的持久性資產而言，當企業擁有高度專屬性資源時，多傾向高度整合的投資或進入策略。

6.產品差異化能力

強調企業對外投資主要取決於產業特性，產業具有寡佔性、產品差異化時，最容易引起廠商海外投資。因此產品差異化程度高者，可增加其市場競爭性，也可使產品更符合目標市場需求。

7.產品生命週期

Vernon (1966) 提出產品生命週期理論，強調當產品在國內市場已趨近於成熟程度時，就應積極尋求海外市場機會或產品的再造。在產品成熟度越高情況下，生產者越會將生產資源移至具有競爭優勢的地區去生產，企業越可能採取直接海外投資的策略。

8.競爭優勢

Beamish, Makino & Woodcock (1994) 認為企業擁有較高的競爭優勢，對海外投資的活動會較活躍。若擁有高競爭優勢，在海外較易生存，亦較容易尋求貿易夥伴，較易獲得高的經營績效。反之則較困難許多。

10.2.2　海外直接投資模式

　　至於海外直接投資的模式，一般可以分為三大類型，一種為水平類型的直接投資 (Horizontal FDI)，一種為聚合型的直接投資 (Conglomerate FDI)，另一種為垂直類型的直接投資 (Vertical FDI)，分述如下：

1. 水平類型的直接投資 (Horizontal FDI)

　　所謂水平類型的直接投資常發生於當一個國際企業進入一個海外國家，其目的是為了要生產（或提供服務）與母國公司相同產品情況下，主要是建立一個國際企業區位多角化的生產或服務線。例如像大部分的日本公司其國際企業海外投資的模式就是屬於水平類型的直接投資，日本知名汽車製造商 Toyota 公司在世界各地的海外投資分公司其主要生產的汽車產品與母國企業的汽車（包括車體、車款設計、性能結構、內裝規格……等）幾乎是相同的。所以說水平類型的直接投資更特別重視母國經驗的傳授、資源優勢、知識技術移轉等問題上，如果母國經驗的傳授、資源優勢、知識技術移轉皆有良好的串連到海外子公司內部，那麼這類型的海外投資風險便可以大大的降低，增加跨國投資成功的機會。

➡日本人的驕傲——豐田汽車 (TOYOTA)

根據 2005 年美國商業周刊 (*businessweek*) 的調查指出，豐田汽車名列世界十大品牌價值廠商的第九名（其中非美國籍企業只有第六名的諾基亞 NOKIA 與豐田汽車），可謂是為日本揚眉吐氣的汽車業巨人。

www.toyota.com.tw

2. 聚合型的直接投資 (Conglomerate FDI)

　　如果海外投資行為的目的主要在製造產品，但母國公司本身不製造，母國公司只是經驗的傳授、資源優勢發展、知識技術移轉的支援，那麼我們稱這種類型的海外投資活動為聚合型的海外投資，像香港的國際企業它們通常在海外設置許多的子公司，主要是來自市場機會點的延

伸，因為市場商機的考量，所以紛紛在海外設置生產製造基地，其中以中國大陸最多，主要是看上中國大陸廉價的生產成本，因此我們也稱這種國際操作的公司為聚合公司或跨國多元的國際企業。

3.垂直類型的直接投資 (Vertical FDI)

另一種典型的海外投資模式則是垂直類型的直接投資，這類型的投資活動是較為複雜的一種，從當地資源的使用、要素投入、供應商的整合、生產過程的操作、到最終產品的產出，最後再將產品行銷世界各國，雖然這類型的投資活動常最複雜，但對產業價值鏈的操作也是最深化的一種。如果將此類型的海外投資模式再予以細分，可以明顯劃分為向前垂直整合的海外投資 (forward vertical FDI) 及向後垂直整合的海外投資 (backward vertical FDI)。所謂向前垂直整合的海外投資是指向行銷市場做整合的投資，如果海外投資的目的主要是在向產業下游整合或拓展海外行銷市場為導向的整合，則我們稱為向前垂直整合的海外投資。如果海外投資的目的是在向上游供應商、原物料、生產製造方面做整合，主要在向上游供應鏈作深化，則我們稱此類型的海外投資為向後垂直整合的海外投資。

綜合而言，水平類型的直接投資經常發生於已開發或開發中國家，許多跨國經營的企業在已開發國家或開發中國家常是以這種投資方式，因為可以立刻在地主國市場直接業務操作,可以很快速的建立競爭優勢。但如果跨國國際企業本身所擁有的產製能力、技術知識、組織規模已經一般化且容易做移轉的時候，這時許多的企業便會考慮以垂直類型的直接投資模式進入地主國，以取得產業國際垂直整合的競爭優勢。

10.3　我國海外直接投資之現況

全球在歷經一連串的全球性金融風暴之後,經濟發展不均衡性現象,在最近幾年已經逐漸顯現在不同的經濟區體中。七大工業國中的美國與

加拿大其經濟正呈現出所謂低通膨與高成長並存的烏托邦模式，而其中日本的經濟成長仍是遲緩的跡象。而反觀歐洲國家卻面臨著經濟成長減緩與通貨緊縮時代來臨的壓力，所以近來歐洲各國已經紛紛調整其經濟政策（包括歐元的貨幣政策等），希望能促進該區域經濟成長的復甦，期望有較佳的經濟成長率。

　　一直以來亞洲國家幾乎都是出口導向的經濟成長模式，因此亞洲國家間的經濟依存度極高，所以經濟復甦力道較弱的國家難免會對經濟復甦力道強的國家造成拖累，這也是亞洲國家在過去幾年無法快速成長的主要原因。但近年來，隨著中國大陸市場的改革開放，特別在 1995 年後，臺灣各產業廠商前往中國大陸投資之腳步不斷，加上隨著中國大陸加入 WTO，臺商前進中國大陸投資更是達到最高峰，從傳統產業到高科技產業，多數企業者在競爭力考量及同業外移影響效果下，也紛紛前往中國大陸投資設廠。中國大陸為了發展經濟所提出的各項投資獎勵措施，例如 1997 年 9 月大陸科技部發布《關於設立中外合資研究開發機構、中外合作研究開發機構的暫行辦法》，鼓勵利用外來資源合辦研究開發機構；另外，1999 年 7 月底，大陸科學技術部和外經貿部聯合發出《科技興貿行動計劃》，除推動高新技術產品出口政策，將所有高新技術產業列入鼓勵投資項目外，更鼓勵跨國公司設立研發中心；加上無特別門檻限制的大陸貿易權已於 2004 年 12 月起正式對外開放，根據大陸的 WTO 入會承諾，外資將可申請設立獨資的商業企業（即貿易公司），享有最惠國待遇，也就是說，原先在大陸投資的各類臺商或新設立的臺商貿易公司，在經營貿易業方面所享有的待遇與內資企業相同，比照大陸企業辦理。因此大陸一連番的開放改革政策，對臺灣廠商造成莫大的磁吸效應，西進中國大陸投資儼然成為臺灣各產業的一種發展趨勢，不僅勞力密集產業早已積極外移，連技術密集產業，如晶圓廠等等，也都包含在外移產業之內。

　　雖然中國大陸充沛且廉價的人力成本，以及廣大的市場具有相當大

的投資優勢，但據前往大陸投資之廠商反應，其實大陸投資並非想像中的容易，朝令夕改的政策、人治化的社會及仿冒猖獗的市場生態等，都造成投資成本的高升及風險。從各國過去經濟成長的數字來看，仍是以素有世界工廠之稱的中國大陸成長最快速，以 2005 年來看，各國頂多只有 3～5% 左右的成長，而中國大陸卻有 10.2% 的高成長，幾乎是其他國家的三倍，所以未來中國大陸的經濟實力及對世界經貿的影響是不容忽視的，各主要國家經濟成長率請參照表 10.3：

表 10.3　主要國家經濟成長率統計表

單位：%	2000 年	2001 年	2002 年	2003 年	2004 年	2005 年	2006 年 (f)
世　界（Global Insight 估測值）	4.0	1.5	1.8	2.7	4.0	3.5	3.9
中華民國	5.8	−2.2	4.3	3.4	6.1	4.0	4.3
美　國	3.7	0.8	1.6	2.5	3.9	3.2	3.3
日　本	2.9	0.4	0.1	1.8	2.3	2.6	2.7
德　國	3.2	1.2	0.0	−0.2	1.2	0.9	2.3
法　國	4.0	1.9	1.0	1.1	2.3	1.2	2.3
英　國	3.8	2.4	2.1	2.7	3.3	1.9	2.6
新加坡	10.0	−2.3	4.0	2.9	8.7	6.4	8.0
韓　國	8.5	3.8	7.0	3.1	4.7	4.0	5.3
香　港	10.0	0.6	1.8	3.2	8.6	7.3	6.4
中國大陸	8.4	8.3	9.1	10.0	10.1	10.2	10.6
泰　國	4.8	2.2	5.3	7.0	6.2	4.5	5.0
馬來西亞	8.9	0.3	4.1	5.3	7.1	5.2	5.7
菲律賓	4.5	1.8	4.3	3.6	6.1	5.0	5.3
印　尼	5.4	3.8	4.4	4.9	5.1	5.6	5.1

資料來源：行政院主計處，〈國民經濟動向統計季報〉；〈各國統計月報〉；〈國際經濟動態指標〉。

　　中國大陸挾其廉價勞動成本及廣大消費市場，因此有世界製造工廠
之美稱，中國大陸仍是海外投資相當熱門的國家，由表 10.4 之統計資料
可以瞭解，到了 2004 年，包括美國、臺灣、韓國、日本、香港等，仍都
維持極高的投資額，整體統計也較 2003 年為高。

表 10.4　各國在大陸投資狀況統計表

單位：萬美元

國　家	2003 年			2004 年		
	總　計	外　商 直接投資	外　商 其他投資	總　計	外　商 直接投資	外　商 其他投資
總　計	5,614,015	5,350,467	263,548	6,407,298	6,062,998	344,300
香　港	1,951,606	1,770,010	181,596	2,080,503	1,899,830	180,673
日　本	514,247	505,419	8,828	551,903	545,157	6,746
澳　門	43,210	41,660	1,550	54,830	54,639	191
新加坡	205,982	205,840	142	200,994	200,814	180
韓　國	449,609	448,854	755	625,328	624,786	542
泰　國	17,737	17,352	385	18,032	17,868	164
中華民國	384,731	337,724	47,007	345,810	311,749	34,061
英　國	75,393	74,247	1,146	79,642	79,282	360
德　國	88,639	85,697	2,942	105,848	105,848	–
法　國	60,431	60,431	–	65,674	65,674	–
荷　蘭	72,549	72,549	–	81,056	81,056	–
義大利	31,670	31,670	–	28,082	28,082	
瑞　士	18,134	18,134	–	20,312	20,312	
瑞　典	12,073	12,030	43	12,070	12,070	
美　國	437,104	419,851	17,253	394,421	394,095	326
加拿大	56,351	56,351	–	61,387	61,387	–
澳大利亞	59,253	59,253	–	66,392	66,263	129

資料來源：《中國統計年鑑》。

　　綜觀全球經濟發展現況，美國在未來仍將扮演全球經濟成長火車頭的角色，雖然近幾年因為各國經濟成長趨緩，但我國對外投資仍是相當蓬勃，雖稍有成長趨緩的跡象，但終究是正成長。由表 10.5 的統計資料我們可以瞭解，我國對中國大陸的貿易額自 91 年起皆呈現兩位數的成長（91 年為 25.3%、92 年為 24.8%、93 年為 33.3%、94 年為 16.2%），由數字我們可以理解，中國大陸也是我國主要的貿易國，我國與中國大陸的貿易依存度也有愈來愈高的傾向。

表 10.5　我國對大陸地區貿易統計

金額單位：百萬美元

	貿易總額 金　額	年增率 (%)	出口估算值 金　額	年增率 (%)	進口值 金　額	年增率 (%)	順（逆）差 金　額	年增率 (%)
82 年	13,743.3	27.1	12,727.8	31.3	1,015.5	−9.3	11,712.3	36.5
83 年	16,511.7	20.1	14,653.0	15.1	1,858.7	83.0	12,794.3	9.2
84 年	20,989.5	27.1	17,898.2	22.2	3,091.3	66.3	14,806.9	15.7
85 年	22,208.2	5.8	19,148.3	7.0	3,059.9	−1.0	16,088.4	8.7
86 年	24,433.3	10.0	20,518.0	7.2	3,915.3	28.0	16,602.7	3.2
87 年	22,490.6	−8.0	18,380.1	−10.4	4,110.5	5.0	14,269.6	−14.1
88 年	25,747.6	14.5	21,221.3	15.5	4,526.3	10.1	16,695.0	17.0
89 年	32,367.3	25.7	26,144.0	23.2	6,223.3	37.5	19,920.7	19.3
90 年	31,510.4	−6.4	25,607.4	−6.7	5,903.0	−5.2	19,704.4	−7.1
91 年	39,497.4	25.3	31,528.8	23.1	7,968.6	35.0	23,560.2	19.6
92 年	49,310.6	24.8	38,292.7	21.5	11,017.9	38.3	27,274.8	15.8
93 年	65,722.7	33.3	48,930.4	27.8	16,792.3	52.4	32,138.1	17.8
94 年	76,365.2	16.2	56,271.5	15.0	20,093.7	19.7	36,177.8	12.6

資料來源：經濟部國際貿易局，〈兩岸貿易情勢分析〉。

　　由經濟部統計資料顯示，民國 94 年臺商赴大陸投資最多的行業是電腦通信及視聽電子產品業，佔投資總額高達 19.22%，其次為電子零組產業佔 16.79%，再其次是電力機械器材及設備製造修配業佔 9.9%。

食品企業的海外直接投資

　　食品製造業是屬於勞力密集的生產事業，因此有許多食品業臺商赴大陸投資，其主要的動機之一也就是在勞動成本的節省，當然臺商食品業赴大陸投資的動機中，取得原料供應一直都佔有相當的分量，可見原料供應情況良好與否也常會是決策的重心；其次，臺商食品業赴大陸投資的最大誘因即是廣大內銷市場，因為大陸擁有 12 億人口，約佔全球人口總數的五分之一，如果能充分掌握當地市場的消費特性，其獲利仍是可期；例如大陸最知名的康師傅方便麵便是一例。

　　食品界的領導廠商，大成長城企業自 1990 年起便規劃進入大陸市場投資，截至目前為止，大成長城企業在大陸已設有麵粉、食品、飼料等大型廠房從事生產。大成長城企業初期的海外投資策略主要是以合作方式進入該市場，其策略夥伴的選擇也大多是大陸的當地企業；探討其主要原因乃是進入一個陌生的市場環境時，對於當地的法令、政治、經濟情況都不太熟悉，為了減少國際經營的風險，因此選擇熟悉當地市場的企業合作，是較能降低國際經營的風險；但雖然與當地企業合資，可利用合資企業既有的廠房與設備來減少投入成本及降低風險的想法，在該集團這幾年的經驗後，發現並沒有帶來當初所預期的效果，因此，該公司在後來所進行的東北飼料廠的投資時，便不再考慮與當地企業合資，而是選擇與一些國際大廠合作的模式。

　　事實上，國內麵粉業者赴大陸投資，因麵粉在中國大陸是屬於民生物資，價格受到政府管控的影響很大，因此許多在大陸投資生產麵粉的企業，其經營都呈現虧損的情況，包括統一企業、大成長城與聯華實業等業者，所以目前在大陸投資的麵粉廠，真正獲利的的確不多。

　　大成長城公司於 1990 年於瀋陽成立「遼寧大成農牧公司」，主要是從事飼料及肉雞產品的生產，該公司於 1995 年時也與日本丸紅公司共同合資成立「大成（大連）食品公司」，作為該企業在大陸食品市場開拓的基石；該公司於 1997 年時為發展中國大陸東北及整個北亞洲之農畜事業，該公司便進一步與美國大陸穀物公司合資成立「大成東北亞公司」，該公司是希望這一連串的投資經營，能成為大成長城公司在東北各營運據點之控股公司，以經營

東北亞市場,並以此為根據地,擴大該集團在農畜事業的版圖,希望發展成為北亞洲最大的農畜公司,規劃的經營市場範疇預期將涵蓋中國大陸、日本、韓國等地市場。

　　大成長城在 2000 年後其國際擴張的計畫仍持續不斷,未來將計畫成立湖南大成科技飼料有限公司,以作為整合大成長城在中國大陸上、中、下游一條龍整合形態的經營方式;該企業未來將以「大成東北亞」為主要控股公司,主要事業領域將在飼料、麵粉、農畜、電宰、加工等發展,展望未來,國內的食品大廠對大陸市場的長期經營仍是深具信心。

【進階思考】

1. 請問你認為食品業赴大陸投資的主要動機為何? 較符合什麼「海外投資」理論的論點?

2. 你認為大成長城公司的海外直接投資模式較符合哪一種類型(水平類型的直接投資 Horizontal FDI、聚合型的直接投資 Conglomerate FDI、垂直類型的直接投資 Vertical FDI), 請說明你的論點?

3. 請問你是否贊同國內企業赴大陸投資? 理由是什麼?

>> 參考資料

◆外文參考資料

1. Buckley, P. J. (1983), "Macroeconomic Versus International Business Approach to Direct Foreign Investment: A Comment on Professor Kojima's Interpretation," *Hitosubashi Journal of Economics*, 24, pp. 95–100.

2. Casson, M. C. (1979), *Alternatives to the Multinational Enterprise,* London: Macmillan.

3. Dunning, John H. (1981), *International Production and the Multinational Enterprise*, London: Geroge Allen & Unwin, pp. 72–108.

4. Dunning, John H. (1988), "The Eclectic Paradigm of International Production: A Restatement and Some Possible Extensions," *Journal of International Business Studies*, 19, pp. 1–31.

5. Grant R. M. (1991), "The Resource-based Theory of Competitive Advantage: Implications for Strategy Formulation," *California Management Review*, 33 (3), pp. 114–135.

6. Helfat, Constance E. & Peteraf, Margaret A. (2003), "The Dynamic Resource-based View: Capability Lifecycles," *Strategy Management Journal*, pp. 997–1010.

7. Hennart, J. F. (1982), *A Theory of Multinational Enterprise*, Ann Arbor: University of Michigan Press.

8. Link, A. L. and Bauer, L. L. (1989), *Cooperative Research in U.S. Manufacturing: Assessing Policy Initiatives and Corporate Strategies*, Lexington, Mass.: Lesington Books.

9. Nelson, R. and S. Winter (1982), *An Evolutionary Theory of Economic Change*, Belknap Press: Cambridge, MA.

10. Oded, Shenkar and Yadong, Luo (2004), *International Business,* John Wiley & Sons, Inc.

11. Porter, M. E. (1990), "The Competitive Advantage of Nations," *Harvard Business Review*, March–April, pp. 73–93.

12. Rugman, A. M. (1981), *Inside the Multinationals: The Economics of Internal Markets,* London: Croom Helm.

13. Teece, David J. (1986), "Transactions Cost Economics and the Multinational Enterprise," *Journal of Economic Behavior Organization*, 7, pp. 21–45.

14. Vernon, R. (1996), "International Investment and International Trade in the Product Cycle," *Quarterly Journal of Economics*, pp. 190–207.

15. Williamson, O. E. (1975), *Markets and Hierarchies*, Free Press: New York.

16. Williamson, O. E. (1985), *The Economic Institutions of Capitalism*, N.Y.: The Free Press.

17. Williamson, O. E., "Transaction Cost Economics: The Governance of Contractual Relations," *Journal of Law and Economics*, 22, pp. 233–261.

18. Yu C. M. J. & Tang M. J. (1992), "International Joint Ventures: Theoretical Considerations," *Managerial and Decision Economics*, 13, pp. 331–342.

◆中文參考資料

1. 危劍俠 (2003/04/23)，〈21 世紀經濟報導〉，青島報導。

2. 大成長城網站，http://www.dachan.com。

3. 中國併購快訊，http://www.ma-china.com/chinese/bgkx/kx/015/kuaixun01.htm。

4. 中國啤酒網，http://www.echinabeer.com。

5. 中華食物網，https://www.foodchina.com.tw。

6. 中華財經網，http://www.123c hinanews.com。

7. 中華徵信所網站，http://www.credit.com.tw。

8. 全球品牌網，http://www.globrand.com/2006/02/04/20060204-161531-1.shtml。

9. 〈百威啤酒開始大舉投資中國市場〉，(2007/04/24)，大食品網。

10. 自由自在旅遊網，http://travel.mook.com.tw。

11. 吳婷盈 (2001/05/26)，〈啤酒工廠免費隨你喝　舊金山百威啤酒公布釀酒祕訣〉，MOOK 自由自在旅遊網。

12. 李泊諺 (1999)，《臺商大陸投資成長策略與事業部組織規劃之研究》，未出版論文，國立成功大學企業管理研究所。

13. 林炳文 (1980)，《國際貿易理論與政策》，東華書局。

14. 姚嵐 (2006/05/25)，〈世界第一大啤酒公司入主唐啤〉，《中國食品質量報》。

15. 郭祖訓 (1992)，《大陸投資環境之管理分析》，未出版論文，國立臺灣大學商學研究所。

16. 程行歡 (2007/02/23)，〈AB 直指中國高檔啤酒市場〉，《羊城晚報》。

17. 雅虎奇摩股市網站，http://tw.stock.yahoo.com。

18. 經濟部投資審議委員會，http://www.moeaic.gov.tw。

19. 經濟部統計處，http://2k3dmz2.moea.gov.tw/gnweb。

20. 維基百科（2007/06/14 上網），

http://zh.wikipedia.org/wiki/%E7%99%BE%E5%A8%81%E5%95%A4%E9%85%92。

21. 數位時代雙週，http://www.bnext.com.tw。

22. 柯藝 (2007/04/04)，〈「啤酒之王」百威落戶三水〉，新華網廣東頻道。

23. 全球併購研究中心，http://www.online-ma.com.cn/bgzhishu/no0606/top5-1.htm。

Note

Chapter 11

國際經營與所有權

中國大陸資訊通路市場龍頭──英邁

實務現場

英邁 (Ingram Micro) 成立於 1979 年，總部位於美國加利福尼亞州聖塔安納。該公司在全球擁有歐洲、拉丁美洲、北美、亞太地區 4 個主要經營區域，業務更是遍及全球 100 多個以上國家；英邁公司自成立以來，始終站在技術市場的最前端，透過不斷的創新及研發，帶給市場最新的產品和服務。

英邁是全球第一個在亞洲發展 IT 業務的國際性公司，該公司憑藉國際領先的分銷管理經驗和專業的管理團隊，積極在亞洲國家特別是中國大陸投入許多新產品，英邁在中國大陸全面管理超過 20 個以上的國際知名 IT 品牌，超過一萬種以上的技術產品，其營業範圍包括系統廠商、增值經銷商、區域分銷商、零售商等等，其在中國大陸的主要城市如上海、北京、廣州、成都均設有中央分撥中心，以作為在中國大陸提供 IT 業務的服務基地。

英邁在中國大陸市場的發展是以「聯結英邁，與世界互動」為核心戰略

思想，該公司希望透過連結經營模式，拓展 IT 分銷行業潮流，因此英邁在 2003 年時，曾被一些國際信評機構評為在中國大陸最快速成長的 IT 企業之一。

由於中國大陸目前吸引全球無數的大廠投入生產及行銷，使得大陸資訊通路市場呈現百家爭鳴的局面，英邁公司認為中國大陸資訊通路市場未來成長潛力無窮，是全球最具有商機的市場，雖然競爭非常激烈，但英邁公司仍然認為此一市場是值得耕耘的；對英邁公司來說，只有規模大，才有可能在分銷、通路、物流上面大量節省成本，所以公司也積極布局中國大陸市場，將旗下產品進行整合，公司將所擁有萬種商品全球代理權優勢下，企圖對市場產生直接影響效果，因此英邁便透過股權合作方式將大陸第一大 IT 分銷商神州數碼股份有限公司納入旗下，以合資經營方式，企圖成為中國大陸第一大 IT 通路商。

由於神州數碼在中國大陸分銷市場領域之佔有率極高，號稱中國大陸 IT 四

大分銷商之一，因此英邁公司透過吸收合併股權方式與神州數碼經營中國大陸業務，如此不但確立了神州數碼的分銷價值，也保持市場第一的佔有率及利潤率；就英邁公司來說，它也成功入股神州數碼核心分銷業務的通路部門，不但使自己一躍成為中國大陸 IT 分銷市場老大，也將徹底改變 IT 分銷流通市場的產業結構。現在英邁公司透過入股與中國大陸最大的 IT 分銷商神州數碼合併，已經成為大陸「第三名加第一名」的產業效應，大陸資訊通路市場生態將出現大洗牌，英邁其龍頭的地位也更穩固。

英邁在中國大陸的主要業務仍為 IT 產品線和解決方案提供服務，整合後的英邁公司目前在中國大陸各地，掌握許多主要零售商、經銷商及系統增值服務商，且多數也與其結成密切的業務夥伴關係，目前英邁公司是中國大陸 IT 分銷業的重要力量，不但擁有國際一流的儲運系統、高效率的管理團隊，更提供眾多全球知名品牌之市場產品及技術與售後等全方位服務，此刻的英邁已經是中國大陸強大的資訊通路商之一。

◎關鍵思考

當企業面臨一個極有吸引力的商機，在本身所擁有的資源或優勢很多時，有時考量到經營風險問題，常會以合資方式進入一個市場，因為股權合資不但可以減少投入時的資金成本，有時也可以降低許多經營風險，這種借力使力的合資經營模式，合作者常可以各取所需，無形中降低了獨資企業所需負擔的許多交易成本，且常可以創造投資雙方雙贏的局面。

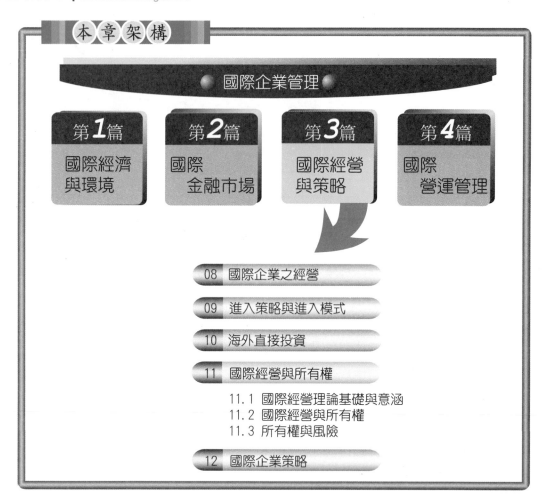

本 章 架 構

國際企業管理

第1篇
國際經濟
與環境

第2篇
國際
金融市場

第3篇
國際經營
與策略

第4篇
國際
營運管理

08 國際企業之經營

09 進入策略與進入模式

10 海外直接投資

11 國際經營與所有權

11.1 國際經營理論基礎與意涵
11.2 國際經營與所有權
11.3 所有權與風險

12 國際企業策略

▶ 本章學習目標

1.瞭解企業國際經營的理論基礎及內涵。

2.瞭解國際企業三種主要經營模式：貿易模式、移轉模式、投資模式。

3.國際企業三種主要經營模式所代表之不同所有權意涵。

4.不同所有權組織在控制程度、資源支持度、整合程度、風險程度的差異。

 際經營的理論基礎主要歸納來自交易成本理論、內部化理論、折衷理論、
資源基礎理論等等。第一節將介紹這些重要理論的內涵及所代表的意義，
這些理論是國際企業理論基礎的核心，是學習國際企業管理一個非常重要的基
礎，務必要有清晰的概念。第二節再介紹各種國際企業主要經營模式，讓同學瞭
解到什麼是貿易模式、移轉模式、投資模式及其操作的詳細內涵。最後再從國際
企業所有權的意義來分析控制程度、資源支持度、整合程度、風險程度的差異性。

11.1 國際經營理論基礎與意涵

　　由於科技的進步與自動化革命的成效，使得生產效率規模大幅提升，
再加上產品生命週期縮短的普遍化，造成過去以國內市場為發展中心的
企業必須逐漸走向放眼世界的國際化市場，經營利基才不會被市場淘汰。
未來全球範圍的經營活動對許多的公司或企業集團而言是必要且不可或
缺的，其期望在企業國際化推動的同時，企業能產生更有效率的資源或
更進步、更適當的產品，以及許多資訊知識的優勢。在一個自由開放的
競爭市場中，廠商從事國內或國外投資，主要是在求利動機、競爭利益、
相對比較利益的考慮，因此所有的投資者總是希望市場是沒有障礙的，
且政府對投資的態度也是中立的，市場不應該有太多看得見或看不見的
手在操弄，但事實上並非如此，真實的市場總是存在著訊息不對稱及市
場失靈情況，總是會消耗一些必要的成本，這是所有跨國經營公司一直
無法避免的問題。

　　雖然國際經營可以為企業帶來許多商機，但不可諱言的，也為企業
帶來許多風險。企業國際化必須面臨許多挑戰，包括國界的更易、不穩
定的政局、匯率問題、貪汙賄賂、科技剽竊、社會文化不同等。公司從
事國際經營時，必須要面對國際間之訊息不對稱及市場失靈情況，包括
對國外顧客喜好的不瞭解，不瞭解不同國家的文化，不知如何有效地在
國外建立商務關係；公司可能因低估國外的法規約束，而導致未預期的

成本支出等等；所以說企業國際化，基本上有其競爭上的優點，但亦有其風險性存在。所以一個企業在進行國際化相關策略之前，必須先考量公司經營目的與背景、公司能耐與缺點、市場分析等等過程工作，再決定公司國際化的模式，這樣才可以降低所可能遭遇到的風險與危機。要瞭解這些，我們要先瞭解一下其理論的演化，國際經營的理論基礎與海外直接投資理論相似，但國際經營其理論的演化若就資源及經營優勢的角度來看，主要歸納來自交易成本理論、內部化理論、折衷理論、資源基礎理論等等。

交易成本理論是分析每次交易的行為，認為廠商所面對的環境基本上是極為不確定性，且廠商通常存在有資訊阻塞問題，因此在有限度理性下，每一交易總是充滿投機行為，雙方在交易過程中充滿詭異揣測氣氛，對廠商間的行為基本上是採不信任的態度，此一理論架構下認為較合適的國際市場進入模式乃是以契約式移轉、合資、整廠輸出等等。

內部化理論強調內部化優勢的發揮，當廠商面對存在市場失靈的機制時，要在有限度理性的決策過程中去分析國際企業經營模式，此時應當特別強調當廠商擁有所謂的特別優勢時，且可將這種優勢予以內化方式進入國際市場經營。

國際學者 Dunning (1988) 整理各理論的主張後，提出折衷理論 (Eclectic Paradigm) 的論點，認為企業從事跨國經營活動時，必須考量三大主要變因，且將這三大變因納入評估分析決策中，方能進行跨國投資行動；且較適宜的國際市場進入模式為獨資、合資、合作經營、國際整合等方式，都是理想的國際操作方式，本理論所探討的三大變因如下所述：

1.企業所有權優勢（能力優勢）

企業要從事跨國經濟活動時，必須確認擁有相對於地主國企業擁有專屬性資產的優勢或擁有超越其他同業之優勢，這些專屬性資產的優勢包括有：無形資產、特殊產品優勢、品牌優勢、經營管理之能力、掌握

風險及處理危機之能力、資訊商機能力等。

2.區位優勢

國際企業在天然的區位上擁有特殊優勢；例如地主國擁有良好的基礎設施、豐富的天然資源、廉價的勞動成本、政治穩定度高、良好的供應商體制、絕佳的運輸系統等，這一部分的優勢對生產導向的生產製造廠商來說尤為重視，因為這一部分的優勢可以降低企業生產製造的邊際成本，及供應鏈串連的經濟效益，所以生產導向的國際企業特別重視區位優勢。

3.企業內部化優勢

例如企業可將企業的內部優勢，如人力資源、組織能力等長處，移轉到地主國的經濟活動，並創造價值。

而資源基礎理論的研究學者非常的多，此派學者的主張也是近代在國際企業領域研究中，非常重要的貢獻；此派學者認為一個企業之所以具有跨國經營的機會與優勢，主要來自該企業或組織擁有所謂的獨特性資源，此一獨特性資源具有經濟價值且可形成競爭優勢，因此它能在國際市場中脫穎而出，而這些獨特性資源包括有：管理能力、技術能力、知識、創新、獨特的運作模式、人力資源等等，當企業擁有這些獨特的資源時，常可形成阻斷其他競爭者的力量。茲將各主要理論的論點整理說明如表 11.1。

表 11.1　國際經營理論論點比較表

理論名稱	交易成本理論	內部化理論	折衷理論	資源基礎理論
重要研究學者（年份）	Williamson (1975, 1979) Teece (1986)	Buckley (1983) Casson (1979) Rugman (1981) Hennart (1982)	Dunning (1988, 1995)	Barney (1991, 1992) Nelson & Winter (1982) Penrose (1959) Teece (1997, 1984)

				Wernerfelt (1984) Rumelt (1984)
理論的分析單位	分析單一交易行為。	分析單一企業行為。	分析單一企業行為。	分析單一企業行為。
理論影響因素界定	交易的資產是具有專屬性質、且交易的環境充滿不確定性。	企業擁有優勢：產業優勢、廠商優勢、特定優勢。	所有權優勢、區位優勢、內部化優勢。	獨特性(不可模仿性)的資源、知識等。
理論對市場的界定	存在市場失靈。	存在市場失靈。	存在市場失靈。	存在市場失靈。
理論對廠商行為之假設	交易行為是有限度理性與投機行為的假設。	廠商是有限度理性的假設。	廠商是有限度理性與投機行為的假設。	廠商是有限度理性的假設。
理論主要主張說明	認為廠商所面對的環境是充滿了不確定性，且廠商在資訊的取得是有障礙，有資訊阻塞問題，因此若要取得充分訊息作為決策判斷是必須要付出成本的代價；因此在有限度理性下，決策準則是以交易成本最小化為依歸；因此每一交易過程總是充滿投機行為，交易的雙方在充滿詭異氣氛中，完成交易。	強調當廠商擁有所謂的特別優勢時(或是資產專屬性時)，廠商可以將這種優勢予以內部化方式，透過內部化的過程漸漸的進入國際市場。	認為廠商所面對的市場是一個失靈的情況，所以存在著極高的風險與不確定因素，廠商為了降低風險與不確定性的問題，因此必須從事跨國活動，經由企業優勢之確定、地主國區位優勢及企業內部化優勢之確認，以增強國際競爭優勢。	當企業相對於產業內的廠商擁有獨特性的資源(不可模仿性的資源)，例如管理技能、營運資源、知識、研發能力、人力資源、創新能力等，且這些獨特性的資源將可創造經濟價值的優勢，此時企業可透過獨資或合作方式將資源特質帶入國際市場。

11.2 國際經營與所有權

　　所有權在國際企業的國際經營探討中，常佔有一個很重要的部分，因為所有權程度的不同，控制程度就不同，而控制程度不同所面對的風

險也就不同。就所有權的角度來探討不同的國際企業經營模式，我們常以貿易模式、移轉模式、投資模式來區分不同所有權經營，接下來就上述三種分類來做說明。

11.2.1 貿易模式

貿易模式通常是一個公司初次接觸國際市場的一個管道，許多的知名國際企業都是從出口貿易開始接觸國際市場，常見的貿易模式例如出口代理，也就是透過其他貿易公司或貿易仲介將商品銷售給買方或消費者。還有出口管理公司，這種出口管理公司有時常會代理好幾家生產商的商品，作為製造商與地主國買方之中間橋樑，處理相關業務、財務、法律、特別規範等，這類型的出口管理公司發展到最後通常都會成為極為專業的當地代理商。還有像專業代理商，這類公司常為國際公司在全球各地尋找低成本製造的區位國家或城市，這類公司有點類似顧問模式，它主要負責尋找合適製造公司、評估製造公司能力及在過程中提供專業輔導，通常是仲介雙方以合作方式完成商業交易。另外還有一種就是相對貿易，這種交易關係乃是存在買賣雙方過去合作的經驗上，彼此在交易過程中相互合作各取所需。上述這些貿易的合作模式，通常國際企業也不以擁有所有權為目標，純粹為商業利益的考量罷了。

11.2.2 移轉模式

移轉模式通常是透過所有權或專有資產（例如技術或專利）的移轉方式進行合作，移轉模式與貿易模式的最大區別在於買賣的動作，通常移轉模式在相關所有權與專有資產移轉後，仍須對被移轉公司有義務或責任去輔導與技術教授，且大多情況母公司仍保有該專屬資產的最終權利。常見的移轉模式如下：

1. 國際租賃 (International Leasing)

國際企業將設備、廠房或生產器具以租賃方式於地主國設置生產，

且將這些設備、廠房或生產器具的操作方式與技術授予當地公司，此一方式通常是地主國的當地公司沒有具備財務能力購買這些生產設備，地主國的公司必須支付權利金給提供租賃的公司，這些生產設備的最終所有權仍屬於母國的國際企業，這種情況在開發中國家或落後國家最常見。以這種國際租賃為初步的國際化策略其實是很好的，一來可以避免直接投資的風險，二來可以培養與當地公司的合作關係，瞭解當地市場的情況，以作為未來海外直接投資時，與當地公司合作機制的參考。

2.國際授權 (International Licensing)

→ 路易威登 (Louis Vuitton)

法國的時尚精品品牌，在全球化的推廣下其品牌價值也是無法估算的，在全球各個主要城市以及高消費區域幾乎都可以看到它的精品店。

當國際企業所擁有的資產有相對的國際優勢或其特殊專屬性，在為保有該資產專屬性的所有權情況下，廠商通常會透過國際授權方式，將其資產專屬性延伸至海外市場，例如品牌、專利、技術、管理技術、專有知識授權等等。我們所知道的國際品牌例如香奈爾、LV、GUCCI 等就是透過國際品牌授權的經營方式，將資產的專屬性延伸到國際市場。

一般來說國際企業會使用國際授權方式將所有權或專有資產作國際移轉有幾個原因：(1)可以獲得額外的收益，這額外的收益可以分攤母國公司的研發或管銷費用，有利於母國公司財務績效。(2)因為透過國際授權，地主國當地被授權公司通常會提供當地市場訊息及消費者消費行為資訊於母國，因此授權公司除了可以擴大市場外，有利於海外資訊的蒐集及累積海外經營實力。(3)國際企業透過國際授權除了可以發展通路外，其產業價值鏈前端的原物料供應、投入項的整合，也可透過授權取得串連優勢。

3.國際特許經營 (International Franchising)

國際特許經營也是一種國際市場的進入模式，是一種特別形式的授權，特別是公司所擁有的專屬性資產是隱含性質或是無形性質，例如商標、品牌等。國際特許經營不同於國際租賃與國際授權之主要在於它具有長期承諾的關係，且對聯盟對象也有一定程度的控制權，這些控制權常包括生產步驟過程、原物料採用、管理系統、市場操作方法、營運機制、甚或要求特許者遵守其所制定的經營方式或規定等等。一般的國際特許經營授予資產專屬權的廠商通常都仍保有該資產的所有權控制，主要目的是不希望因為聯盟關係而損害了本身長久所累積的資產價值，當然在合作過程中授予專利的廠商會對接受專利或品牌的使用者索取權利金，有可能是依營業額、營業淨利或一個固定的權利金等等。像國際知名速食連鎖店漢堡王 (burger king)、麥當勞 (McDonald's) 就是以這種方式拓展國際市場。

4.策略聯盟 (Strategic Alliances)

策略聯盟也算是某種形式的移轉合作關係，是指國際企業在跨國的經濟活動中，為了突破困境、維持或提升競爭優勢，而建立的短期或長期的合作關係，一般來說策略聯盟又可稱為伙伴關係 (partnership)。策略聯盟是企業提升競爭力的重要策略之一，目的在透過合作的關係，共同化解企業本身的弱點、強化本身的優點，以整體提升企業的競爭力。我們觀察美國在 1970 年代之後面臨了日本企業的強大挑戰，不僅有許多的企業相繼關閉，就算是知名企業也面臨空前的壓力，因此不少美國企業為維持其既有的競爭優勢，紛紛採取所謂的策略聯盟策略，來突破經營困局。而企業策略聯盟的最終目的，可以說是在於尋求企業間的互補關係，希望在企業本身比較缺乏的部分，可以透過合作的方式加以強化。例如研發能力導向的企業，其資源不見得是非常充足，可以透過與製造業合作，不僅可以降低生產所需資金壓力，且公司研發過程的生產性實驗需求亦可以滿足；而製造業與研發能力導向的企業結盟也可以減少公司研發成本的投入，將大部分資源投注在產品生產上，如此一來雙方可

以互蒙其利，便很容易在國際市場上突破經營的困難，創造擴大規模的效果。

國際企業依其本身條件及市場狀況的不同，可採取不同的策略聯盟形態，但一般來說，可分為垂直式、水平式、混合式三大類型的國際策略聯盟模式，說明如下：

(1)垂直式策略聯盟是指與具有互補功能的不同企業建立伙伴關係，以提升企業垂直價值鏈的功能為主，如上、下游合作（產銷合作）、擴大產品或服務項目等。

(2)水平式策略聯盟是指結合功能類似的企業，有效運用既有資源，目的在擴大或提升市佔率，降低營運成本，共創經營利益。例如擴增連鎖店面以分攤研發費用，增加毛利等。

(3)混合式策略聯盟是指兼具垂直式與水平式的策略聯盟，以發揮經營綜效為目標，以全面提升企業的國際競爭力為訴求。

11.2.3 投資模式

投資模式相對於貿易、移轉模式來說，是屬於所有權控制程度最高的一種，不管是地主國的財產、專利、知識性能力或是營運模式的控制性都較貿易、移轉模式要高。投資模式的風險通常較高，所以說長期貢獻度也都較貿易及移轉模式為高，且投資模式因為長期對當地市場的涉入，對當地市場的經營力也累積較快，且在整體系統營運架構裡，對整體全球營運策略較能貫徹（也就是說投資模式是最能貫徹母國公司策略的一種國際投資方式，主要是因為母國公司擁有較高的子公司控制能力）。投資模式可分為直接投資與間接投資兩類；間接投資通常指有價證券——股票的投資形式，主要在營業利益考量，非所有權控制衡量；而直接投資通常主要在取得公司控制權，國際企業通常著眼於長期經營的效益及策略目標的貫徹執行。常見的直接投資模式包括有分公司、合作形式合資公司、股權形式合資公司、完全所有權公司（獨資公司）等等，

分述如下：

1.分公司 (Branch Office)

如果被投資地主國的法律允許國際企業在當地設立分公司的話，一開始國際企業常會在當地設立分公司以便處理一些初期業務或事務。分公司的形式較一般的公司代表處更具有直接參與當地經濟活動的實質意義，海外分公司是一個實體的當地業務單位，可以負責統籌一些資源及在當地市場從事初級價值鏈布置的工作，且可以從事一些金融活動，這都較辦事處的組織形式要方便得多；像英商渣打銀行在全世界有一千多家分公司，這些分公司也都提供一些企業分公司設立及金融服務。上述分公司的設立有些是母公司親自去設立，而有些是子公司去設立的子公司，所以說我們在海外看到某些國際知名企業的子公司，並非全部是母公司自己去設立經營管理的子公司，有些是跨國經營國際企業的孫公司或孫孫公司呢！

2.合作形式合資公司 (Cooperative Joint Venture)

合作形式合資公司又可稱為合約式合資公司 (contract joint venture)，也就是在合作前提下，雙方依照合約規範不論就責任義務、利潤等均依照合約規定，去分攤責任，責任的分攤並不一定要依照雙方投資比重去分攤權利義務，且當公司可以分割成許多單獨的營運部門時，各部門也可以以自負盈虧方式去計算營運績效。當然這種合作形式合資公司也沒有一定的操作方式，有時也可以用聯合行銷合約 (joint marketing agreements)、長期供應商合約 (long-term supply agreements)、技術顧問合約 (technological assistance agreements) 的方式來操作，只要雙方依照合約規範去盡到權利、義務，達成公司目標即可。

3.股權形式合資公司 (Equity Joint Venture)

股權形式的合資公司是我們在合資公司裡面最為普遍的一種國際經營模式，通常在新的地主國建立一個新的公司，每一個投資夥伴依照所投資股份比重對合資公司擁有最後求償權。在股權形式的合資公司結構

中，組織機制的控制常是被強調的，因為這一部分常是依照國際企業的
過去操作機制複製到新公司，在經營績效前提下，控制經營機制常是被
研究的一個熱門議題。

如果就廣義的定義來看，不論合作形式合資公司或股權形式合資公
司我們都可以稱它為全球性的策略聯盟 (Global Strategic Alliances;
GSAs)，因為它就像國際企業以聯盟的形式在不同的國家移轉及經營它
的業務範疇；就我們所知的國際企業如摩托羅拉 (Motorola)、西門子
(Siemens)、新力 (Sony)、奇異公司 (GM)、豐田汽車 (Toyota) 等，這些企
業就是以這種形式去建構它們的國際經濟活動。

4.獨資公司 (Wholly Owned Subsidiary)

所謂獨資公司就是國際企業以 100% 的股權投資，在地主國成立一
個實體操作的子公司，當然這過程可以以購買的方式，或是母國公司親
自在地主國設立。獨資公司對海外投資者來說它的控制程度是最高的，
不論在策略執行上、組織運作上、資源分享上、技術支援上都是最有效
率的，因為國際企業不用浪費許多溝通與協調成本在合作夥伴上，有時
母國公司一個指令就可直接在當地子公司執行，因此它的效率與控制程
度是最高的。

至於母國的國際企業為什麼要採用完全獨資公司的形式呢？其實主
要有幾個理由：

(1)企業文化關係

有些公司的文化，一直都是以獨資經營方式經營國際市場，所以
在未來大規模後續的海外子公司設立也都是以獨資方式，例如日本的
企業文化大多傾向以獨資方式經營國際市場。

(2)高控制權考量

有些國際企業為了擁有較高的海外市場控制權，或全球市場整合
能力，因此以獨資方式經營，以方便全球運籌的管理。

(3)母國公司優勢延續考量

當母國公司擁有特別的優勢、資源、能力時（例如技術、組織、管理知識等等），為了將這種優勢或能力快速移植或複製到地主國的子公司，在獨資公司情況下，這種移轉複製的障礙是比較低的；如果是合資公司就必須要協調合作夥伴取得共識，且因為合資公司的關係，在子公司內往往是拼裝的人馬，各種合作夥伴都有管理人，在人多嘴雜情況下，這種母國公司之優勢與能力轉移往往就會被遞減了，所以基於母國公司優勢延續考量，國際企業常會以獨資公司為優先首要考慮。

11.3 所有權與風險

目前就整個國際情勢看來，還存在許多的不穩定因素，拓展海外市場畢竟不同於國內市場，「走出去」的跨越國家疆界的經營策略，仍要面臨許多不同於國內市場的經營風險；諸如地區安全局勢、恐怖主義威脅（像伊拉克戰爭、恐怖主義威脅國際市場的情形）、經濟問題、政治化的貿易保護主義、政治風險、國際財金風險（國際金融、匯率市場大幅波動也可能會導致國際企業財務風險）及策略聯盟管理過程中，要面對行政機制風險和市場機制風險（例如聯盟一方違反聯盟協議的各種行為，甚至聯盟破裂的危機風險）等等，這些都是決策者面對國際經營所應考慮的問題。

所以國際企業所有權的意義，其背後也代表了控制權問題與風險承擔問題，從過去學者的研究中大多證實，獨資企業的控制與整合程度是較高的，因為獨資的子公司常與母公司系統形成一種網絡關係，彼此有高度依賴性，資源的整合程度也常是最高的；其次是合資企業 (joint venture)；而授權的方式其控制程度與整合程度是最低的，有時母公司的決策並無法影響被授權者的執行。而控制程度也代表了資源投入意願的程度，獨資形式的子公司，其母國公司在資源投入的意願程度也是最高

的，常有高度內部相互依賴的情況；而就決策或資源的互依性考量，以授權及出口形式其母國公司在資源投入的意願程度常是最低的。請參照表 11.2 的說明：

表 11.2　國際經營控制程度及風險程度比較表

所有權形式	控制程度	資源支持程度	整合程度	風險程度
獨　資	高	多	高	高
合　資	中等	中等	中等	中等
授　權	低	少	低	低
出　口	最低	最少	最低	最低

當然企業的國際經營面對的不確定因素是較國內經營要高出許多，風險自然高出許多，雖然高風險是大多國際企業經營上所要規避的，但高風險的背後往往代表著極高的利潤、報酬率，不然也不會有那麼多的獨資企業在國際經營活動中出現；如果純就風險的角度來分析，其實可以從兩大構面來瞭解，一是外部風險的部分，二是內部風險的部分。外部風險最常見的有三種，包括市場風險、政策風險、環境風險等等，說明如下：

1.市場風險

包含對被投資國當地市場的不瞭解，過度樂觀市場的發展，對當地產業價值鏈結構的過度樂觀，及對競爭對手的過低評估所造成的風險；例如跟誰競爭、競爭方式、市場需求滿足程度的不瞭解等等，這都將導致市場經營上的風險。

2.政策風險

政策風險主要是政府相關法令的風險，例如對國際法規，當地政府政策的不瞭解或曲解所造成的風險；相關的環保法規、勞動法規、貿易法規、稅賦法規、消費者保護法等等。例如在 2004 年 12 月底以前，中國大陸對貿易權是沒有開放的，並不允許外商企業自由從事貿易，因此

若在當地有投資的國際企業,主要是以大陸廣大貿易額為投資決定的話,就造成了政策法令風險的問題了。

3.環境風險

國際企業面對當地國的環境風險變數總是較在自己的國內市場要多得多,有時甚至難以衡量這種環境變異的風險;例如文化差異的風險、風俗習慣差異的風險、消費者消費行為的差異及產業環境的差異風險等等;例如在不吃豬肉的回教國家賣豬肉,在不吃牛肉的印度賣牛肉等,這就是對環境沒有充分掌握,所引發的風險問題。

而內部風險則包括有經營風險、資金風險、夥伴風險等等,說明如下:

1.經營風險

所謂的經營風險就是企業對自己的經營優勢不清楚,對自己的核心能力無法延伸到被投資國的情況下所造成的風險,這還包含經營操作上的風險,如錯估產能、工作流程的配置不當、人員教育訓練的不足、生產價值鏈的運轉不流暢、管理者對公司策略的貫徹程度等等,都將造成國際企業經營上極大的風險變數。

2.資金風險

資金風險也是國際企業跨國經營的一大風險變數,包含有現金流量的不足、支出超出預算、國際應收帳款太多、倒帳及呆帳的風險都將造成國際經營的資金風險;有時如果地主國資金缺口太嚴重,也會影響到母國公司的正常財務運作,造成連鎖效應,所以資金風險的問題,也是國際企業必須要正視的問題。

3.夥伴風險

國際企業常會透過不同形式的所有權合作方式在國際市場拓展它的經營活動,因此這種因合作形式不同的夥伴關係所造成的風險,我們稱為夥伴風險;常見的夥伴風險有經營理念的不同、分工角色的不平衡、夥伴間有衝突的關係存在、利潤分享的不協調等等,都將造成國際企業

夥伴風險問題。

　　接下來將從國際企業所有權的角度來瞭解組織控制程度（資源承諾程度）及風險（報酬）的關連性，從圖 11.1 我們可以理解，以直接海外投資形式的風險最高、組織控制程度（資源承諾程度）也往往最高；而貿易形式的海外操作形式其風險最低、組織控制程度（資源承諾程度）也往往最低；而移轉形式的海外投資形式則居中間，請參考圖 11.1。

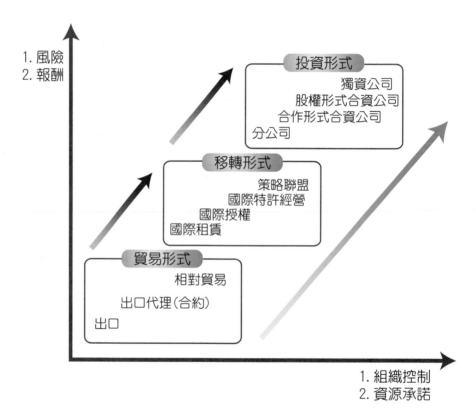

圖 11.1　風險（報酬）與組織控制（資源承諾）分析圖
資料來源：引用 Oded Shenkar and Yadong Luo (2004)。

　　根據資料顯示，臺商在大陸投資的母公司資本額平均約為 8.9 億元臺幣，雇用員工平均 396 人，平均在大陸設廠約 6.7 年；在大陸投資的形態，獨資 68.35%，合資 19.58%，合作經營佔 5.74%，來料加工佔 20.16%；雖然說獨資企業是風險較高的一種海外直接投資模式，但顯然中大型的臺商企業仍是偏好以投資獨資企業為主。而臺商在大陸事業之營業總額

平均約有 2,379.1 萬美元，其中內銷佔 39%，其餘外銷；而臺灣接單、大陸生產企業約佔 76%，顯然大部分大陸臺商的策略仍是將製造基地設在大陸，而臺灣的母公司則從事研發、接單、押匯及經管中心之「全球運籌制度」之模式運作，所以這種「全球運籌制度」之模式，未來仍將是我國企業在國際營運上的一個主要策略。

但近幾年我們發現有愈來愈多的外商（包括臺商），紛紛由合資轉向獨資（或高股權）的經營模式，我們歸納出以下幾點的原因：

(1)外資企業進入大陸市場之初，由於大陸開放程度低，大陸許多行業不允許獨資，因此合資是外資企業進入中國大陸的惟一選擇。

(2)中國大陸投資環境變化太大，中國大陸自 1979 年施行開放政策之初，因為市場化程度低，企業運作必須仰賴當地各種生產要素，包括像是政府關係、政策法律、銷售通路及人才等方面，因此合資是不得不的一個選擇。

(3)由於國際企業在合資雙方的企業文化、管理方面的差異，導致很多的非市場因素障礙，造成經營運作上的困難。

臺灣華映高股權之投資整合

　　2006 年臺灣地區的大型液晶面板廠「中華映管」已正式入主大陸廈華電子，目前華映持有廈華電子約 1 億股，佔廈華電子總股本的 27%，成為廈華電子的第一大股東。而隨著股權的轉移，包括華映方面的人員開始全面進入廈華電子的管理層，進行各項業務的調整與整合。臺灣華映與大陸廈華電子間的投資整合，是屬於高度的所有權擁有，不只是雙方股權合作而已，還包括廈華企業旗下所擁有的「廈華」系列商標、專利技術等之授權轉移，甚至華映與廈華電子雙方面也有市場供需的簽署協定，包括今後華映必須優先提供廈華所需 LCD 面板相關需求及技術支援，且廈華必須保證至少消化華映 40% 的需求，特別是在每年需求旺季貨源緊張時，必須確保廈華公司生產所需，且供應之面板價格，將不高於同一時期市場平均價格；且為降低資金佔用和減少跌價風險，華映必須於廈門保稅區內設立保稅倉庫，存放足夠一個月生產所需的 LCD 面板，廈華公司可以根據市場實際需求，即時報關提貨；此外，今後華映及其關聯公司還必須提供廈華電子發展所需的各項研發技術，實現資源整合，以降低成本提高競爭力。

　　在電子信息產業領域衝擊浪潮席捲下，整體市場呈現強者愈強，弱者愈弱的局面越加明顯，許多公司也都急於尋找新的生路，華映公司認為投資大陸廈華電子，有利於公司未來產品定位，有利於滿足集成化日高的客戶需求，且合作雙方資源重合度小，具有高度互補作用，更可以在國際及中國大陸市場打出規模化的品牌。此次華映公司是希望以品牌結合、壯大規模經濟為出發點，希望可以降低營運成本，增加在市場上的重量，因此華映以高度股權合作形式投資、以高風險方式經營此一產業；這項投資金額約 12 億元新臺幣的股權交易，是臺灣面板廠商進軍市場品牌、垂直整合的一件大投資案，規模也是目前最大的。華映透過此次高股權投資，將從全球第五大液晶面板製造商，躋身成為中國大陸前二大液晶電視品牌廠商；依據華映董事長林蔚山表示，華映與廈華的高垂直整合，呈現出最佳的互補優勢，雙方可結合現有在顯示技術人才、產能及品牌行銷通路等資源，整合既有優勢，進軍國際級液晶電視產業的決賽圈。

中華映管公司此次高股權投資大陸廈華電子，其主要目的是在拓展國際經營領域、強化品牌競爭，提供企業整體績效與價值，因為一直以來消費電子市場的競爭總是具有節奏快、週期短、產業成長空間大等特點；因此，華映是看準產業整體發展趨勢，

（圖片由中華映管股份有限公司提供）

才進行投資大陸廈華電子，華映希望大陸廈華電子在既有市場及品牌的優勢下，再加上華映公司的經營策略，在接下來整合後的優勢、成績展現，將是很值得華映所期待的。

【進階思考】

1. 請問在競爭激烈的電子產業，華映公司投資大陸廈華電子，是否有利於華映公司之規模經濟及市場發展？是否可達成華映公司希望可以打出規模化的品牌目標？

2. 請問你對華映透過高股權投資大陸廈華電子股份有限公司，希望取得中國的第二大液晶電視品牌廠商有何看法？

3. 請思考透過高股權投資，取得其他公司高度經營及管理權，是否會有文化融合、經營管理融合的障礙問題？你認為高控制程度是否也會伴隨高經營績效？

>> 參考資料

◆外文參考資料

1. Ansoff, H. Igor (1968), *Corporate Strategy*, New York: McGraw-Hill Book Company.

2. Beamish, P. W., Makino, S. and Woodcock, C. P. (1994), "Ownership-based Entry Mode Strategies and International Performance," *Journal of International Business Studies*, second quarter, pp. 253–273.

3. Casson, M. C. (1979), *Alternatives to the Multinational Enterprise*, London: Macmillan.

4. Charles, W. L. Hill (2005), *International Business: Competing in the Global Marketplace*, 5th ed., The McGraw-Hill Companies, Inc.

5. Dunning, John H. (1998), "The Eclectic Paradigm of International Production: A Restatement and Some Possible Extensions," *Journal of International Business Studies*, 19, pp. 1–31.

6. Hennart, J. F. (1982), "A Theory of Multinational Enterprise," Ann Arbor: University of Michigan Press.

7. Learned, E. P., Christensen, C. R., Andrews, K. E. and Guth, W. D. (1965), *Business Policy: Text and Cases*, Irwin, Homewood, IL.

8. Nelson, R. and S. Winter (1982), *An Evolutionary Theory of Economic Change*, Belknap Press: Cambridge, MA.

9. Oded, Shenkar and Yadong, Luo (2004), *International Business*, John Wiley & Sons, Inc.

10. Penrose, E. (1959), *The Theory of the Growth of the Firm*, New York: Wiley.

11. Prasad, P. and Kang, R. C. (1996), "Ownership Strategy for a Foreign Affiliate: An Empirical Investigation of Japanese Firms," *Management International Review*, 36 (1), pp. 45–65.

12. Rugman, A. M. (1981), *Inside the multinationals: The economics of internal markets*, London: Croom Helm.

13. Teece, David J. (1986)," Transactions Cost Economics and the Multinational Enterprise," *Journal of Economic Behavior Organization*, 7, pp. 21–45.

14. Williamson, O. E. (1975)," Markets and Hierarchies," Free Press: New York.

15. Williamson, O. E. (1979)," Transaction Cost Economics: The Governance of Contractual Relations," *Journal of Law and Economics*, 22, pp. 233–261.

16. Yu C. M. J. and Tang M. J. (1992), "International Joint Ventures: Theoretical considerations," *Managerial and Decision Economics*, 13, p. 331–342.

◆中文參考資料

1. 中國經濟網站 (2006/03/02)，〈英邁國際收購神州數位　傳宏碁為雙方牽線〉，http://big5.ce.cn/cysc/ceit/qydt/200603/02/t20060302_6241845.shtml。

2. 中國蘇州電子訊息博覽會 （2007/06/14 上網），〈神州數碼將賣通路部門〉，http://www.goemex.com/emex2005/tw/news_detail.asp?order_no=2585。

3. 王舒 (2006/01/18)，〈中華映管攜手廈華電子打造全球最大平板基地〉，中國國際廣播電臺網站，http://big5.chinabroadcast.cn/gate/big5/gb.chinabroadcast.cn/8606/2006/01/18/1566@866136.htm。

4. 全球華人知識庫網站，http://marketing.chinatimes.com。

5. 何佩儒 (2006/04/06)，〈神州數碼將賣通路部門〉，《經濟日報》。

6. 李泊諺 (1999)，《臺商大陸投資成長策略與事業部組織規劃之研究》，未出版論文，國立成功大學企業管理研究所論文。

7. 李淑惠 (2005/11/15)，〈華映取得大陸廈華約三成股權〉，《工商時報》，http://marketing.chinatimes.com/ItemDetailPage/MainContent/05MediaContent.asp?MMMediaType=tech_info&MMContentNoID=23107。

8. 邵琮淳、楊曉芳 (2004/11/03)，〈華映搶佔車用及手機面板市場　明年中小尺寸出貨目標 1,200 萬片〉，科技網站，http://www.digitimes.com.tw/n/article.asp?id=4AFFBD5AD9838C9248256F4000461E88。

9. 科技投資網站 (2006/09/19)，〈華映取得大陸廈華 4 席董事；六代線第二階段設備產能本月稼動率已逾九成〉，http://www.2300.com.tw/tech/details.asp?class=1&id=37104。

10. 科技產業資訊室，http://cdnet.stpi.org.tw。

11. 科技發展網，http://www.techlife.com.tw。

12. 科技網，http://www.digitimes.com.tw。

13. 邵琮淳 (2006/01/02)，〈華映入主大陸廈華電子塵埃落定　取得 32.64% 股份有利快速打進大陸家電市場〉，http://office.digitimes.com.tw/print.aspx?zNotesDocId=AD6F88067AE5DB5C482570E9003C314A。

14. 神州數碼，http://www.digitalchina.com.cn。

15. 郭崑謨 (1979)，《國際行銷管理》，六國出版社。

16. 雅虎奇摩股市網站，http://tw.stock.yahoo.com。

17. 新浪網站 (2006/05/26)，〈IT 分銷巨頭加速圈地〉，

http://news.sina.com.tw/tech/sinacn/cn/2006–05–26/19183816282.shtml。

18. 賈鵬雷、侯曉軒 (2006/03/05)，〈神碼分銷業務將整合——與英邁交易方式定走向〉，

新浪網站，http://b5.chinanews.sina.com/tech/2006/0305/19521108395.html。

19. 電子時報網站，http://office.digitimes.com.tw。

20. 聯合理財網，http://udn.com。

Note

Chapter 12
國際企業策略

西門子的購併成長策略

西門子是世界最大的電機及電子工程公司之一，其總部設在柏林和慕尼黑。西門子公司一直以來活躍的領域包括有資訊、通信、自動化控制、運輸、醫療、照明設備等等。該公司在一連串的世界經濟擴張後，有 159 年歷史的德國工業巨頭西門子卻長期處於績效不佳的困境，因此公司為了解決過度多角化經營虧損問題，決定要回歸核心事業（電機與電子領域）的經營範疇。自 2000 年以來巨大的包袱也成為西門子公司永續經營的危機與沉重負擔，因此 2005 年西門子將成長模式重新調整到傳統的核心業務上，包括自動化控制、電力、交通和醫療等部分，這些領域是公司過去最擅長的領域，而恰好也是該集團利潤創造最為豐碩的地方。

西門子是自動化與驅動化領域的世界領先公司，而過程分析儀器業務是自動化與驅動化領域的一個分支業務，此一分支業務可以廣泛地應用在石化、化工、冶金、空氣分析、水泥、電力等工

業領域中，因此西門子公司鑑於這些領域之中國市場龐大商機，西門子於 2006 年起便積極強化核心領域在中國的發展，因此進行購併上海弈天時域自動化工程有限公司；上海弈天時域自動化工程有限公司是中國過程分析工程領域的主要公司之一，擁有豐富的工程經驗及一整套的專案管理經驗，其業務領域更是遍布全國各地的石化、化工、鋼鐵等行業。西門子透過收購的過程讓公司成為中國分析儀錶工程領域的一流供應商，此次併購，西門子快速建立了在中國市場系統的集成能力，能夠滿足客戶對整體解決方案的需求，同時強化西門子在中國過程分析工程領域的實力，西門子公司更希望透過在中國市場的穩定根基，作為其向亞太地區及歐美市場發展的跳板。

從西門子在中國大陸市場購併的發展來看，我們可以發現現階段有許多的國際大廠都特別專注在亞洲市場的開發，特別是在中國大陸市場的發展，許

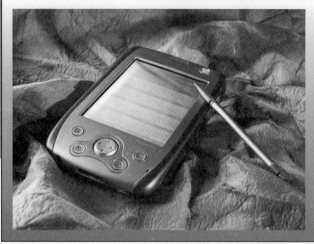

多企業皆是透過購併這種快速成長的方式，作為向國際市場推進的方法，這儼然已經是一種新的成長趨勢。西門子公司認為未來中國經濟是世界不可分割的一部分，所以也是積極要完成其在中國的產業布局，2006 年西門子的購併活動，相信必能為中國提供經濟、高效能、環保的能源，及快速、安全、成本低廉的通訊系統及診斷治療設備，及能夠協助中國各個工業領域提高生產力、效益和競爭力的自動化解決方案等。

西門子併購上海弈天時域自動化工程有限公司所代表的並不只是對一個單獨的企業進行投資，而是對一個產業的上、中、下游各個階段的產品、銷售、生產各重要環節進行縱向系統的投資。這對西門子公司來說可說是花費時間最少，又能快速切入產業上、中、下游領域發展，所以這是一個極為聰明的成長策略，因為透過併購成長策略可以讓西門子公司以最快的速度佔領具有潛力的市場、獲取市場權力、實現規模經濟，降低經營成本，及抵禦風險等多方面的優勢。

◎關鍵思考

追求成長是企業國際擴張的主要目的，當然成長並不單純只有利潤的成長，還包括更廣義的產品、市場、資源等等，成長的方式也有許多種，包括直接投資、策略聯盟及購併行為，每一個企業在追求國際成長的同時，必須考量到自己所擁有的資源及能力條件，才能決定要採用什麼成長策略及成長的方向，當然購併的方式是現階段許多國際大廠為了要快速獲得市場佔有率所採行的一種方式，但此方式也不是全然沒有風險，企業仍應做好充分的評估分析才能降低購併後所產生的管理風險。

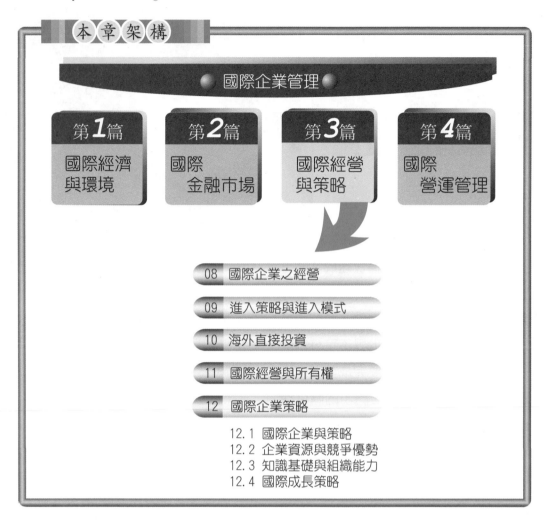

本 章 架 構

國際企業管理

第1篇 國際經濟與環境

第2篇 國際金融市場

第3篇 國際經營與策略

第4篇 國際營運管理

08 國際企業之經營

09 進入策略與進入模式

10 海外直接投資

11 國際經營與所有權

12 國際企業策略
12.1 國際企業與策略
12.2 企業資源與競爭優勢
12.3 知識基礎與組織能力
12.4 國際成長策略

▶ 本章學習目標

1.瞭解價值創造、企業遠景與國際企業策略的關聯。

2.企業資源的概念，競爭優勢的重要。

3.企業資源與競爭優勢的關係。

4.知識基礎資源的重要性。

5.組織能力與組織動態能力發展的過程。

6.各種國際企業成長策略的意涵。

策略是各項管理功能的前身，在國際企業經營的過程中，它扮演名師一指的畫龍點睛效果，有好的策略方針，方才有好的國際經營方向及績效；所以本章從介紹策略在價值創造及企業遠景的密切關係為始，讓我們瞭解策略的重要性；接著再從企業資源基礎去探討國際企業資源的意義及競爭優勢的來源為何？第三節則針對資源基礎中之知識資源與組織能力對國際企業經營的重要性，做詳細探討；最後則從策略的角度，去多重介紹它在國際企業經營成長的意涵，讓讀者瞭解策略在國際企業的操作方向上，其實是可以很多元化的去思考。

12.1　國際企業與策略

策略之所以重要是因為策略它是企業管理活動（生產、行銷、研發、財務、人力、資訊）的前身，策略就好比是一個人的大腦一樣，大腦指令確定了，身體及四肢才會動作，管理大師彼得杜拉克就曾說過一句話：「組織跟隨策略」，也就是說策略不同，組織結構與組織活動也就不同，可見策略之於一個企業的重要性了。我們可以將策略定義在管理者為達成組織目標所採取的行動方針，對一個企業來說，策略最終的目標當然是在追求組織長期利潤的最大化。

12.1.1　價值創造與策略的關係

企業的經營效率也決定了企業的利潤，經營效率（價值方程式）＝收益率／成本率，所以企業的利潤通常可由收益率與成本率兩個因素構面來決定；而收益率的創造通常是一連串價值創造的過程，既然是價值創造的過程，那麼它的決定因素就不完全在售價的競爭上，而是消費者心目中所接受的價格。所以就經營效率這個論點來看，廠商如果要擁有高利潤，那麼就必須為它的顧客創造價值及降低生產製造成本，這樣才是符合上述所提的價值方程式的基本精神。

在國際企業的國際策略裡其實也是有三大基本的策略方向，如下所提：

1.低成本策略

符合經營效率（價值方程式）＝收益率／成本率，其中的分母項目之成本率降低的要求，經由成本優勢造成生產的規模效益，滿足對價格敏感度高的消費族群。

2.差異化策略

符合經營效率（價值方程式）＝收益率／成本率，其中的分子項目之收益率創造的要求，經由創新及行銷組合的過程，造成產品的差異性，區隔出有利的經營空間，滿足消費者追求差異及新穎的需求，或是滿足區隔族群之差異化消費需求。

3.跟隨者策略

在國際企業的跨國經營活動中,有時也常會採取所謂的跟隨者策略,包括在進入模式或市場操作上的跟隨策略，這種跟隨策略最常出現在後期跟隨者的公司。因為後期進入者對國際市場或地主國市場的瞭解度不夠，為了降低不確定性及風險，所以在區位選擇、營運管理模式、行銷操作、產品定位上往往跟隨早期進入者一樣，都以相似的作法，以降低跨國投資的風險。

國際知名學者波特提出優勢競爭所應具備的條件為:生產要素狀況、市場需求狀況、後勤供應能力、產業內之競爭狀況等等，上述條件決定了公司的競爭優勢。波特提出的看法，其實也可以用來檢驗國際企業的國際競爭能力，其中生產要素狀況應包括地主國人力、物力、知識、資本投入、原物料投入等，生產要素條件在波特的概念中認為是可以改變與創造的，例如透過教育來改善生產力與技術知識，那麼就可以創造生產要素優勢;而市場需求 (market size) 其實也可以加以創造，可以將需求予以分類，或將需求予以延伸，例如可以透過更複雜的設計，更創意的造型，而將原先沒有的需求予以創造出來，進而產生優勢;至於後勤能力及產業的競爭，不僅要透過價值鏈的創造，更可以與當地結合出新的產業價值鏈操作模式，進而改變產業競爭優勢。所以說在國際企業的策

略中，仍是非常強調競爭優勢的延伸，因為一個沒有競爭優勢的國際企業是無法在國際間生存的，當然更可以透過國際串聯的規模效果，創造更嶄新的國際操作模式，進而建立起更新的國際競爭優勢。

12.1.2　企業遠景與策略的關係

由於現今全球化的風潮及消費者消費行為的日趨一致性，貿易障礙及壁壘勢必將變得不可行，整個國際局勢及國際市場會漸漸的越演化越開放，導致愈來愈傾向自由化競爭的市場環境。而自由化的結果也使得國際競爭是愈來愈激烈，任何廠商都將無法逃開國際競爭的壓力，如何去因應變動的國際競爭環境，廠商必須能很清楚的知道所處的環境狀況，方能有明智的決策判斷，才能夠在他們合適發揮的位置中去採取營運行動，最後成功。

跨國企業是否有清楚的遠景，也是影響決策的因素之一，遠景之所以重要是因為它會界定一個國際企業它在國際市場中所扮演的角色及合適發展的位置，進而影響到後續的實際國際布局。我們可以發現到其實在中國大陸有投資設廠的國際製造商，大部分是將在中國大陸的國際操作定位在產品製造的提供上，而不見得是虎視眈眈在中國大陸的內銷市場，所以中國大陸才會有「世界的製造工廠」之稱。我們再觀察香港到大陸投資的國際企業或是透過香港到大陸投資的國際企業，現階段大部分都是成本優勢領導的策略居多，主要是考量到中國大陸擁有廣大的勞動力市場，在製造成本上享有優勢，所以中國大陸在目前尚是扮演一個資金大吸盤的角色，吸引著無數的國際資金前往投資，所以到目前為止中國大陸堪稱仍是成本領導策略國際企業的理想投資區位。在中國大陸的許多外資企業及香港註冊公司有很高的比率都是透過股權控制方式，也就是所謂的控股公司的模式在中國市場操作。所以說國際企業在處理海外競爭者時，若能清楚的找到國際經營之遠景，那麼可以很快的在眾多的國際競爭者中，釐清產業競爭結構進而找到經營利基點。

我們觀察許多的國際企業之所以經營得非常成功大多導因於有清楚的國際經營願景與明確的國際經營策略，不論是低成本策略、差異化策略、跟隨者策略等等，當然一個好的策略有時也是導因於企業主持人的經營理念，不同的經營理念所採取的經營策略就很不同，有些國際企業在策略的選擇上是以母國為主要的市場，策略的重心往往就會強調如何對抗競爭者，在本國市場擴充其市佔率；而有一些國際企業則是強調全球化的策略，以全球各地為市場，強調全球市場間有許多的關連性，視為一個網絡組織，重視整體及系統的整合、協調與效率發揮，強調區域整合與全球優勢競爭的趨勢，這就是強調全球化策略的國際企業組織，所以企業願景與國際企業策略間是有密不可分的關連性。

12.2　企業資源與競爭優勢

國際知名學者 Penrose (1959) & Wernerfelt (1984) 提出企業競爭的基礎來自所擁有資源的特質，此後資源基礎的研究 (Resource Based View; RBV) 就非常的多，這類研究的支持學者中，大多支持廠商之所以能經營成功，之所以能打敗競爭對手，創造牢不可破的競爭優勢，是建立在該廠商擁有別人所無法仿冒或複製的資源 (resources) 或特殊能力 (capabilities) 的集合；所以企業內部資源優勢保持的持續性是競爭優勢的重要來源，也是企業經營成長擴張的保證。

從 Porter (1991) 所認為「資源基礎觀點」乃是指：「核心能力或無形資產的強調」，Porter 是以廠商本身為核心的概念，從內部衍生的觀點去強調資源優勢，他所認為的資源基礎理論，就是要持續關心廠商內部擁有哪些異質性的資源，以及如何將這些資源運用與組合，發揮效益。其他學者如 Grant (1991) 認為「資源與能力」是公司利潤的基礎，企業要能賺取超額利潤，應決定於兩項因素：(1)企業所處的產業吸引性，(2)企業競爭優勢的建立；Wernerfelt (1984) 認為從資源的角度來進行策略決策的

思考，將對企業更加有益，尤其是企業在擬定其經營的成長策略時，更
應從資源角度去衡量；Hall (1992) 則是從競爭的角度，去探討廠商的優
勢來源，認為廠商持續性之競爭優勢，乃根源於與競爭者的能力差異，
而廠商能力差異的基礎是建立於廠商本身的無形資產，因為不同的無形
資產會導致廠商優勢能力的差別；Learned (1965) 提出策略規劃的核心架
構，應該是從 SWOT 分析開始，就是從優勢、劣勢、機會、威脅點去加
以分析及規劃策略核心架構；Barney (1991) 更將 SWOT 分析劃分為兩種
思想的主流，一種是強調外在環境的掌握，我們也可歸類成與 Porter
(1980, 1985) 所提的五力架構下發展出來的企業成就；另一個則是從廠商
內部的優、劣勢分析，也就是所謂的內部分析（資源基礎模式分析）所
產生，所以整體概念如圖 12.1 所示：

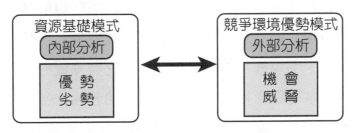

圖 12.1　資源基礎模式分析圖
資料來源：參考自 Barney (1991)。

　　也有不少的學者從競爭的角度出發，提出企業之競爭力不外乎是環
境的特色競爭（差異化導向的競爭基礎）、成本領導、產業空間卡位、綜
效、先佔優勢與資源基礎等構面。國內學者司徒達賢 (1995) 認為資源基
礎理論乃是將資源視為企業的地基一般，也是企業在策略思考的深入層
面及基本的核心所在，一個公司在做策略思考之前，應先從各種不同角
度觀察、評估組織整體的資源特性，並且以此為公司策略決定與策略行
為的重要參考。許士軍 (1995) 認為要建立企業的競爭能力，須有三個思
考層次，第一個層次：要瞭解、建立及發展企業的核心資源，這些核心
資源有可能是技術、人力素質、通路關係、品牌地位、商譽等等；第二

個層次的思考，應包括：市場選擇、進入策略、擴充策略（成長策略）、規模／範疇（整合性策略）、地理涵蓋（國際化策略）、聯盟與網路等等；第三個層次是戰略優勢的選擇，企業要選擇讓客戶能看到或感覺得到的特色，這些特色可以從低成本、差異化、品質、服務、速度等等去建立，且企業的特色需將這三種層次加以調和、整理，從核心資源、策略、戰略優勢每個環節加以組合及鏈結，進而創造新的企業核心競爭能力。

所以從上述各國、內外學者的看法，我們可以瞭解資源基礎的理論是國際企業研究中非常重要的一個領域，有些學者更堅信企業資源是組織保持競爭力的重要來源，如果企業沒有資源優勢，那麼根本就無法在國際競爭環境中生存。從過去資源基礎的研究中，將廠商視為一個資源的集合體，不論是有形或無形的資源集合，這其中包括有資源與能力兩大複雜集合體，且企業的經營績效能力如何，則有賴於管理者如何有效的將資源、組織運作機制、組織能力予以極致發揮，使其擁有稀少、高價值、無法模仿、不易被複製、不可替代等之特殊優勢。

有關資源的基礎概念裡，其實是有許多的分類，各學者也有不同的看法，接下來將從資源的分類，來瞭解各種企業資源的概念，分述如下：

1.有形的資源

綜合整理各學者看法，認為資源若從廣義的概念來區分，可以區分為有形的實體資源 (physical resources)，例如像是獨特 (unique) 的生產廠房、設備、土地、市場佔有率、通路、投資事業及有專利權的創新能力或實體技術等。

2.無形的資源 (Intangible Resources)

例如像是品牌知名度、商譽、市場資訊能力、高忠誠度的顧客等，在無形資源中所強調的是資源所具有的專門及特殊性，廠商可以將這些特質持續創造優勢準租 (sustainable rent stream)，當然這些特質也通常具有不容易移植、複製、或再生到其他的新區位或新組織。所以這些資源對廠商來說是有一定程度的專門性，有一定的使用特性，否則也不會成

為廠商的特別優勢，別人所無法學習與模仿。

3.人力資源

有學者認為企業的人力資源是企業中最為特殊的企業資產，它涵蓋了員工的專業知識與能力、所擁有的經驗、團隊凝聚力、士氣及對企業的向心力等，支持這派的學者，認為它之所以特殊，是因為它可以持續改變企業無形資源的一個重要來源。

4.財務資源

財務資源是國際企業資源討論中，算是最有彈性的一種資源，因為可以透過財務要素去轉換成不同形式的資源性質，例如可以使用財務資源去換取技術資源、專利資源、人力資源、購買品牌使用權、購併其他企業的通路或生產設備等等，且企業也可以透過財務資源的運作，去購買新公司或購買其他公司股份，進而建立優勢地位，所以說財務資源也是國際企業中非常重要的一項資源基礎。

5.經營能力

所謂的經營能力,乃泛指執行業務能力或執行公司策略目標的能力，包括國際企業公司內部功能性組織的協調與整合、控制機制的掌握、領導激勵的能力、持續創新能力，且對整體市場體系知識的掌握、高效率生產服務的維持等等；所以說經營能力的廣義定義是較廣泛的，凡與業務執行力及公司策略目標執行力有關的影響因子，都可廣義納入企業經營能力作探討。

6.組織能力

從組織能力 (routines) 來看國際企業的資源基礎,可以從組織的流程去探討，包括有效率的組織結構、優良的組織文化、效率的組織合作機制、員工的知識技能、員工創意能力及策略規劃與執行的過程，這一部分是許多國際知名學者 (Penrose、Teece & Grant) 所強調的資源優勢，所以說組織過程的能力也是企業優勢資源的一個重要構面。

7.技術資源

在知識資源中，技術資源優勢一直是廠商所重視的，特別是在許多跨國的合資公司 (joint venture) 或策略聯盟 (strategic alliances) 的結構裡，有太多是導因於技術資源的合作，沒有技術資源優勢的公司經常透過與擁有技術資源優勢的公司合作或聯盟，共同在某一市場經營，這在跨國合作的案例中是屢見不鮮。通常所謂的技術能力是指將投入到產出過程中的技術性能力，其中特別是研發與創新的能力，是技術能力中最具代表性的技術資源了。

12.3　知識基礎與組織能力

知識就是力量，這句話在國際企業的資源領域中，也是很重要的一環，所以本節特別提出來加以說明，因為它也是建構國際企業在國際經濟活動中，極為重要的優勢來源。知識的分類通常可概分為內隱知識與外顯知識兩大類，且知識可存在於個體、團體、組織運作過程中等等。Kogut & Zander (1992) 認為知識的形成可由個人、團隊、其他組織、外部資源累積等四大構面，所以我們可以瞭解知識的形成是需要經由客觀分析與主觀認知形成的，且與人是息息相關的。而如何去辨別什麼是知識呢？其實很簡單，其主要特徵在創新與創造的基礎，也就是說它不只是技術產品或服務的具體組成部分，它還包括產品與服務的抽象組成部分，並作為驅動技術創新與產品創新的重要來源。

在國際企業知識管理的概念裡面，其實更強調透過釐清、評估、規劃、取得、學習、整合、保護、創新等過程活動，將知識作最佳的管理，能有效增進知識資產價值的活動，且從個人到團體將智慧知識化，並結合組織內部與外部運作過程，再將知識產品化，這就是知識價值創造的過程。所以在知識管理的定義裡面，其實不論是有形或無形的知識都是知識的形態，但有些學者更是強調無形（隱含）知識的部分，例如學者

Spender、Teece、Barney、Nelson、Winter 皆認為知識的形態常是隱含性且不易去實體辨認，且通常存在於企業組織運作過程 (firm routines) 中，那麼這種知識資源就不是公共財 (public goods)，必須要支付成本才能取得，所以這種存在於組織運作過程中的隱含性知識，就是廠商一個有利的資源基礎。在國際企業的研究領域裡面，知識資源的研究是非常熱烈的被探討，原因是只用有形的資源優勢去解釋國際企業的橫跨疆界、承受極高不確定風險去從事國際經濟活動是極為不足的，所以無形知識基礎的探討，正好可以補足這個理由的缺口，所以我們可以瞭解其實知識資源的探討仍是導因於資源基礎理論的架構而來，由於這種無形知識會讓競爭對手無法去模仿、複製，是因為它複雜度高、特殊性、獨特性的特徵，因而會產生較耐久、較長期的優勢。

接下來我們可以從國際知名學者提出對知識的看法，來瞭解廠商的知識是如何透過串連組合，到創造市場商機的過程；國際知名學者 Kogut & Zander (1992) 認為廠商知識累積成長的過程是必須經由內部、外部學習的過程，這過程經過串連新的能力，到增加組織機會點，最後到創造市場商機，其提出的概念如圖 12.2 所示。

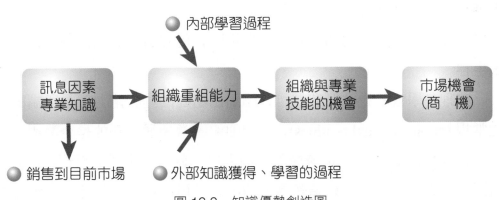

圖 12.2　知識優勢創造圖

資料來源：引用自 Kogut & Zander (1992)。

知識的形成及知識的創新，其實植基於組織機制及組織文化的過程。

1.組織機制

如果組織對知識管理的機制是：明確的目的、明確的定義與明確的用途，則包括公司所要推動的專案或行動，都有明確的知識定義，且能夠在組織內進行溝通與建立成員共識，那麼知識就可以很快的形成。

2.組織文化

如果組織的文化對於成員參與知識管理有關的活動是持正面支持的，且讓大家參與分享知識，激勵新的知識形成，且組織內部有極佳的流通管道，並獲得高層主管的支持，那麼便可以創造學習性的組織文化，這對知識累積的速度將是很快速的。

接下來要探討組織能力的問題，我們知道在今天高度動態的國際市場中，能量的累積與創造是因應變動環境的最佳方式，也確實是維持優勢的一個法寶；國際企業如何透過能量累積、創造、再生及複製更高的價值，往往就是國際企業在國際市場生存的一個關鍵點。因此就外顯概念及動態能力的觀點來看資源取得、資源創造、資源累積、資源發展、資源結合、資源再生、資源交換等問題，這時組織能力就是一個重要的核心問題，因為有好的組織能力方能創新所有的資源優勢，而組織的動態能力是所有組織能力中最常被強調的，因為動態能力的發展與維持才能讓國際企業面對動態的國際經營環境時，能立於不敗之經營地位，永續生存。

整理各學者的看法，我們可以歸納出組織的動態能力就是所謂的組織常規 (organizational routines)，所謂的組織常規通常指的是企業組織運作的過程 (process) 也就是廠商將資源取得、運用到發揮的過程，這過程特別強調整合、重組、創造新價值的能力，再將這種價值能力轉換成新的競爭優勢來源。因為國際企業面對的競爭情勢常是動態的，所以衝突、分裂、形成、消失這些情況就常發生，如果沒有常去更新新的競爭能力，當然會被市場所淘汰，所以企業組織動態能力的培養就非常的重要。

如何產生企業組織的動態能力呢？我們可以從兩方面加以思考，一

個方面是能力建構的方向，另一個方面是能力利用的方向。

1. 能力建構

　　能力建構的重點在於學習與整合，組織的學習包含內部與外部；內部學習泛指平常組織的運作、管理機制、個人知識之交流、團隊智慧的相互學習等；而外部的學習則泛指廣泛的知識流的影響，這包含很廣泛，例如產業知識、環境知識、專業知識、甚至其他廣泛的知識流都算。而整合則強調經由其他組織所引發而來之知識學習，予以創新融合到自己現有組織運作中的過程。因為國際企業的組織基本上是社會活動的一部分，組成也較為複雜，對廠商來說在海外市場要求生存與成長，那麼能力就很關鍵，且國際企業的組織要經常面對複雜的環境變異、市場變異、經常需做複雜的決策，所以組織的學習能力是建構國際企業優勢能力的一個重要指標。

2. 能力利用

　　意指廠商在使用能產生準租資源的能力程度，也就是廠商所具有且獨特於其他競爭對手難以模仿、複製的能力，而所產生的額外報酬。也就是說將組織現有的優勢資源，再結合其他組織所學習的創新知識，經由管理及技術創新、再生的過程，將新的能力運用到新領域或形成新的能力程度。能力的利用是很重要的，因為在殘酷且競爭激烈的國際市場中，如果沒有將自己企業或組織的能力作更新利用，自然是無法因應快速變動的國際經營環境。

　　國外學者 (Helfat & Peteraf, 2003) 提出動態的組織能力循環看法，認為組織的資源與能力也是有類似產品生命週期一樣的循環，他們認為組織的能力能透過組織的日常活動與日常運作去累積、去培養，基本上組織動態能力的過程是從發現階段、發展階段、到成熟階段，但這就像週期的發展一樣，仍有其高原期（成熟期、停滯期）的情況存在，請參考圖 12.3。

　　國外學者 (Helfat & Peteraf, 2003) 認為要維持組織的動態能力，其中

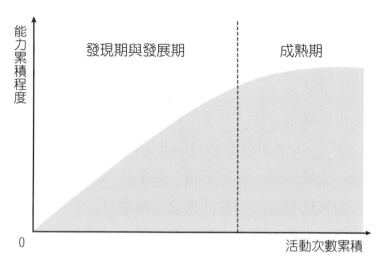

圖 12.3　企業組織動態能力發展過程圖

資料來源：引用 Helfat & Peteraf (2003)。

團隊 (team) 的因素最為重要，當然他認為的團隊不只是內部團隊而已，
也包含了外部團隊的部分，基本上是一個內、外部團隊交互作用的新團
隊。因為他認為團隊是組織運作的基礎，透過團隊的運作可調和組織認
知差異、累積知識資本、維持運作活力，方能維持源源不絕的新能力。
從動態能力發展的軌跡方向來看，作者提出六種軌跡方向：當組織能力
無法提升或在外部事件因素影響下，組織能力仍無法改善的話，則可將
此種能力予以放棄或消除，以避免影響優勢；如果在外部事件因素影響
下，組織仍能維持競爭力，那麼就可以將此種能力複製到其他的子公司
去；如果在外部事件因素影響下，組織又激發出新的能力，那麼就可以
考慮將此種能力予以再創新、再發展、再組合的方式，更新組織新的競
爭能力。動態能力發展的六種軌跡方向，請參考圖 12.4。

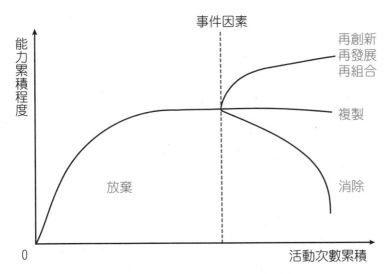

圖 12.4　企業組織動態能力發展軌跡方向圖

資料來源：引用 Helfat & Peteraf (2003)。

12.4　國際成長策略

　　所謂「成長策略」(Growth Strategy)，顧名思義可知是指企業重要的成長決策與成長類型，且能引導組織資源配置與活動的重要決策。各學者對成長策略有不同的分類，接下來探討成長策略的類型；若從市場與產品的概念來分類，則可將成長策略概分為兩種形態：⑴市場成長形態，⑵產品成長形態；而學者如 Boag & Dastmalchian (1988) 則將成長策略分為四種選擇：⑴產品發展，⑵市場發展，⑶市場滲透，⑷多角化；在後續有不少學者認為上述的四種構面還是不足以表達國際企業的成長策略，應更多角度的去探討國際企業之成長策略，因此乃將國際企業的策略再擴分為：擴充、購併、合併、多角化、市場滲透、產品發展等六類做探討，且在許多的實證研究中顯示，在動態的經營環境下，國際企業必須不斷的成長才能有生存空間。而 Devlin (1991) 從實務研究的結果，將成長策略分為三大範疇：成長方向、成長類型與成長模式，認為廠商的成長策略通常會落在由三軸所形成空間上任何一點的情況，請參照圖

12.5 的說明。

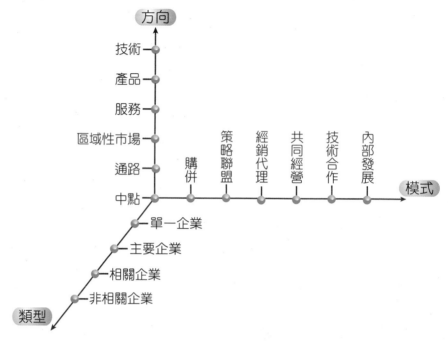

圖 12.5　企業成長策略方向圖

資料來源：引用 Devlin (1991)。

Devlin (1991) 從實際的研究中提出結果，認為就企業成長的模式來看，企業可以朝內部發展、技術合作、共同經營、經銷代理、策略聯盟、購併等模式來追求企業成長；我們從最近在中國大陸積極購併的臺商企業（如鴻海集團、華映、臺灣正隆紙業……）及外資企業（如通用汽車、西門子、百威啤酒……），可以看出購併策略似乎是許多國內外企業偏愛的成長模式。企業成長的方向可以從技術、產品、服務、區域市場、通路等方向去著墨；例如鴻海企業的購併方向大多是技術互補導向的購併。至於成長的類型可由單一企業、主要企業、相關企業、非相關企業等，來做區分與歸類。

　　企業跨國經營其實也是成長策略中的一種表現，如果企業沒有成長，也就不會有擴充經營規模甚至跨越國家疆界到本國以外的市場或國家從事經營活動，所以說在成長策略的研究，國際企業一直是有分量的議題；

接下來我們再從產業吸引力及競爭地位關係來討論國際企業之成長策略。從過去的研究中（例如：Wheelen and Hunger）認為產業吸引力與產業中競爭地位的強弱，可以決定一個企業應該採取的成長策略為何。由上述的兩大構面，可用來判定企業所應採取的各種不同策略；經由矩陣分析可得出四種情境，這四種情境可提供企業成長（擴張）策略的參考方向。

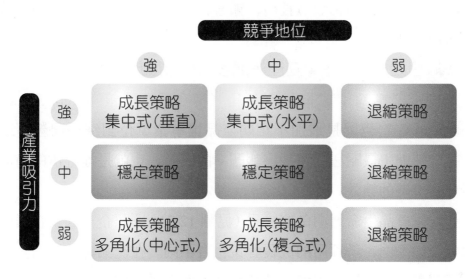

圖 12.6　產業吸引力與競爭地位分析圖

資料來源：引用 T. D. Wheelen and J. D. Hunger, "Corporate Strategy of a Company Operating in One Industry".

1.產業吸引力強，且企業在產業競爭的地位很強

那麼企業應該採取成長且集中式（垂直）的策略 (vertical concentration)，因為企業的競爭地位強，為了強化在本業的經營優勢，通常可透過國際市場整合原料獲得產品配銷間的價值鏈，以鞏固在該產業的垂直經營利益；這種國際整合形態通常可分為向前整合與向後整合兩類。

2.產業吸引力強，且企業在產業競爭的地位屬於中等

那麼企業應採取成長但集中式（水平）的策略 (horizontal concentration)，因為企業的國際競爭地位平平，但又企圖想在有吸引力的

產業增加優勢，因此為了擴大營業範圍，便將所有或大多數的資源集中投入於單一種產業，主要的目的是擴展商機到目前市場或其他區隔市場，或是進入一個嶄新的地理區域。

3.產業吸引力弱，且企業在產業競爭的地位很強

那麼企業應採取成長且多角化（中心式）的策略 (concentric diversification)；也就是透過增加相關產品或事業單位到總公司的營運項目中，而「相關」乃指類似技術、顧客、消費特性、配銷管理技能或產品的類似屬性。

4.產業吸引力弱，且企業在產業競爭的地位屬於中等

那麼企業應採取成長且多角化（複合式）的策略 (conglomerate diversification)；也就是增加不相關產品或事業單位到總公司營運項目中，在此策略下最關心的是投資報酬率的問題，也就是從經濟的角度去衡量成長策略的績效。

如果就產品生命週期角度來看（見圖 12.7），國際企業因為企業商品壽命特徵的不同，所採用的成長對策也會不同。在產品導入期間，所採用的成長對策通常以市場擴大策略較佳；而在產品成長期，以採取市場滲透策略較佳；在產品成熟期，以採取較保守的市場維持策略較佳，此一階段也是最常有國際企業的產生，特別是當母國的市場已經趨於成熟度極高的情況下，由於經營也沒有大幅獲利出現，因此許多企業常會思考海外市場的機會，所以跨越疆界的國際經營活動就會變得大幅增加，也造就了許許多多的國際企業；而在產品衰退期，採取經營規模合理化的策略即可。

Ansoff (1965) 整理產品與市場的構面，提出成長向量 (Growth Vector) 的觀念，強調企業成長方向的決定本身就是一連串的動態性過程，可從產品／市場矩陣中找出四個企業成長向量，請參照圖 12.8 所示。

1.市場滲透策略 (Market Penetration)

即在現有市場上積極推展行銷活動，尤其在一個高度成長的市場中，

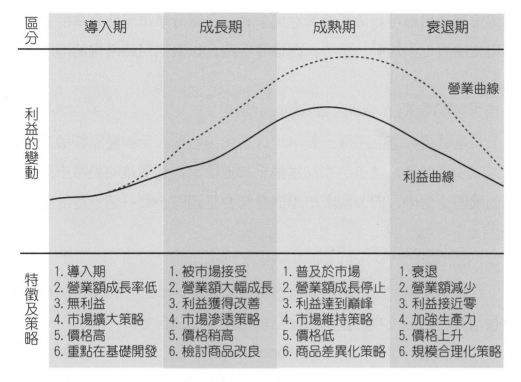

圖 12.7 產品生命週期與其市場策略圖

資料來源：郭秋德編譯 (1996)，《部門計劃的制定與實施》。

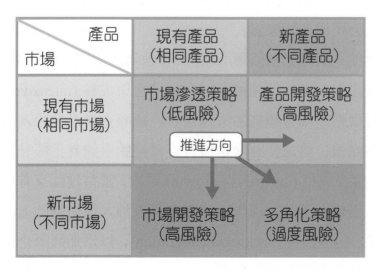

圖 12.8 產品／市場矩陣圖

資料來源：引用 H. I. Ansoff (1965), *Corporate Strategy.*

市場滲透的目標可粉碎那些潛在競爭者，企圖分享市場佔有率的美夢。
常用策略有促銷活動、廣告、降價等手段，以吸引目標市場的潛在顧客
為主。

2. 市場開發策略 (Market Development)

乃是將現有產品拓展到新市場以增加銷售量。例如發展新的產品特
色以吸引消費者，或者將產品推銷至其他國家，這個策略經常出現在跨
國的國際企業中，因為國際市場開發常會是國際企業一個重要的經營願
景。

3. 產品開發策略 (Product Development)

在現有市場上藉著發展新產品或改良產品，來增加銷售量。可行策
略包括現有產品改良、推出新產品或增加產品項目等。

4. 多角化策略 (Diversity Development)

國際企業基於長期的經營優勢，在優勢拓展的考量下，很可能將自
己的經營領域朝向不同產業及產品發展，與其他產業以購併或聯盟方式
經營新的產品或市場，這種形態的多角化策略對國際企業來說，有時常
基於利潤及公司價值的考慮。

如果再就企業經營擴張層次來分析，通常可由三個層次來加以推展：
第一層次是現有市場的行銷機會，也就是密集成長 (intensive growth) 的
層次，如果當地市場有極高的市場機會，國際企業常會投入更大量資源
去獲取市場商機。第二個層次是現有行業產銷系統其他部分整合的行銷
機會，稱為整合成長 (integrative growth) 層次，當當地國家有極高的產業
價值鏈整合價值出現時，國際企業常會深入涉入價值鏈的上、下游整合
策略；例如：向後整合 (backward integration)，以增加國際企業對配銷系
統的控制權或所有權；向前整合 (forward integration) 以增加國際企業其
對供應系統的控制權或所有權；水平整合 (horizontal integration) 強化國
際企業在同業間的控制權或所有權。經由整合的過程強化國際企業經營
實力，進而建立優勢。第三個層次是現有行業外的行銷機會，也就是多

角化成長 (diversification growth) 層次，如果國際企業的成長策略也愈來愈成熟，則也是有可能會朝向不同領域的多角化成長的模式操作。所以說有關國際企業成長策略的探討，其實是有許多的角度可以深入研究，可以從內部資源的角度、外部環境機會、產業結構、市場利基等等去分析，去發展出許多的成長策略。

統一企業海外垂直成長策略

　　統一企業（泰國）公司成立於 1994 年，註冊資金為 625 萬美元，規劃有飲料部及食品部等投資項目，公司總廠位於距離曼谷 70 公里的佛統府，年營業額超過 20 億泰銖。統一企業海外投資，東南亞成為近二年來積極布局區域，為了在創新與速度上保持領先，雖然泰國統一飲料廠面臨整體市場下滑，加上競爭者遽增，短短數月內新增 15 個新品牌，但統一在秉持深耕品牌，以品質取勝為主要策略引領下，仍斥資 12 餘億泰銖增設無菌冷充填設備，統一企業預估，在新生產線加入後，年獲利可成長近一倍。

　　楊文隆表示，泰國統一於 2005 年 7 月新增設的 SIDEL 無菌冷充填生產線，為目前東南亞地區最先進的無菌充填生產線，核心設備由法國 SIDEL 公司設計製造，設備體積小、結構簡單、佔地面積小，可有效節約廠房面積，可以滿足果汁類、茶類、奶類及咖啡等各種高低酸產品的生產，充填速度為每分鐘 600 瓶，最長連續不間斷生產時間可達 72 小時，生產效率高達 95% 以上，每年產量約 900 萬箱。在產出效能上遠高於傳統熱充填設備，希望為市場差異化增添競爭優勢，未來也可望與泰國 7-Eleven 策略聯盟開發專屬商品，並準備切入冷藏市場。

　　為提升生產效能，統一在東南亞布局改以策略聯盟模式往上游整合，與臺灣瓶蓋大廠宏全及中國第一大吹瓶製造廠中富合作架設一貫化生產。雖然泰國統一在過去十一年的努力下，已成為當地飲料領導品牌之一，為少數外資企業在當地品牌經營成功案例，不過鑑於新興市場開發初期高利潤時代結束，隨即展開淘汰賽，

（圖片由統一企業集團提供）

不得不以創新及速度取勝，不斷領先市場推出
綠茶產品、PET 包裝產品及即將量產的無菌充
填產品等，企圖在最短時間內奪下第一大品牌
寶座。

（圖片由統一企業集團提供）

泰國統一在當地以 Unif 品牌推出多項飲
料產品，旗下各品項均位居前三大品牌，其中
蔬果汁市佔率達 60% 以上，穩居第一品牌；所
有果汁類市佔率約為 24～25%，與第一品牌
TIPCO 的 25～26% 已在伯仲之間。另外新推
出的茶飲料去年已達 22.5% 的市佔率，並逐步
向上攀升中，僅次於當地品牌 OISHI，目前暫居第二品牌；運動飲料則位居
第三大品牌。

泰國統一董事總經理楊德仁指出，泰國總人口約達 6,300 萬人，每人平
均所得約在 2,000 美元左右，其中 20% 的人口人均所得在 8,000 美元以上，
5% 左右屬金字塔頂端消費群，看好東協日漸茁壯的經濟體及影響力，規劃東
南亞區域連結中國大陸兩岸三地，成立生產、銷售及貿易綜合營運平臺，泰
國成為近二年來投資重點區域，未來仍將持續加碼投資。

泰國統一在 1994 年進入泰國市場後，推出自有品牌飲料 "Uinf" 的罐裝
果汁、蔬果汁、咖啡等，自 2003 年起進入獲利階段，2005 年公司自結營收
約 23 億泰銖，獲利約在 3,000 餘萬泰銖，在新增無菌冷充填生產線，加上新
產品陸續開發上市，預估全年總產能將可達 1,937 萬箱，營收目標訂定 24 億
泰銖，獲利可望倍增至 7,200 萬泰銖。

資料來源：節錄自韓婷婷 (2007/01/12)，〈統一強化東南亞布局，加碼投資泰國〉，中央通訊社。

【進階思考】

1. 請思考泰國統一的成長策略方向為何，其理由何在？
2. 請思考泰國統一的成長模式是透過策略聯盟方式，並評論它的理由為何及此成
   長模式有何優勢？
3. 請試著以產品／市場矩陣圖為工具，分析泰國統一的成長是否正當？

>> 參考資料

◆外文參考資料

1. Ansoff, H. Igor (1965), *Corporate Strategy*, New York: McGraw-Hill Book Company.

2. Barney, Jay (1991), "Firm Resources and Sustained Competitive Advantage," *Journal of Management*, pp. 99–120.

3. Barney, Jay B. (1992), "Integrating Organizational Behavior and Strategy Formulation Research: A Resource Based Analysis," in P. Shrivastava, A. Huff and J. Dutton (ed.), *Advances in Strategic Management*, 8 (JAI Press, Greenwich, CT.), pp. 39–62.

4. Boag, D. A. and Dastmalchian, A. 1. (1988), "Growth Strategies and Performance in Electronics Companies," *Industrial Marketing Management*, 17 (4), pp. 329–336.

5. Casson, M. C. (1979), *Alternatives to the Multinational Enterprise*, London: Macmillan.

6. Devlin, G. (1911), "Diversification: A Redundant Strategic Option," *European Managent Journal*, 9 (1), pp. 76–81.

7. Dunning, John H. (1981), *International Production and the Multinational Enterprise*, London: Geroge Allen & Unwin, pp. 72–108.

8. Dunning, John H. (1988), "The Eclectic Paradigm of International Production: A Restatement and Some Possible Extensions," *Journal of International Business Studies*, 19, pp. 1–31.

9. Dunning, John H. (1995), "Reappraising the Eclectic Paradigm in an Age of Alliance Capitalism," *Journal of International Business Studies*, 26, pp. 461–491.

10. Grant, R. M. (1991), "The Resource-based Theory of Competitive Advantage: Implications for Strategy Formulation," *California Management Review*, 33 (3), pp. 114–135.

11. Hall, R. (1992), "The Strategy Analysis of Intangible Resources," *Strategic Management Journal*, 13 (2), pp. 135–144.

12. Helfat, Constance E. and Peteraf, Margaret A. (2003), "The Dynamic Resource-based View: Capability Lifecycles," *Strategy Management Journal*, pp. 997–1010.

13. Kogut Bruce and Zander Udo (1992), "Knowledge of The Firm, Combinative Capabilities, and the Replication of Technology," *Organization Science*, 3 (3), pp. 383–397.

14. Learned, E. P., Christensen, C. R., Andrews, K. E. and Guth, W. D. (1965), *Business Policy: Text and Cases*, Irwin, Homewood, IL.

15. Link, A. L. and Bauer, L. L. (1989), *Cooperative Research in U.S. Manufacturing: Assessing Policy Initiatives and Corporate Strategies*, Lexington, Mass.: Lesington Books.

16. Nelson, R. and S. Winter (1982), *An Evolutionary Theory of Economic Change*, Belknap Press: Cambridge, MA.

17. Oded, Shenkar and Yadong, Luo (2004), *International Business*, John Wiley & Sons, Inc.

18. Penrose, E. (1959), *The Theory of the Growth of the Firm*, Wiley: New York.

19. Porter, M. E. (1980), *Competitive Strategy*, New York: Free Press.

20. Porter, M. E. (1985), *Competitive Advantage*, New York: Free Press.

21. Porter, M. E. (1990), "The Competitive Advantage of Nations," *Harvard Business Review*, March–April, pp. 73–93.

22. Porter, M. E. (1991), "Towards A Dynamic Theory of Strategy," *Strategic Management Journal*, 12, pp. 95–117.

23. Rumelt, R. P. (1984), "Towards a Strategic Theory of the Firm," in R. B. Lamb (ed.), *Competitive Strategic Management*, Prentice-Hall, Englewood Cliffs, NJ, pp. 556–570.

24. Teece, D. J. (1984), "Economic Analysis and Strategic Management," *California Management Review*, 26 (3), pp. 87–110.

25. Teece, D., G. Pisano, et al. (1997), "Dynamic Capabilities and Strategic Management," *Strategic Management Journal*, 18 (7), pp. 509–533.

26. Wernerfelt, B. (1984), "A Resource-based View of the Firm," *Strategic Management Journal*, 5 (2), pp. 171–180.

27. Williamson, O. E. (1975), *Markets and Hierarchies*, Free Press: New York.

28. Williamson, O. E. (1985), *The Economic Institutions of Capitalism*, Free Press: New York.

29. Yu C. M. J. and Tang M. J. (1992), "International Joint Ventures: Theoretical Considerations," *Managerial and Decision Economics*, 13, pp. 331–342.

◆中文參考資料

1. 大紀元時報，http://www.epochtimes.com.tw。

2. 中國併購交易網站 (2006/07/04)，〈西門子 400 億收購拜耳部份業務〉，http://www.mergers-china.com/news/detail.asp?id=17634。

3. 中國併購交易網站 (2007/01/26)，〈西門子 35 億收購 UGS 籌劃 VDO 部門上市〉，
   http://www.mergers−china.com/news/detail.asp?id=18937。

4. 中國併購交易網站 (2007/04/27)，〈西門子併購 UGS 擴大製造版圖〉，
   http://www.mergers−china.com/news/detail.asp?id=19590。

5. 中國併購快訊站 (2006/05/30)，中國併購快訊，第 15 期，http://www.ma−china.com/
   chinese/bgkx/kx/015/kuaixun01.htm。

6. 中國購併交易網站，http://www.mergers-china.com。

7. 司徒達賢 (1995)，《策略管理》，遠流出版社。

8. 李泊諺 (1999)，《臺商大陸投資成長策略與事業部組織規劃之研究》，未出版學術論文
   國立成功大學企業管理研究所論文。

9. 許士軍 (1995)，《掌握競爭優勢的策略思考》，天下文化出版社。

10. 郭秋德譯 (1996)，《部門計劃的制定與實施》，清華管理科學圖書中心。

11. 雅虎網站，http://cn.tech.yahoo.com。

第4篇

國際營運管理

Chapter 13

全球製造及物流管理

白色家電賓士 Miele　零庫存競爭力

◆ 白色家電賓士

Miele 是一家德國家電廠商，在 2007 年獲得最高品質形象獎殊榮，Miele 家電沒有炫麗的外表，家電幾乎都以白色為基礎，家電品質更是其他家電競爭對手所無法比擬，因此獲得「白色家電賓士」的封號，連世界名人微軟總裁比爾‧蓋茲、以及英國著名足球明星金童貝克漢夫婦、臺灣宏碁創辦人施振榮、高鐵董事長殷琪，都是 Miele 家電的喜好者。頂級家電幾乎是 Miele 家電的代名詞，其高品質形象伴隨的高貴價格，讓其他家家電廠商望其項背，如在臺灣 Miele 最便宜的一臺洗碗機就要價 63,000 元，是其他高檔國外廠商價格的二到三倍。雖然定價非常高昂，但是 Miele 家電的保固卻只有一年，可見 Miele 對於自家產品非常有信心，也可見其品質堅若盤石，非一般家電廠商可以比擬。

◆ 目標市場：金字塔頂端

如上所述，Miele 家電定價都非常的高，非一般消費者可以承受的起。Miele 家電亞洲區董事總經理指出：Miele 家電主要市場目標就是金字塔頂端的消費者，不是一般消費大眾。因此他們的行銷策略與一般家電廠商是非常不同的。Miele 家電強調品質，堅持在德國生產，對於要出廠的家電一定會再三測試，因此也獲得了「一流家電用品」的代稱。對於技術上的創新，Miele 家電也是引領全球家電市場的先鋒者，多項創新技術都是自行研發並且有多項專利權。除此之外，Miele 對於同一種家電也不大量生產，並且堅持不降價或促銷，這樣獨特的行銷策略也為 Miele 創造出自己特有的利基市場。

◆ 零庫存競爭力

在全球化的經濟發展中，很多廠商都將生產工廠設立在成本低廉國家並且就近銷售。但是 Miele 重視品質，堅持全部原廠製造，如此一來 Miele 勢必建立一套好的物流系統才可以將家電販賣到世界各地。因此 Miele 斥資 6,200 萬歐

（圖片由 Miele 臺灣總代理嘉儀企業同意授權）

元在德國建構一間無人物流中心。此物流中心全數自動化，由自動倉儲系統控制貨品的進入出廠，每項產品在物流中心的停留時間不超過兩天；Miele 家電亞洲區董事總經理指出：他們幾乎是零庫存！也就是「零庫存」為 Miele 省下倉儲成本，抵銷運送到世界各地的運輸成本，同時又保有一貫所堅持的品質，難怪 Miele 家電可以在全球世界各地創造驚人的市值。無人物流中心與自動倉儲的確為 Miele 省下很多的成本，也創造了幾乎零庫存的境界，這是一般廠商所無法達到的。「零庫存的境界」是很多廠商夢寐以求的目標，但是 Miele 家電做到了，做到別家廠商所不能為的事情，同時又能繼續保持一百多年來高品質形象，造就了它的競爭優勢與屹立不搖的地位。

◎關鍵思考

　　面對全球化的市場與競爭，企業想要有競爭優勢，首先就是降低生產成本。降低生產成本有許多的方式，其中物流的管理是相當重要的一環。零庫存是很多企業極力想要達到的目標，因為它可以為企業節省很多成本支出，如倉儲時間成本、人事成本等等，然而這必須有良好的物流管理才可以達到。如案例所提到，Miele 就是擁有良好的物流管理系統，節省很多成本支出且可以快速在全球分銷，幾乎達到零庫存的境界，因此造就了它的競爭優勢與屹立不搖的地位。

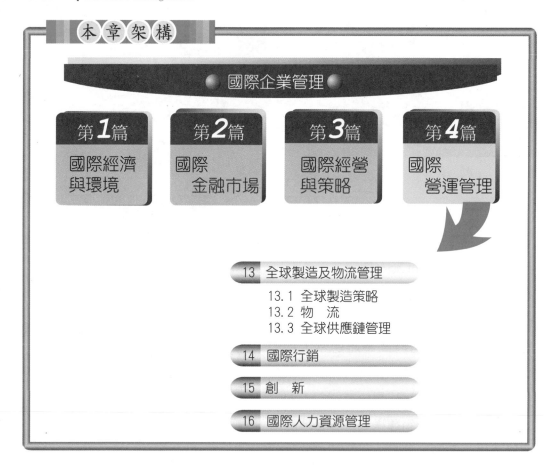

本 章 架 構

國際企業管理

第1篇	第2篇	第3篇	第4篇
國際經濟與環境	國際金融市場	國際經營與策略	國際營運管理

13 全球製造及物流管理
　　13.1 全球製造策略
　　13.2 物　流
　　13.3 全球供應鏈管理

14 國際行銷

15 創　新

16 國際人力資源管理

▶ 本章學習目標

1. 何謂全球製造策略？為何要全球製造？

2. 瞭解全面品質 (TQM) 以及六個標準差 (Six sigma) 之定義及運用。

3. 生產區位選擇方式。

4. 何謂物流？物流的功用為何？

5. 全球供應鏈管理定義及運用。

前 幾章介紹完國際企業經營與策略，此章節將進入國際企業營運相關活動內
容介紹，首先我們將介紹全球製造及物流。本章節涵蓋範圍非常廣闊，從
全球製造策略一直到全球供應鏈管理。本章以全球化角度來闡述管理物流運籌對
於企業的重要性，並且說明管理存貨方法的使用適當與否會影響一家國際企業的
績效表現，最後提到全球供應鏈管理，說明供應鏈上的每家廠商都是環環相扣，
只要其中一個環節出現問題，那麼整條供應鏈可能會隨之垮臺，以及說明供應鏈
在全球運籌中所扮演的重要角色。

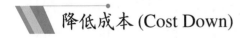
13.1　全球製造策略

　　想像我們自己是一家國際型企業，當我們要生產產品時，我們應該
如何去選擇我們的製造區位，在本國生產？還是在其他國家？抑或外包
給其他家廠商代工 (out-sourcing)？如何生產才可以達到成本最小化又可
以快速服務顧客，這是這一節所要探討的重點。一家國際企業在製造策
略上應該與公司其他策略，如：行銷策略、產品策略、服務策略、人力
資源策略等等要互相結合、相輔相成，以達到最好的全球布局。

13.1.1　影響全球製造策略的三個重要因素

　　全球製造策略 (global manufacturing strategies) 有很多相當重要的目
標，而底下我們挑選三個在企業中最常被討論及重視的因素來加以闡述：

降低成本 (Cost Down)

　　如我們所知一家公司是否具有成本優勢，有時候會左右這家公司在
產業中的地位，因此許多國際企業紛紛都往製造成本低的地方移動，如
中國大陸、東南亞地區以及中南美洲。在中國大陸、東南亞以及中南美
洲這些地區，人力低廉、土地便宜、原物料取得上都具有成本優勢，國
際企業在這些地方設廠不僅可以節省成本而且可以擴大建廠以達到規模

經濟，使生產效益提高。像現在臺灣很多需要勞力密集的產業，如紡織業，都紛紛移到中國大陸或越南等地生產，為的就是要節省人力成本，以便製造出來的產品具有價格競爭力。由此可見，「成本」在全球製造策略上是一項相當重要的因素，不僅可以提升企業獲利率，還可以增加企業的競爭力。

提升產出品質 (Increasing Product Quality)

企業在全球製造策略上，除了要降低成本之外，另外一個重要的因素就是產出「品質」的提升。「品質」在各個產業都是眾所矚目的焦點，增加產出品質意味著產品重做率下降，也就是良率提高，企業不用花費多餘的時間及金錢再重新製造，這樣一方面可以節省企業生產成本，另一方面可以使生產效率提高。講到生產管理主要有兩個管理技術：(1)全面品質管理 (TQM)，(2)六個標準差 (Six sigma)，這兩個管理技術是目前在企業中最被推崇的品質活動，以下我們將一一介紹。

1.全面品質管理 (TQM)

全面品質管理主要是以品質為中心，以顧客為導向的管理方法，公司由上而下所有成員、所有部門都要持續的追求品質的改善，不管是產品品質、研發品質、人員品質以及工作環境品質等等都要不斷的追求進步，因此全面品質管理涵蓋的範圍相當廣泛，涵蓋了所有營運的流程及全體公司人員。TQM 核心價值在於追求「全面品質」，若公司能做好全面品質管理，如上一段所述生產良率將會提高，員工工作效率將會提升，因而有助於企業成本的降低，進而提高客戶滿意度，並且藉由客戶的滿意度來達到公司長期成功的目標。TQM 最早是由日本發展起來的，早期日本所生產的產品品質並沒有很好，於是邀請幾位在管理界有名的大師一起來商討有關品管對策，最後日本成功的實行品質管理，使日本的產品品質不斷的向上提升，並且成為其他國家的勁敵，造成很多歐美企業的衝擊。因為實行 TQM 而成功的例子很多，在此我們提供兩個比較有名的例子來作為參考。

豐田汽車

豐田汽車的生產制度寫下了全球產業歷史，很多企業都採行豐田的製造方法與上下游供應鏈管理的方式。在製造上面，豐田認為在製程上應該要：

(1)先建立一個完善與革命性的流程，以加速流程的進展。

(2)絕對不浪費任何的資源。在作業的期間，移除不能創造價值的一切動作，以免造成資源的浪費並且可以節省製程時間。

(3)提倡學習型組織。豐田把「錯誤」當做是一種學習的機會，發現錯誤立即改正並且與組織中各層級成員互相討論和分享，以免發生重複的錯誤動作而造成不必要的損失。

在上下游供應鏈方面，豐田認為汽車品質的穩定度比其他方面還要重要，因此他們在挑選合作廠商時比較注重廠商所提供的產品品質而不是價格的高低，因此豐田不會因為價格的高低而任意更換上下游廠商，甚至為了要維持穩定的夥

伴關係，他們還會不定時的派人去輔導他們的協力廠商，使協力廠更加專業。豐田透過這樣的一個過程，不僅可以加強與協力廠之間的關係，並且也使得他們所生產的汽車品質都有一定的水準。

由上面的敘述不難看出，豐田無論在製造程序或上下游供應鏈上都遵循著「全面品質管理」的管理意涵，完全以品質為中心，並且提倡公司每個工作人員都要透過錯誤不斷的學習、不斷的追求進步，甚至連上下游的協力廠商都要加入他們的行列之中，這也難怪豐田汽車的市值會超過通用、福特以及克萊斯勒三大車廠的市值總和，成為全球第二大車廠。

臺灣飛利浦公司

臺灣飛利浦公司從建廠以來一直著力於 TQM，並且在 1991 年獲得戴明獎，1997 年獲得日本品質獎，其在全面品質上的努力深獲大家的肯定。其中成功的關鍵因素在於：

(1)公司從最上層的高階管理人到最下層的員工徹底落實 TQM 的概念，品質是全體員工所堅持的目標，一旦發現品質不符合預期，公司從上到下徹底檢討，展開落實改善活動。

(圖片由臺灣飛利浦品質文教基金會提供)

(2)公司對員工推行標竿學習與定期的教育訓練。這個活動基本上都是由各部門自行舉辦，視各部門目前的需求與工作進度來安排課程內容，以加強員工對於 TQM 步驟及內容的瞭解。

(3)公司獎勵制度與員工個人的榮譽。臺灣飛利浦公司為了達到雙贏的結果，設立一套員工獎勵制度，公司鼓勵員工積極參與 TQM 的活動，若有優秀表現可以獲得公司優渥的獎金及晉升的機會，因此員工無不積極參與此項活動，不但員工獲得個人榮譽，同時公司在世界名譽上也是大放異彩。

(4)經驗傳承及專責輔導措施。臺灣飛利浦公司在執行完每一項任務都會保留紀錄，並且會參考上次紀錄及檢討結果來作為此次活動的標準，因此經過不斷的改善、檢討，使得 TQM 活動的成效愈來愈好。除此之外就是有專責輔導措施，臺灣飛利浦有一個品管部門，這個部門專門輔導各個部門有關 TQM 的事務，可以提供客觀建議及意見，讓整個公司 TQM 成效達到最佳的狀態。

由以上敘述我們可以瞭解到為何臺灣飛利浦公司在 TQM 管理上會如此有名，他們無論在推行上或執行上都不遺餘力，全體員工對於品質的目標堅定不移，以造就了他們今天的地位。

2.六個標準差 (Six sigma)

Six Sigma 是一種追求「最小變異」的經營管理思維，它是利用統計學的概念來衡量流程中的瑕疵。如果公司製程達到六個標準差，即表示生產流程中只會有百萬分之三點四的不良率 (Defects per Million Opportunities, DPMO)，也就是說已經接近完美狀況。其實六個標準差不只可以應用在生產製程上，從公司管理方式到產品研發、品質提升、到售後服務滿意度的提升都可以運用六個標準差。

六個標準差開始是在八〇年代由摩托羅拉所提出的一套管理方法，但是奇異公司在 1995 年決定推行該項活動，結果使得公司成本大幅降低、獲利提高，因而使六個標準差成為眾所矚目的焦點。六個標準差主要內容是在說明❶：在企業內部的每個人都要訂定績效目標，如品質上的要求、增強顧客價值或加快改進比例等等；在執行面上則完全以組織的流程為重，也是最關鍵的創新之舉。其中執行六個標準差最為關鍵的五個步驟 (DAMIC) 為：

⑴界定問題所在 (Define)。

⑵分析問題的癥結 (Analyze)。

⑶衡量目前公司的處境 (Measure)。

⑷改善情勢 (Improve)。

⑸控制新的流程並保持成果 (Control)。

六個標準差這些執行步驟是要確定公司主要問題來源，並且強調什麼是公司應該要知道的，同時應該要採行怎樣的策略才能使公司減少錯誤的發生，以及重新整合公司所浪費的時間成本及金錢。其實因為執行六個標準差而成功的例子很多，在此我們提供一個比較有名的例子來作為參考。

---

❶ 彼得‧潘迪，羅伯‧紐曼，羅蘭‧卡法那夫 (2001)，《六標準差——奇異、摩托羅拉等頂尖企業的高績效策略》，美商麥格羅‧希爾。

奇異公司 (GE)

　　大多數人覺得大型企業集團不但行動笨拙，而且缺乏效率，但是回頭看已經有 123 年歷史的奇異電器在威爾許 (Jack Welch) 經營下，就是一個例外的個案。奇異董事長威爾許自從在 1981 年接下掌管奇異以來，把這家年營收只有 270 多億美元以生產製造為主的工業集團，轉變成為一家年營收 1,300 多億美元的多元化集團。其中成功的原因就是執行六個標準差 (Six sigma)。從推行之後，其獲利驚人，多年來奇異的經營獲利都在 10% 左右，但現在屢創新高，目前數字維持在 15%，在奇異高階主管眼中，屢創新高的獲利於是成了六個標準差帶來財務回饋的最好證明。

　　那麼奇異如何推行六個標準差呢？在奇異融資公司從事有關金融法律的人員發現合約檢視的流程過於冗長，常常造成時間及金錢上的浪費，因此此部門就決定加快流程速度、精簡步驟，此方法不僅為公司每年至少省下百萬美元並且也快速回應顧客 (交易者)。奇異醫療系統部門同樣的也是運用六個標準差為此部門創造偉大的成就。舊的醫療技術若要完成全身掃描需要三分多鐘的時間，但是奇異醫療部門運用六個標準差的設計步驟改善了原本的流程、縮短了掃描的時間，現在只要三十秒左右就可以完成人體掃描，這樣不僅為病人帶來福音並且也提高了器材使用率、單位成本降低等好處。

彈性 (Flexibility)

　　全球製造具有另外一個優勢就是「彈性」。在全球各地布局，公司可以隨著環境變化而做出最佳、最快回應。今天倘若有某一原料來源國發生重大事故或政治因素而使原物料無法送達，公司可以馬上轉向其他國家請求支援，將傷害減至最低。或當某國由於匯率不穩定，原物料價格飆漲而造成成本大幅提升，此時我們也可以轉向其他國家購買原物料，以降低損失及提升競爭力。其實全球布局還有一項重要的優勢——子公司之間原物料可以互相支援。當公司發現 A 公司原物料過多有囤積現象，B 公司則是原物料不足，有斷貨的可能，那麼母公司就可以將 A 公

司過多的原物料移轉到 B 公司。如此一來一方面解決 A 公司存貨問題，一方面也宣告 B 公司解除缺貨危機。由此可以看出「彈性」在全球製造策略上是一個重要的議題，公司可以運用全球布局來減少不必要損失及避險，經由各地子公司的協調、支援而做出最好的決策及經營模式。

13.1.2 生產區位形式的選擇

生產區位的選擇模式有兩種基本形式：⑴集中式 (concentrating)，⑵分散式 (decentralizing)。所謂的集中式生產模式是指選擇一個最佳生產區位，以此區位為中心然後服務全世界。分散式生產模式是指在各地都有生產或服務據點，以最接近當地的方式來服務顧客。對於這兩種形式的生產區位的選擇模式，廠商應該如何選擇呢？以下我們將簡介當廠商遇到何種情境時應該使用集中式生產模式，而遇到何種情境時較適合使用分散式生產模式。

1.集中式生產模式

由於集中式生產模式是選擇一個最佳生產區位，然後以此區位為中心服務全世界，這種形式類似把全部的雞蛋放在同一籃子中，因此風險比起分散式生產模式還要大。所以當以下情況發生時我們較適合使用集中式生產模式：

⑴經濟環境、政治環境、社會環境的不同會對製造成本有重大影響的時候。

⑵匯率相較於其他地區穩定時（較不會有外匯暴露風險及損失）。

⑶生產固定成本較高，機器設備不易移動時。

⑷當產品是屬於全球化、標準化產品時（如：可口可樂）。

⑸當貿易障礙很低時。

2.分散式生產模式

相反的，當以下情況發生時我們較適合使用分散式生產模式：

⑴經濟環境、政治環境、社會環境不會對製造成本有重大影響的時候。

⑵匯率有較大的波動時（會有大量的外匯暴露風險及損失）。

⑶生產固定成本較低，機器設備易移動時。

⑷當產品是屬於當地化、客製化產品時。

⑸當貿易障礙很高時。

　　然而在實務上，一家廠商究竟要選擇何種生產區位形式是很難去做判定的。因為有時政治環境、經濟環境、社會環境以及產品因素是指向集中式生產模式；而匯率有相當大的波動，貿易障礙也很高，也就是說指向分散式生產模式。這時公司就必須評估整個狀況，必須要有所取捨進而找出最佳的生產區位模式。

13.2　物　流

　　上面介紹「全球製造」，接下來則是與「全球製造」息息相關的「物流」。國際企業在全球布局除了選擇低成本的區位之外，「物流」也是一個相當重要的議題。看看世界知名大廠豐田汽車從世界各地獲取汽車零組件，然後在全球各地組裝並且進行銷售。從零組件的運送到組裝，再到銷售，這一連串的過程都需要強大的「物流」來支援，沒有好的物流系統，再好的產品都不可能送達到顧客的手中。一個好的物流系統可以替公司省下 10%～25% 的成本，這對一家公司成本優勢而言相當可觀。

13.2.1　物流的定義與影響因素

　　那麼「物流」(logistics) 的定義為何呢？根據美國物流管理協會 (the Council of Logistics Management) 定義是「物流包含原物料、商品、服務在生產過程中之正向流通 (inflow) 以及逆向流通 (outflow) 與存貨，並且透過規劃、執行與管理，使貨物到達最終顧客手中」。而以下將討論在「物流」下的三個主要的議題：運輸 (transportation)、包裝 (package)、儲存 (storage)。

1.運　輸

在物流中，運輸提供了實體移動的功能。一個地區如果沒有運輸的活動，那麼它就必須要自給自足；若有運輸活動，那麼我們就可以找一個最適的生產地點，並且可以與其他地方交換所需的物品，也就是國際貿易發生的根源。

運輸的形式有很多種，如海運、空運、鐵路運輸、公路運輸，那如何選擇最適的運輸方式？其實在運輸過程中我們必須考量到時間、成本與一些非經濟因素。如果貨物易腐、具有時效性，那麼時間上的考量相對是比較重要的，因此我們就應該選擇空運而不是海運。假如有一家公司認為成本是唯一要素，他們就會選擇最低價的運輸方式，如海運。另外就是非經濟因素，有些國家規定貨物必須採取怎樣的卸貨形式、運輸方式，或有些國家是內陸國家，所以根本無法使用海運，只能用其他方式來替代，種種因素我們都必須納入仔細考慮，以選出最佳的運輸方式。

2.包　裝

包裝有一個重要的功能——保護貨物不受損壞。在海運運送過程中，天氣惡劣，險象環生，沒有包裝妥善的貨物將會散落一地，造成公司莫大損失，尤其易碎物品，如電腦液晶螢幕、陶瓷、玻璃等物件應該要妥善包裝以避免破碎。包裝另一個優點則是裝貨、卸貨方便，一個好的包裝可以利於人工搬運，以節省人力成本，除此之外也可以節省裝貨空間，省下不少裝貨費用及減少運送次數。

➡ DHL

託運貨品的種類千奇百怪，以 DHL2006 年的經驗曾受託小則 1 mm × 1 mm 晶片電阻，怪則有神像、溜滑梯，在在考驗了 DHL 運務人員運輸及包裝的能力。

包裝除了可以保護貨物與節省成本等經濟因素之外，有時候也會受到政府政策等非經濟因素而有所影響。如包裝上的標記 (Marking) 必須要符合當地國的法律規範，來源地及目的地的語言文字要標示清楚且一定都要有英文標示，使大家對於此項內容物有一定的瞭解。

隨著環保意識的高漲，對環境友善的包裝 (environmentally friendly packaging) 成為一項新趨勢，各大廠商精簡不必要的包裝以及使用成本低廉的包裝，如減少油墨的使用、重複使用可再利用的容器及包裝。舉例來說，義美冰品為了響應環保活動，率先減少油墨的使用，冰品包裝外殼上只印上義美兩字，其他空間都是空白，此項舉動就是為了減少我們對環境的傷害。

3. 儲　存

實體移動稱為運輸，而儲存的功能則是從貨物交付開始就產生。在儲存中有一項重要的議題——倉庫管理 (warehouse management)。倉庫有兩個重大的功能，搬運及儲存。在這裡可以從事統整、拆卸貨物的工作，然後再分裝送到各地。一個好的倉儲管理最基本要求就是便利貨物的流動，也就是貨暢其流。

不管是儲存計畫或倉儲管理計畫都是物流 (logistics) 的一部分，必須與公司營運策略相符合，否則一旦物流出現問題或與公司全球營運策略不符時，可能會造成公司貨物無法準時送達，致使整個全球運籌 (global logistics) 系統癱瘓，因此我們必須謹慎注意每一個細小環節，以免造成公司莫大傷害。

13.2.2　存貨管理 (Inventory Management)

存貨管理在物流上佔有一席之地。存貨管理主要的目的就是以最少的存貨量、最低總成本，達到最大的顧客滿意度。存貨量過少，怕需求量太大會供給不足；存貨過多，又會增加成本，如：租倉庫、貨物貶值等成本。存貨管理的產生為的就是要解決這樣的難題。

存貨管理不當可能導致公司沒有獲利能力，甚至造成嚴重的虧損，惠普 (HP) 就是一個典型的例子。在 1999 年年底之前，就營收來看，惠普的個人電腦已經超越 IBM 成為全球第三大個人電腦製造商，但是惠普卻沒有將營收轉為獲利，甚至還虧損，原因出在何處呢？就是存貨管理不當所致。大家都知道個人電腦零組件推陳出新速度很快。囤積過多的電腦零組件使得惠普必須承受存貨成本以及電腦零組件貶值的成本，以至於惠普個人電腦部門營收高，但是卻無利可圖。存貨管理不當是使惠普個人電腦成本提高的重要因素。

如何解決過多、過少的存貨問題呢？以下我們將介紹兩種方法來解決這樣的難題。

1. 及時存貨管理系統 (Just In Time Systems)

及時存貨管理系統主要的目標是：沒有超量的生產，只有需要的產品才加以生產，存貨均保持在最低的狀況。由於生產週期與產品生命週期愈來愈短，因此過多的存貨會造成公司成本提升，很多企業為了解決存貨問題，紛紛引進及時存貨管理系統。

及時存貨管理系統的好處就是公司不需要保有存貨，等有需求再行生產。然而這種管理存貨的流程需要非常嚴密的監控，否則可能會造成生產延遲或比存貨過多更嚴重的錯誤，因此，此種存貨方法在作業管理上需要更高的管理品質。

2. 自由貿易區 (Free Trade Zones)

自由貿易區是國際企業在存貨管理上一個很重要的資源，自由貿易區主要是為了省去國際企業在通關的成本及一些瑣碎的流程。企業使用自由貿易區不僅可以延遲支付關稅或避免支付關稅，也可以在自由貿易區中進行加工的工作，這樣不僅讓企業可以更快速將產品運送到所需之地，也可以減少存貨的產生。因此，各國紛紛建立自由貿易區，除了可以促進國際貿易之外，也可以使物流更加順暢。

13.3 全球供應鏈管理

接下來我們將介紹全球供應鏈管理 (global supply chain management)。所謂的「供應鏈」指的是：由很多成員組成，組員間互相提供所需，而組員成分可能是各自獨立的公司或是旗下的子公司，因此「供應鏈」也可以是由一家大集團內部所建立。但是供應鏈和物流有何不同呢？其實兩者最大的不同在於：物流是公司將貨物運送到他們想要送達的地方；而供應鏈則是有系統、有規劃的管理物流活動，並且包含與上下游廠商之間的互動。

1.緊密的供應鏈夥伴關係

如上所述，供應鏈包含著廠商之間的互動，換句話說夥伴之間的關係非常重要。想要讓獨立的廠商互相合作是一件很困難的工作，因為每家公司都有自己的打算與利益考量，大家目標並不會都一致。但是我們必須要瞭解到供應鏈是一個系統的概念，若供應鏈的廠商各自為自己利益著想，而不是整個供應鏈利益，那麼就會有缺口而造成很大的損失。

一個好的供應鏈，廠商之間的合作關係應該是非常緊密，並且是以整條供應鏈利益為優先考量，甚至協助合作夥伴解決困難，共同分享彼此的資訊，以達到互利，最重要的是供應鏈合作夥伴必須建立一個互信、互賴機制，這樣才可以達到雙贏的局面。

2.供應鏈的效率

如我們所知，整合供應鏈是一件不簡單的事情，但是若整合成功，那將會帶來極大的競爭優勢。建立流暢的供應鏈，可以提高運送速度及成本效益。成本效益是由於公司專業化與規模經濟所形成，公司可以進口大規模原物料，使進貨成本大幅降低，並經由專業化、標準化過程使產品生產效率提升；高速運送速度則是由於公司縮短運輸時間及次數，他們可以大規模出貨，並經由路程規劃使貨物快速運送到客戶手中。

本田汽車 (Honda)

　　愈來愈多的企業仰賴供應商來幫助他們降低成本、提高品質，並且比競爭對手的供應商更快創新產品，本田汽車 (Honda) 就是其中的一個例子。本田汽車與供應廠商始終都保持著緊密的聯繫，廠商一旦與本田合作，本田首先會去瞭解他們的供應商是如何運作的、協助發展供應商的能力、與供應商分享資訊以及幫助供應商持續改進流程。例如：本田團隊就曾花 13 週的時間與汽車零件工廠員工一同找出問題、解決問題，協助這些員工改善零件成品的品質。

　　當本田汽車公司與新供應商配合時,他們通常也會要求人員進駐供應商,以徹底瞭解供應商的技術、流程等管理能力,甚至會要求提供相關財務資料,因為他們認為徹底瞭解供應商，才能創造緊密的合作關係。除此之外，他們也相信供應商出狀況往往是因為彼此對供應品規格的溝通不良，因此，他們與供應商建立一個非常良好的溝通機制，因而大幅改善供應商的績效。最重要的是本田相信與供應商之間要建立互信與長期合作的關係，並且擁有共同的目標，這樣才能創造彼此及顧客間的最大利益。

3. 供應鏈的管理

　　供應鏈的建立只是剛開始，最重要的是後續該如何去管理它。供應鏈是由許多獨立的公司所建立，各公司都有自主權，甚至有時候會因為距離、文化、語言等因素使供應鏈管理更加複雜。因此如何使廠商具有一致性的共識及誘因去維持這個供應鏈的流暢是很重要的關鍵點。

　　供應鏈管理其中一個主要目標就是減少長鞭效應 (bullwhip effect)。所謂的長鞭效應是指下游需求改變時，我們發現愈往上游的需求變化會愈大，如個人電腦製造商訂購一批電腦零組件，但因為無法精準的預估數量，因此他們就多訂貨，而他的上游廠商也面臨同樣的情況，這樣一直連續下去，直到最後的供應商，如此一來最後的供應商與原本的個人電腦廠商的訂單就會有很大的出入，這就是所謂的長鞭效應。

　　那麼在供應鏈上，我們要如何有效的管理長鞭效應呢?

沃瑪 (Wal-Mart)

於 1962 年在阿肯色州成立的沃瑪百貨有限公司，經過四十餘年的發展，沃瑪百貨已經成為世界上最大的連鎖零售商。沃瑪是如此的成功，其影響力甚至已經超出了零售業。它的經營方式和理念都是別人爭相模仿的對象。沃瑪之所以會這麼成功主要是因為供應鏈體系能夠達到共同規劃、預測與執行的協同合作，換句話說沃瑪的成功祕訣便是高績效的物流機制。除此之外，沃瑪也大力推廣 RFID 無線射頻技術。沃瑪預計在未來數年將投注 30 億美元在 RFID 技術上，利用這種可嵌入特殊微晶片來追蹤物件，並且也要求全球前 100 大供應商於 2005 年起，都要採用 RFID，促使供應商紛紛導入該項技術，也進而推動 RFID 相關的軟硬體開發和進步，此項新技術能更進一步幫助沃瑪降低成本，尤其是與庫存流程相關的物流失誤與降低人力成本。RFID 的運用使沃瑪在物流的處理上比競爭對手更快速、錯誤率大幅下降，這也使得沃瑪成為零售業的鉅子。

（圖片由 Wal-Mart Stores, Inc. 提供）

RFID

RFID 是「無線辨識系統」(Radio Frequency Identification) 的簡稱，這是一種非接觸式的自動識別系統，主要是利用無線電波傳送識別資料。一組射頻識別系統包含標籤與讀取機，標籤上有電路，接收讀取機從遠方間歇發射的能量，當標籤上的電路通電時，即可與讀取機交換訊息，可長距離且同時接收多個識別資訊，所以多在惡劣環境中應用或是在工廠自動化、貨品銷售等處應用。

(1)及時管理系統：如在存貨管理中提到的，我們可以利用及時管理系統來追蹤目前貨物的狀況，雖然說及時管理系統是屬於存貨和作業

管理系統，但是與供應鏈卻也息息相關，我們可以依據最新的資訊來決定我們是否要進貨？需要進多少貨？可以快速且正確的預測需求。

(2)交換資訊，互通有無：供應鏈廠商之間可以互相交換意見及資訊，這樣有利於廠商瞭解彼此的營運模式及作法，如此一來就愈能做出正確的決策。

(3)少量訂購：如果情況允許，廠商可以減少訂貨量，但是增加訂購次數。這樣使得廠商營運更加有彈性、更加可以應付環境需求的變化。

(4)保持價格的穩定：由於價格的變動容易引起需求的變化，因此我們盡可能保持價格穩定，以免引起大規模的需求變動。

西班牙平價時裝連鎖店 Zara

每個星期二及星期六，在紐約市曼哈頓的蘇活區，都會有一輛大卡車開到百老匯街東向的馬路邊卸貨。卡車卸下的是一堆顏色鮮柔的洋裝襯衫，剪裁俐落的黑裙，以及典雅的女用外套，看起來它們好像剛從米蘭的伸展臺走下來似地。這些衣服只有一個共通點，它們全都來自一家名叫 Zara 的公司。

當同業都紛紛把作業外包，Zara 卻與其他公司不同，把幾乎一半的生產留在公司內。公司致力於投資設備，增加額外產能，而非把現有的產能推向極限。Zara 以小批量的方式來生產和配銷產品，而不追求經濟規模。他們自行做設計、倉儲、配銷和物流的管理，而不尋求外部的夥伴。結果一個為 Zara 的營運模式所量身訂製、獨一無二、反應超快的供應鏈就此出現。Zara 可以在五天內，從設計到生產完成，並可以快速配送至全球一千個以上的據點，客戶到 Zara 的商店購物，總是可以找到限量的新貨，這種「急迫的需求」化成了高利潤率；儘管經濟環境變化快速、經營艱困，該公司仍能維持每年 20% 的穩定成長。

每週送貨兩次，對於雜貨店來說，可能稀鬆平常，但是對於服裝零售業，這可是一項創舉。時裝業最難熬的莫過於，從開始設計到它終於被送達店面，這中間的遲滯時間。這段遲滯時間意味著，服裝店沒辦法迅速反應顧客真正的需求，而只能去猜測顧客在六個月甚至九個月後，「將會」喜歡什麼款式。瞬息萬變的流行時裝要能預測精準，簡直是不可能的任務。

Zara 每週送兩次貨到全球一千多家專賣店，Zara 不像其它公司每年推出兩三百種新款式，它每年推出的新款式超過兩萬種。它永遠不會存貨過多。所有的 Zara 門市店經理都配備有可上網的手持裝置 (handheld devices)，直接連線到西班牙總公司的設計室，因此店家經理可以每天回報，顧客買了哪些款式，或是討厭哪些款式，以及顧客想要卻找不到的款式。最重要的是，公司方面只需要十到十五天，就可以從設計一款新裝到推出販售。這意味著，要是有某類服裝在市面上廣受歡迎，那麼 Zara 店面裡幾乎一定會有充裕的樣式供你挑選。

Zara 之所以可以反應如此快速，是因為該公司的結構，一個從下往上建

立起來的快速、彈性組
織。與大部分時裝成衣
公司一樣，Zara 的原
料織布百分之九十來
自海外。但是與其他公
司不同的是，Zara 沒
有把產品的製造轉包
到亞洲或拉丁美洲，而
是由該公司自己將大
部分的原料織布轉化
為產品。Zara 可以只

（圖片由 The Inditex Group 提供）

製造一點點貨，試探前幾百件貨品的銷售成績，再決定是否還要製造更多。
其實低庫存也意味著低價位，換句話說，Zara 的價位可以賣得較便宜，是因
為它們貨銷得快的緣故。而像 Zara 這樣的貨品移動速度，也意味著它的顧客
永遠不會感到厭倦。

資料來源：　1.節錄自索羅維基著，楊玉齡譯 (2005/03/10)，《群眾的智慧：如何讓個人、團隊、
　　　　　　　企業與社會變得更聰明》，遠流出版。
　　　　　　2.資料更新自 The Inditex Group。

【進階思考】

1.試探討全球運籌對國際企業的影響。

2.從案例中，Zara 的競爭優勢為何？這些競爭優勢是如何造成？試討論之。

3.為何 Zara 可以快速反應顧客需求以及大幅降低庫存成本？試討論之。

>> 參考資料

◆外文參考資料

1. Daniels, John D., Radebaugh, Lee H., and Sullivan, Daniel P. (2004), "Global Manufacturing and Supply Chain Management," *International Business,* 10th ed. pp. 542–555.

2. Hill, Charles W. L. (2003), "Global Manufacturing and Materials," *International Business*, 4th ed. pp. 542–566, McGraw-Hill Higher Education.

3. Pande, Peter S., Lescault, John, Neuman, Robert P., Cavanagh, and Roland R. (2003), *The Six Sigma Way: How GE, Motorola, and Other Top Companies Are Honing Their Performance*, Natl Book Network.

◆中文參考資料

1. 林建煌 (2005)，〈國際運籌與供應鏈管理〉，《國際行銷》，華泰書局，頁 412–421。

2. 湯玲郎、劉鳳冠、葉純愿、劉人慈、賴守信 (2004)，《企業推動品質改善團隊成功要素之探討——以台灣飛利浦建元電子公司為例》。

3. 龍道格、蘇雄義、賈凱傑 (2005)，《全球運籌：國際物流管理》，華泰書局。

Note

Chapter 14
國際行銷

Skype 的品牌攻略

Skype 品牌成功的故事，是科技行銷的經典案例。該公司先花了很長的時間培養忠實用戶群，然後才開始嘗試進攻主流或大眾市場。Skype 開始營運的最初三年，全部心力都花在從早期使用者當中建立忠實用戶群。在這段期間當中，有好幾件事該公司一開始就掌握正確方向，因而贏得客戶的歡心。首先它僅憑直覺就可操作，且各種功能簡單明瞭，容易使用到不可思議的地步。同時它也很容易下載，無須特別的設定程序，原有系統設定也無須改變。而且 Skype 還提供跨系統互通功能，甚至也支援 Windows Pocket PC，不同平臺的使用者可以彼此通話，毫無障礙。

◆好念又好用的名字

從品牌的觀點看來，它的風格，當然還有它的名稱，似乎都在強調上述特點。它的標誌 (logo) 完全不像大企業的調調，而且還環繞著逗趣的泡泡，顯示出它是一家有趣、輕鬆，而且對消費者非常體貼的公司。Skype 信心十足地把它的

暱稱 "Global Internet Communications Company" 登記為商標，而且 Google 所具備的品類殺手特性，它顯然一樣也不缺。它發音容易，而且已經開始被當成動詞使用，就像在網路上搜尋資料的動作被說成「Google 看看」一樣。

◆堅持不與特定平臺結盟

從品牌策略觀點看來，蘋果電腦、AOL，甚至於微軟，在通訊領域中全都面臨另一項障礙，那就是它們在某種程度上，全都僅能適用各自專用的平臺。不同於微軟或 AOL（也不像蘋果電腦），Skype 的指導原則非常簡單：全球各地通話免費。除了核心的「個人電腦對個人電腦」(PC-to-PC) 服務（這是真正的免費電話，Skype 當作犧牲打經營）之外，透過名為 "Skype In" 及 "Skype Out" 的收話及發話服務，消費者只需付少數的費用，也可利用 Skype 與一般電話系統相通。

◆前進硬體 自訂產業鏈進行聯合行銷

（圖片由 Skype Limited 提供）

在美國鬧區商店中，可以買到各種 Skype 認可的周邊產品，而且 Skype 最近才推出一種 USB 無線話機與基地臺，讓顧客無需坐在電腦前面，就可連上 Skype，看起來好像撥打一般電話一樣。Skype 動作也很快，它已經開始利用自己備受信賴的地位,銷售各種電腦設備。在它的網站上可找到麥克風、網路攝影機以及耳機等產品。這些附屬產品不但具有創造收益的作用，同時還能強化 Skype 的領導地位。除此之外，2005 年底，Skype 以 21 億歐元高價賣給網路巨擘 eBay，另外還加上可望高達 12 億歐元的業績分紅。eBay 奠基於每天都與它連結的買家與賣家社群，這點與 Skype 雷同。而且 eBay 是個可跨平臺使用的應用系統，從交叉促銷的觀點而言，正是完美的合作夥伴。

資料來源: 節錄自《數位時代雙週刊》，2006/04/01。

◎關鍵思考

行銷策略包含了產品策略、價格策略、促銷策略和通路策略，也就是我們所說的 4P。新產品成功與否，行銷策略扮演一個很重要的角色。除此之外，不同的行銷策略也造就不同的品牌形象。如上述例子，Skype 是以輕鬆自在、簡單為主要訴求。因此其在價格上相較比較便宜，甚至是免費；其命名也是以有趣、好記為主；周邊商品在鬧區商店裡都可以買到。由此可以看出，Skype 行銷策略運用得當，幫助產品快速擴散，並且直接影響顧客購買和產品的競爭能力，也成為眾所皆知的品牌。

本 章 架 構

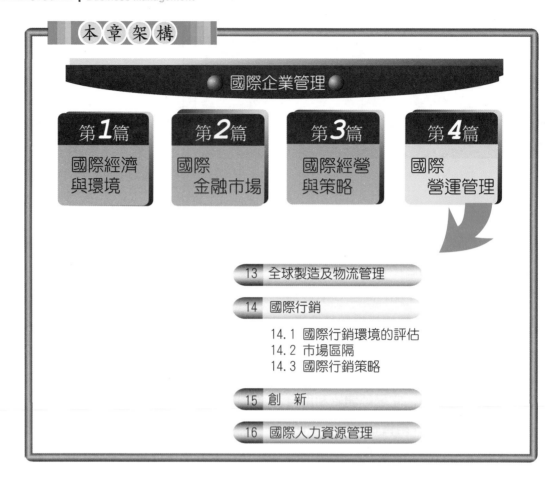

國際企業管理

| 第1篇 | 第2篇 | 第3篇 | 第4篇 |
| 國際經濟與環境 | 國際金融市場 | 國際經營與策略 | 國際營運管理 |

13 全球製造及物流管理

14 國際行銷
14.1 國際行銷環境的評估
14.2 市場區隔
14.3 國際行銷策略

15 創 新

16 國際人力資源管理

▶ 本章學習目標

1.瞭解如何對全球行銷環境進行評估。

2.瞭解全球市場區隔化之程序與準則。

3.比較國際企業標準化與適應性策略之優缺點。

4.描述全球產品策略發展。

5.描述全球價格策略發展和移轉定價之觀念。

6.學習全球通路之設計與選擇。

7.描述國際企業廣告運用之策略與常見之促銷工具。

產品製造完成，企業需運用其他管道將產品出售，此時行銷就扮演著一個重要的地位，因此上章介紹完全球製造及物流管理後，此章將介紹國際行銷。國際行銷是指以國際企業計畫執行創意、產品服務的概念化、促銷、定價以及通路的活動，在產品服務交換過程中滿足個人與組織的目標；廣義來看，國際行銷可視為企業執行跨越國界的行銷活動。國際行銷和一般我們所談論的（國內）行銷在概念、過程、方法上並無顯著差異，兩者不同之處在於國內行銷面對的市場是單一國家，而國際行銷在環境上面對的是多個不同的國家市場，這些國家在文化、經濟、政治法律等特點下彼此間不盡全然相同，例如關稅、匯率、投資法規等因素，都使得國際行銷相較於國內行銷必須面臨更為複雜的挑戰，也因為如此，國際行銷人員在行銷職能上和一般國內行銷人員有所差異。

　　總結來看，國際行銷成功的關鍵因素在於企業是否能瞭解所面臨不同市場環境中所存在的社會文化、政治法律、經濟層面上的差異，進一步在行銷策略上進行調整和發展，以滿足當地顧客之需要。所謂在行銷策略上的調整包含產品策略、促銷策略、價格策略和通路策略，即是行銷學中所談到的 4P 觀念❶，而本章在以下的內容中將會針對 4P 在國際行銷中的運用進行討論。

14.1　國際行銷環境的評估

　　國際行銷必須面對的國家數目很多，而不同國家彼此間具有許多的多元性和差異性。行銷人員在進行國際行銷的第一步即是必須能夠去分析、瞭解不同國家市場環境上的異同，其中經濟環境、社會文化環境和政治法律環境為一般在國際行銷環境評估上主要的三個。

---

❶　4P 為行銷上所談論的產品 (product)、價格 (price)、通路 (place) 和促銷 (promotion)。

14.1.1　國際行銷環境評估的三個因素

經濟環境

　　經濟環境的分析包含對於一國經濟制度、經濟發展程度、人口數量、基礎建設發展和匯率等，其中國家的經濟發展程度、人口數量為我們最常見到對於經濟環境分析的評估構面，行銷人員可從這些經濟環境的構面來分析評估國家市場的經濟狀態。

　　以經濟發展程度來看，學者 Keegan (2002) 將全球的所有國家分為低所得國家、中低所得國家、中高所得國家以及高所得國家四種，國家所得程度的高低會影響購買力的高低，當國家所得程度愈高代表此國家的市場強度愈強，例如歐美等先進國家對於目前較高單價的液晶電視擁有較高購買能力，而生產液晶電視的國際企業會將心力著重在這些高所得國家。

　　相較於經濟發展程度代表市場的購買強度，國家的人口數量即代表了市場之規模大小，當產品為日常必需品且單價不高時，例如衛生紙、牙膏，人口數量的多寡較經濟發展程度更具意義。舉例來看，新加坡經濟發展程度雖高於中國大陸，但人口數量與中國大陸在 2005 年突破的 13 億人口之間具有懸殊之差距，對於生產銷售日常必需品之企業而言，則較會將心力著重於中國大陸的發展。

　　除了國家經濟發展程度和人口數量外，國家的經濟制度、基礎建設、匯率、外國投資、人口分配和市

➡ 人口增長趨勢

對於日常必需品生產廠商而言，人口規模大的國家，便是其主要發展重心，例如中國大陸、印度、美國等。

場成長性等也都為經濟環境分析下的重要構面。

 社會文化環境

　　文化為影響人們生活方式的重要力量之一，在定義上，文化是指人們所接受到的價值觀、規範、態度以及任何有意義之符號。簡而言之，文化為一個社會所共同能夠接受的傳統、風俗、價值、習慣、語言與行為等。正因文化對於消費者行為具有直接且強烈的影響，國際企業必須瞭解不同國家的社會文化環境，才能夠瞭解企業本身的運作適合何種的文化或是如何針對不同文化進行適當的調整運作。舉例來講，法國人由於自身民族的優越感，對於英語或是象徵美國文化的商品相當排斥，以1992 年於巴黎開幕的歐洲迪士尼為例，許多法國人認為迪士尼為美國文化的一種入侵，加上歐洲迪士尼在財務、行銷上嚴重錯誤的決策，導致歐洲迪士尼在導入歐洲初期巨額的虧損。中國人對於龍有一種無比的崇敬之心，Nike 公司在一則 NBA 球星 James 的廣告中描述打敗惡龍的故事，反受到民眾強烈反感，認為廣告嚴重侮辱到龍的形象，導致廣告效果大打折扣，這些例子都顯示當地國社會文化環境對於國際企業在行銷制定上的重要影響力。

政治法律環境

　　政治與法律對於企業的經營具有重要的規範力量，因為政治與法律的力量直接會影響到商品進口上的限制和國際企業進入市場所有權的障礙等因素，而政府正是這些規範的制定者。國際企業若能瞭解目標國市場所制定之政治法律規範，可避免掉許多不經意的決策錯誤而造成無謂的損失，並制定出較適當且有效之經營決策，以達到事半功倍之效。舉例而言，中國大陸政府因為在智慧財產權的相關法律制定上並不完善，導致市場上仿冒品充斥，嚴重影響正版品牌之商品獲利。中國大陸和臺灣之間的政治風險亦造成臺商在投資時產生困擾，故不少臺商選擇透過

在免稅天堂之一的英屬維京群島進行公司註冊，一方面規避政治風險，另一方面又可達節稅之效果。

14.1.2 國際行銷常面臨之環境問題

1.關稅或配額限制

有些當地國為了保護或扶植本國的產業發展，故制定較高之關稅或是產品配額限制，造成外國企業在發展上之困難。

2.匯率的劇烈波動

許多國家因政府負債龐大或是政治不穩定而導致貨幣的巨幅貶值波動，使得外國企業因擔心投資匯差上的損失，而造成投資行為退卻。

3.官員的貪汙行為

有些當地國政府官員的貪汙腐敗，造成外國企業在投資上常常得進行許多檯面下的賄賂，以及許多不正當的利益交換。

4.法規條件的限制

不少的國家對外國企業投資有許多的限制，例如對於公司股份的持有成員比例或是雇用當地員工人數比例等。

14.2 市場區隔

市場區隔化是依據購買者對於產品或是行銷組合不同的需求將市場劃分出數個可以辨識的區隔，並針對所區隔出市場進行特徵的描述，而市場區隔也可視為企業提升目標準確度的努力。

一般而言，進行市場區隔化可以分為以下六個步驟：

⑴決定市場區隔變數。

⑵決定資料分析方法。

⑶應用資料分析方法來區分出數個次市場。

⑷描述各個區隔市場的特徵。

⑸選擇區隔出的目標市場。

⑹針對目標市場進行行銷組合發展。

　　國際企業在全球市場區隔的過程中，因必須面對全球市場的複雜性，故將全球市場區隔過程分為兩個階段。第一個階段是以「國家」為區隔單位進行市場區隔，企業利用國家間不同的經濟發展程度、國民所得、人口數量、地理位置、語言和宗教風俗來當作區隔變數，將全球市場作一個大概粗略的區隔。全球市場區隔的第二階段則是在進入單一國家市場後所進行的細部市場區隔，企業針對單一國家內消費者特徵（例如利用性別、所得、都會區大小等）或是對產品的消費者反應（例如產品使用率、使用時機等）來進行區隔動作。一般消費市場主要的區隔變數包含地理、人口統計、心理及行為的變數，詳細區分如圖 14.1 所示。

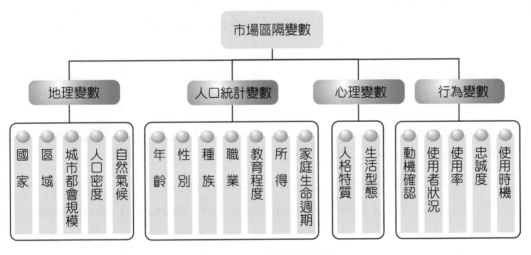

圖 14.1　市場區隔變數

資料來源：Kotler, P. (1998), *Marketing Management: Analysis, Planning, Implementation and Control*, 9th ed., Prentice-Hall, Inc.

有效市場區隔的條件

　　市場區隔為目前企業經營所普遍接受運用的行銷觀念，但並非是所有的市場區隔化都是有效用的，良好的市場區隔必須具備下列五項準則

Swatch Group 的全球行銷

Swatch Group 是目前全球最大的手錶製造和經銷商,集團於1983年成立,1986年合併瑞士兩大鐘錶商ASUAG 和 SSIH 後,將集團名稱改為SMH,到了1988年後再改為現在 Swatch Group 集團名稱。

（圖片由臺灣斯沃琪瑞表有限公司提供）

Swatch Group 在全球行銷中,旗下手錶等級分布廣泛,以消費者購買能力（所得）區隔出不同的市場,再分別以不同的品牌搶佔所區隔出的市場,位於同樣價格區隔市場中的品牌則進行更細之市場區隔,藉以滿足各種不同需求之消費者。而Swatch 集團包含了以下 18 個品牌:

(1)頂級奢華品牌: Breguet（寶磯）、Blancpain、Omega（歐米茄）、Glashtte-Original、Jaquet Droz、Lon Hatot。

(2)高階精緻品牌: Longines（浪琴）、Rado、Union。

(3)中階品牌: Tissot（天梭）、Calvin Klein、Pierre Balmain、Certina、Mido、Hamilton。

(4)大眾化品牌: Swatch、Flik Flak。

(5)入門實惠品牌: Endura。

(Kotler, 1998):

1.可衡量性

指所區隔出市場之間必須有明顯的界線,每個被區隔出來的市場規模、購買能力和區隔特徵都是可以被清楚地衡量的程度。

2.可接近性

指所區隔出市場能被企業運用行銷組合有效接觸和服務的程度。

3.可行動性

指企業對於所區隔出市場有足夠的能力去制定和執行有效的行銷方案來服務該市場區隔的程度。

4.可差異性

指所區隔出市場必須有不同的偏好與需要，企業可針對不同的區隔市場進行不同行銷組合與計畫的程度。

5.足量性

指所區隔出市場是否有足夠獲利的程度。

14.3　國際行銷策略

國際行銷策略包含了產品策略 (product strategy)、價格策略 (price strategy)、促銷策略 (promotion strategy) 和通路策略 (channel/place strategy)。在國際行銷策略的研究中，有兩種不同觀念的討論：標準化和適應性的國際行銷策略。標準化的國際行銷策略是企業採取全球一致性的行銷作法，包含了產品標準化、廣告和其他行銷組合要素。而適應性的國際行銷策略則是另一種相對的觀念，根據不同的目標市場來調整行銷策略的制定和執行。

標準化策略和適應性策略是兩種相對觀念，所以企業採取標準化策略和適應性策略的優缺點正好是相反的。企業在選擇策略時可評估所面臨環境和產品特色屬性來選取適合自身的策略。表 14.1 為標準化策略的優缺點整理比較（Johansson, 2003；林建煌，2005）：

表 14.1　標準化策略的優缺點

優　點	缺　點
1.可獲得規模經濟的優勢，減低生產、採購以及行銷的成本。 2.可促進全球一致的品牌或產品形象，減少形象的混淆。 3.可發展全球性的行銷活動組合，例如廣告、售後服務等。 4.因標準化策略下,產品種類項目單純,故企業可集中資源維持和改善產品品質。	1.產品無法滿足不同國家市場當地的需求，因此會失去部分市場。 2.無法吸引要求產品客製化和獨特性的顧客。 3.無法給予海外子公司足夠的自主性和彈性，因而減少創意的激盪。

在一般研究討論中，認為完全標準化與完全適應化為一個連續帶的兩端，大部分企業在國際行銷策略選擇上大多是落在這兩個極端之間。以下內容我們將針對企業進入海外目標市場之後,對於企業在產品策略、價格策略、促銷策略和通路策略上可採取的作法進行探討。

14.3.1　產品策略

產品的定義為可提供於市場上，滿足顧客欲望或需求的任何東西；也可視為由實體、心理、服務和符號象徵等屬性所組成的集合體。一般我們在討論或制定行銷組合時，都會先針對產品策略進行討論，因為若缺少了產品，企業在價格、促銷和通路的策略上也無從下手。

在國際行銷的產品分類上,學者 Keegan (2002) 依據產品的銷售潛力將產品劃分為下列四類:

1.在地性產品 (local product)

這類產品只在單一國家市場中的部分區域具有銷售潛力，例如高雄縣岡山的羊肉爐。

2.國家性產品 (national product)

這類產品只在單一國家市場中具有銷售潛力，例如臺灣手機大廠英華達 (OKWAP) 在臺灣手機市場中擁有高度的佔有率，但在其他國家和

區域就沒有如此表現。

3.國際性產品 (international product)

　　這類產品具有潛力延伸橫跨至多個國家市場，例如臺灣電子資訊大廠華碩 (ASUS) 在臺灣、大陸和部分的歐美國家內擁有相當的品牌知名度。

4.全球性產品／品牌 (global product/brand)

　　這類產品具有全球市場銷售的潛力，例如可口可樂在全球市場中的大量銷售。下表為 2005 年全球品牌價值前 10 名的排行榜。

表 14.2　2005 年全球品牌價值前 10 名的排行榜

排名	品牌名稱	品牌價值（百萬美元）	品牌來源國	產業類別
1.	Coca-Cola	67,525	美　國	飲料
2.	Microsoft	59,941	美　國	電腦軟體
3.	IBM	53,376	美　國	電腦服務
4.	GE	46,996	美　國	多角化
5.	Intel	35,588	美　國	電腦硬體
6.	Nokia	26,452	芬　蘭	通訊設備
7.	Disney	26,441	美　國	娛樂
8.	McDonald's	26,014	美　國	餐飲
9.	Toyota	24,837	日　本	汽車
10.	Marlboro	21,189	美　國	菸草

資料來源：http://www.interbrand.com。

　　在企業進入全球市場的產品策略中，Keegan (2002) 利用產品與促銷兩項行銷要素進行發展，區分出五種策略類型，如表 14.3 所示。

表 14.3　產品發明

溝通＼產品	不改變產品	調整產品	開發新產品
不改變溝通	雙重延伸	產品調整－溝通延伸	產品發明
調整溝通	產品延伸－溝通調整	雙重調整	

資料來源：Keegan, Warren J. (2002), *Global Marketing Management*, 7th ed., pp. 346–351, Englewood Cliffs, NJ: Prentice-Hall International, Inc.

1.雙重延伸 (Dual Extension)

指產品並不做任何改變，直接在國外市場推出，並在全球運用相同的溝通策略，利用現有產品來尋找顧客。此種策略的優勢在於可以大幅節省研發、生產和宣傳製作的成本支出；但相反的，此種策略缺乏彈性，當產品和溝通內容並不適用於當地市場時，反而可能會造成企業資源的無謂損失。一般常可見到早期進入全球市場的國際企業或是資源有限的小型企業會採取此種策略。

2.產品調整－溝通延伸 (Product Adaptation-communication Extension)

指產品根據當地國情況和消費者偏好而有所調整改變，但在溝通策略上採取標準化。例如麥當勞在全球各地不同的市場中推出不同口味的漢堡或是套餐。

3.產品延伸－溝通調整 (Product Extension-communication Adaptation)

指溝通策略根據當地國情況和消費者偏好而有所調整改變，但在產品策

→沒有牛肉的麥當勞
在印度文化國情影響下，印度的麥當勞菜單沒有牛、豬肉，卻有素食。

略上採取標準化。企業在選擇此種策略時，必須能夠找出產品本身不同功能或是利益，針對產品不同的功能來調整出適切的溝通策略。例如以腳踏車來看，在低度開發中國家腳踏車被視為主要的交通工具，但是在進步的已開發國家，腳踏車則被視為流行時髦的運動健身工具。

4.雙重調整 (Dual Adaptation)

指產品和溝通策略兩者皆依據不同國家市場的文化、物質環境和消費者偏好等因素進行調整動作。此種策略在執行上的成本相當昂貴，除非當地國市場潛力和規模很大，企業才較為適宜選擇執行此策略。

5.產品發明 (Product Invention)

指發展出全新的產品。此種策略適用的情形在於企業所欲進入之海外國家市場並無足夠的能力購買或消費此項產品，透過調整現有的產品也無法發生作用時，應該發展出一種新商品，讓這些市場中的顧客也有能力去購買消費。這種產品發明策略大都是將原先產品進行改良簡化，使新產品價格降低來刺激購買。

14.3.2　價格策略

價格為行銷組合要素之一，也是最為快速並且直接影響顧客購買和產品競爭力的因素。一般多國籍企業在面臨全球定價問題時，大都會往兩種方向進行思考：第一種思考方向在於選擇市場吸脂策略或是市場滲透策略，第二種思考方向則為選擇標準價格策略或是價格調整策略。

市場吸脂策略 vs. 市場滲透策略

1.市場吸脂策略 (Market Skimming)

此種策略利用顧客不同的需求強度來進行定價，新產品推出初期先針對需求較高的顧客索取較高的產品價格，接著再陸續地降低產品的售價銷售給不同價格需求的顧客。市場吸脂策略較適用於產品銷售初期顧客購買需求力強或是購買需求量擁有相當之規模，另一種情形則是產品

少量生產的單位成本並不會高過高價銷售所得之利益等情況下。而此種定價方式與成本加成定價法 (cost-plus pricing) 一樣❷，目的在於吸取市場的精華。例如我們常見到某個款式的手機一年後的價格和市場剛推出的價格相比，可能只剩二分之一左右。

2.市場滲透策略 (Market Penetration)

此種策略利用訂定一個相對於市場價格較低的產品價格，以此快速地獲取市場佔有率。採取市場滲透策略的公司認為透過市場佔有率和銷售量的提升，可以減低產品的單位成本並且獲得較長期的利益。市場滲透策略適用於生產成本會隨著規模經濟下降或是顧客具有高度的價格敏感性，低價策略可以提升更高的市場佔有率。此種定價方式與邊際成本定價法❸相似，目的在取得更高的市場佔有率。

 ## 標準價格策略 vs. 價格調整策略

1.延伸／母國策略 (Extension/Ethnocentric)

此種策略將全球產品訂定同一基本價格，然後由各地進口商吸收運費和進口關稅。此方式的優點在於執行簡單，但缺點則是缺乏彈性，對於各地市場和競爭狀況無法進行調適。此法亦稱為全球標準價格策略 (standard worldwide pricing)。

2.調適／多元策略 (Adaptation/Polycentric)

此種策略乃是依據各地市場狀態來制定最符合當地市場的價格。此方式優點在於各地價格的彈性可適切反映當地國環境，但也因不同國家市場的價格並無須協調，容易造成產品由低價國銷往高價國的套利情形。

3.發明／全球策略 (Invention/Geocentric)

---

❷ 這是一種最簡單的定價方法，即在單位成本上加上一標準成數利潤，就是成本加成的定價法。通常政府的事業機關、國營企業，多半是用這種方法來定價，因為它們通常不需要擔心產品能否賣掉。

❸ 邊際成本定價法為廠商依據邊際成本制定產品價格。

此種策略屬於上述兩者的折衷作法，不採取全球產品單一價格，也並非由各地市場自行定價，由公司總部全盤考量全球不同市場的差異，進而制定出不同市場的產品價格。此法考慮當地成本、所得能力、競爭狀況等因素，並考慮如何避免套利情形。

在以上三種定價策略中，延伸和調適的定價策略並無真正考慮到全球競爭市場，只能達成單一國家市場或國家的利益最佳化，而非能支援全球性的策略達成。相對的，全球定價策略則是唯一能考慮到全球市場競爭，而非單純考慮單一市場，故全球性企業在產品定價策略上較適宜選用此法。

移轉定價的議題

所謂的「移轉定價」(transfer pricing) 指公司將產品運送往公司其他國內外單位所設定之價格。一般在國際行銷中常因移轉定價的失當而衍生出許多問題，舉例來說：當母國公司向海外公司部門索取的移轉價格過高時，造成產品必須得支付較高的關稅，使得成本提升；倘若母國公司向海外公司部門索取的移轉價格過低時，又可能被當地國政府視為傾銷 (dumping)❹，這樣的例子在國際企業中層出不窮。

14.3.3　通路策略

行銷通路 (marketing channels) 就是由一群共同運作相互依賴的組織所形成的網絡，組織間透過網絡將產品或服務順利移轉到消費者手中。這些網絡的組織成員中，除了生產者和最終使用者外，還包含了許多的中間機構，例如買入取得商品所有權後，再轉售商品的批發商和零售商；或是幫助製造商尋找顧客，並且代為與顧客接洽的經紀商和銷售代理商；以及輔助配銷執行的運輸公司和其他多種不同功能的組織。

---

❹　在國際貿易法中，傾銷係指一個國家在另一個國家以低於後者生產某貨品成本的價格出售該貨品。

水貨市場 (Gray Market)

水貨市場又稱為灰色市場，當相同的產品在不同的市場中以不同的價格
銷售時，就有可能發生此問題。發生的情況大都是產品銷售價格低廉國家的
批發商或貿易商，將相同的產品銷往銷售價格較高之國家，賺取中間差價。
當水貨市場銷售情形太過氾濫時，常會導致品牌權益的下降或是產品價格較
高國家之代理商的產品存貨滯銷，而引起該國通路商之不滿。舉例來看，我
們常可見到高級進口車、數
位相機等水貨商品在臺灣
市場中出現。

此外，因網際網路的普
及，使得全球產品價格透明
化，產生不少經銷商或消費
者透過網路購物的方式從
產品價格低廉之國家購買
產品。

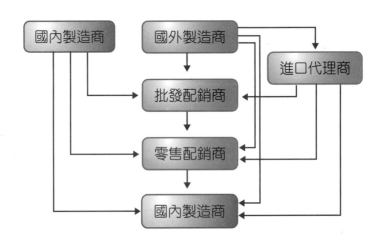

圖 14.2　通路配銷系統

資料來源：Hill, Charles W. L. (2003): "Global Marketing and
R&D," *International Business*, 4th ed., p. 578,
McGraw-Hill Higher Education.

圖 14.2 為我們一般常見的典型通路配銷系統，其中的主要成員包含了製造商、批發配銷商、零售配銷商、進口代理商和最終的顧客。

(一)全球行銷通路之設計

國際企業在面對選擇配銷系統時，有三個主要考慮的因素：零售聚焦程度 (retail concentration)、通路長度 (channel length) 和通路獨佔力 (channel exclusivity)。

1.零售聚焦程度

指通路中零售商的數目多寡。在某些國家中，零售體系是非常集中的，只有少數幾間零售商供應市場需求，例如許多先進歐美國家和日本的零售體系都是有較高集中程度的，美國沃瑪和法國的家樂福都是大型零售商中典型的例子。但在某些國家則剛好相反，零售體系是非常分散的，市場內擁有許多的零售商，並沒有任何一家零售商在市場佔有率中佔有絕對的優勢，例如亞洲的印度和其他開發中國家都屬於零售體系較為零散的。

2.通路長度

指產品從製造商移轉到顧客過程內中間商的階層數目。當通路愈長時，中間商階層愈多，中間商數目也愈多。例如戴爾電腦透過網路訂購將電腦直接交與顧客，其通路長度上正是選擇較短的路徑。但並非所有的通路長度都是愈短愈好，舉例來看，在零售系統集中化程度較低之國家，製造商若想跳過批發商直接販售給零售商，製造商本身必須建立強大的銷售力，這將需要花費龐大的成本，故選擇較長之通路長度透過強力的批發商反倒對於製造商本身有較高的利益，例如中國大陸的民生用品。

3.通路獨佔力

指產品在當地國市場中，是否只允許單一或非常少數的零售商來進行配銷。一般而言，附加價值較高的工業設備或特殊產品較適用於獨佔

性較高的配銷系統；對於附加價值較低的民生便利用品，大都傾向選擇獨佔性較低之配銷系統。

　　企業在選擇產品配銷策略時，應評估各種通路方案的相對成本和利益，不同國家之間的相對成本和利益皆有所差異，故可透過以上所談到的零售聚焦程度、通路長度和通路獨佔力來進行最佳通路策略的思考。

配銷通路的選擇

　　企業在選擇全球行銷通路時，必須考慮到以下幾點因素：

1.顧客的特徵

　　此點為通路設計中最重要的因素，企業應依據顧客的人口分布、購物習慣、需求原因和偏好通路等項目來選擇通路方式，以便有效率地提供產品。

2.產品的特徵

　　產品本身保存性、標準化程度、體積大小、價格或是需要售後服務對於通路選擇也具有重要影響。

3.成本考慮

　　公司在進入市場初期必須去評估建立或是維持行銷通路所需之成本花費。

4.競爭的情形

　　大多數的公司在通路選擇上並不多，常常需要和競爭對手使用相同的通路，故企業應找出比競爭對手更有效使用現有通路的方法，或是對獨立通路商進行獎勵來獲得通路優勢。

5.公司的資金

　　當通路成員在資金有所需求時，而企業本身資金寬裕雄厚，企業愈有能力和機會來建立自家產品的通路系統，或是擁有較大的通路主導權。

14.3.4　促銷策略

　　促銷乃是刺激、加速市場對產品或服務提供的需求過程。簡單來說，促銷活動利用提供短期的購買誘因，以此增加顧客對於產品和服務的購買意願。廣義來看全球促銷的要素，包含了公共關係 (public relationship)、人員銷售 (personal selling)、銷售促銷 (sales promotion)、直效行銷 (directing marketing)、商展 (trade show)、贊助 (sponsor) 和廣告 (advertising) 等活動，其中廣告活動最為國際企業所重視，其所支出的費用往往佔行銷費用中很大的比例，故以下我們將針對國際行銷上廣告的策略進行說明討論。

　　廣告是企業透過媒體來說服消費者達到特定觀點的非人員促銷活動。企業在設計全球廣告計畫時，也同樣面對了標準化和調整化策略的抉擇。一般而言，國際企業在制定廣告策略時有以下四種形態：

⑴第一種策略為廣告統一由企業總部策劃，全球廣告內容一致，傳遞一致的訊息，以此獲得國際性的認同。例如美國菸草公司萬寶路 (Marlboro) 在全球廣告中所塑造的西部牛仔形象，已成功地被全球消費者所接受，並在 2005 年全球品牌價值排行榜中名列第 10。

⑵第二種策略為廣告所傳遞的主題雖然相同，但內容呈現上會隨著不同地區的文化、民情而有所調整，例如我們常見到沐浴乳廣告為配合民

➡就是要海尼根

海尼根啤酒自 1863 年由荷蘭人創造之後，歷經一百多年，歷久彌新，其中「就是要海尼根!」這句口號加上綠色瓶身是全球通用的行銷訴求。

風保守的國家民情，對於女性裸露的畫面進行修改或刪除。

⑶第三種策略則為企業總部設計一套廣告組合，讓各地區分公司依據市場民情和文化選擇最佳的廣告內容，例如可口可樂在全球廣告設計上即採取此一策略。

⑷最後一種策略為企業總部授權給各地區分公司廣告內容設計的權利，廣告費用也分配給與分公司，讓分公司依據當地市場特性在廣告上自行發揮。

企業在廣告策略中採取標準化或是調整化各有其利弊，一般而言，標準化的廣告策略有以下二點優勢：

⑴經濟上的優勢，可減低廣告固定成本的支出。

⑵利於建立國際市場間品牌的單一形象，避免因海外分公司各自設計之廣告內容混淆消費者對於品牌的形象觀感。

但標準化的廣告策略卻也有其缺點：

⑴由於全球文化民情的多元化,當廣告內容訊息無法契合當地狀況時，會產生廣告效果不彰甚至是負面的影響發生。

⑵容易受到當地國對廣告的法令規範所限制，例如有些中東回教國家不允許女性出現在廣告中。

→ 風俗民情大不同
回教世界有相當多的禁忌，在進入當地市場時，必須審慎評估廣告內容所可能引起的效應，以免「踩到地雷」!

常見的消費者促銷工具

(1)贈品：在顧客購買商品後，免費提供給一個額外贈送的商品。一般公司都會要求顧客達到一定金額之消費或是購買促銷之商品才能獲得贈品。

(2)現金回饋：在顧客購買或使用某一商品，累積消費一定金額後，便可以獲得固定比例的現金回饋，例如有些信用卡公司採行消費積點現金回饋的活動。

(3)試用品：針對新推出的商品給予顧客免費試用，例如新推出的洗髮精分裝成小容量包裝，在百貨公司附近發送。

(4)折價券：在消費者購買商品後，提供享有價格折扣的憑證，例如滿五人到餐廳消費，即給予顧客折價券，當顧客下次再前來用餐，可享一人免費。

(5)抽獎：消費者提供個人相關資料，便於隨機抽取，抽中之消費者可贏得獎品。例如百貨公司在週年慶時常使用滿千即可兌換摸彩卷的方法。

趨勢科技的品牌之路

從臺灣到矽谷、輾轉發跡日本，最後成為世界知名防毒軟體公司的趨勢科技，即使規模小、資源少，遠遠不及美國的軟體巨擘，但在品牌經營上卻毫不遜色，仍強調願景、價值和獨特個性，完全超越個別產品的功能訴求，努力要讓自己成為產業中的意見領袖。根據 Interbrand 的品牌鑑價，趨勢科技 (TREND MICRO) 這三年來的品牌價值一路急速攀升，從 259.48 億臺幣（7.63 億美元）、308.35 億臺幣（9.10 億美元）成長至 366.18 億臺幣（10.77 億美元），不僅在臺灣十大國際品牌價值調查中蟬聯冠軍寶座，更令人振奮的是去年該公司的品牌價值已跨入全球百大品牌的門檻。

堅持品牌之路三部曲

〈第一部〉前奏曲：擺脫 OEM

1991 年，趨勢與英特爾簽訂長達五年的策略聯盟合約，一方面藉由 OEM 享有豐厚的權利金收入，另一方面也努力開展自有品牌的防毒版圖。然而，隨著彼此的合作關係日益緊繃，趨勢在如願簽下兩年鬆綁的續約後，於 1998 年正式結束了與英特爾的委託行銷關係，開始獨力展翅遨遊天際。

〈第二部〉變奏曲：雜亂無章、各吹各的調

早在 1996 年開始規劃日本上市之際，就已討論發展全球趨勢品牌的必要性，於是，公司內部展開一場世界選美大賽，讓有志參與設計案的各分公司推薦公司標誌的設計，經過票選後，才確定正紅主色、"t" 字環球趨勢標誌。當 1998 年趨勢在日本掛牌上市時，全球同步登出鮮紅 "t" 字標誌的廣告，強力宣示趨勢的嶄新面貌；同時也以聽診器為主題，推出一系列白底紅圖的產品廣告，企圖統一全球的廣告訴求。可惜的是，在競爭者也用類似的聽診器設計大作廣告之下，許多分公司開始自亂陣腳，偷偷換掉聽診器的廣告、另外設想別的辦法，結果造成各行其是的局面。在各國的子公司，各自做自己的行銷策略，各彈各調的趨勢品牌路，沒有統一的作法，因此後來趨勢決定改弦易轍、重新出發，它們體認到一定要有全球化觀點，才會有全球化的品牌！

〈第三部〉交響曲：全球走紅

2002 年，趨勢首度花下重金 3,000 萬美元找奧美廣告操刀，再度啟動品

牌打造工程。在跟奧美接觸的過程中，也讓趨勢對於品牌管理有了新的體驗與想法。經過討論後，趨勢科技決定以 "Go red" 及「圍棋」作為主要的品牌象徵，在風格上也脫離早年「可樂、球鞋、牛仔褲」的輕鬆氣氛，用較為冷靜理性的手法呈現，並針對企業高階主管

（圖片由聯合報系提供）

提出「主動式資訊安全策略」(Intuitive Information Security) 的訴求。之後，趨勢在美國、歐洲、日本、臺灣、東南亞、拉丁美洲陸續刊出大幅全頁以紅為底、以直覺為訴求的廣告，代表趨勢一貫的熱情，以及多年來專注防毒所累積的經驗技術高人一等，才能有直覺，快速反應病毒危機、尋求對的安全策略。除此之外，趨勢科技也認為在全球競爭激烈的市場，光賣產品已無法存活，趨勢將成為一家以服務為主的公司，並且將創造以客戶為中心的企業文化。

資料來源：節錄自〈2005 年十大台灣品牌——趨勢科技品牌故事〉，中華民國對外貿易發展協會。

【進階思考】

1. 趨勢科技在品牌象徵上採用 "Go red" 及「圍棋」作為主要的品牌象徵，以冷靜理性的手法呈現品牌，你認為合適嗎？或是你認為有其他更恰當可行的方法嗎？

2. 以趨勢科技的案例來看，請你歸納出趨勢科技能成功進入國際市場的因素。

3. 回顧臺灣成功打入國際市場的品牌，例如宏碁電腦、趨勢科技和正新橡膠（馬吉斯輪胎）等知名企業，它們在進軍國際市場的品牌策略上，是否有共通或是相似的策略值得我們學習借鏡？

>> 參考資料

◆外文參考資料

1. Hill, Charles W. L. (2003): "Global Marketing and R&D," *International Business*, 4th ed., p. 578, McGraw-Hill Higher Education.

2. Johansson, Johny K. (2003), *Global Marketing: Foreign Entry, Local Marketing & Global Management,* 3rd ed., Boston: McGraw-Hill.

3. Keegan, Warren J. (2002), *Global Marketing Management*, 7th ed., Englewood Cliffs, NJ: Prentice Hall-International Inc.

4. Kotler, P. (1998), *Marketing Management: Analysis, Planning, Implementation, and Control*, 9th ed., Prentice-Hall, Inc.

◆中文參考資料

1. 品牌網，http://www.interbrand.com。

2. 林建煌 (2005)，〈全球產品策略〉，《國際行銷》，華泰書局，頁 274–277。

Note

Chapter 15

創　新

寶鹼的創新法則

根據美國商業週刊公布 2007 年全球最有創意的廠商，寶鹼 (P&G) 獲選為第六名。寶鹼 (P&G) 是全球最大的日常生活用品製造商，大約有三百多個品牌的產品在世界各地銷售，深深影響我們的日常生活。例如 SKII、歐蕾、好自在、海倫仙度絲、品客洋芋片等產品都是由寶鹼一手所打造，創造極大價值。為何寶鹼可以在市場上獨佔鰲頭，成為世界第一大的消費品行業廠商呢？這是因為寶鹼有一套創新的法則。

◆創新的行銷手法

相同的產品，寶鹼會依據各國文化與民族風情的特色而製作不同的廣告。如旗下的衛生棉商品——好自在，在日本，就是以耳邊悄悄話的形式呈現好自在；在澳洲，以直接敘述手法呈現；在菲律賓，則是以說故事的樣式。此外，也會依據各國的文化與法律規定，調整產品的包裝與行銷手法。以相同的行銷方式販賣相同的產品，不可能會使營收大幅增加，寶鹼瞭解到此一重點，因此針對不同國家設計不同的行銷方式，並且透過員工腦力激盪提出各種不同的想法與創新的行銷方式，使得寶鹼穩站世界第一消費品帝國。

◆技術創新與產品創新

寶鹼目前在全球七十個國家設有工廠或公司，年銷售額大約為 380 億美元，擁有大約十萬名員工，研發人員大約有八千多名,其中博士大約一千多名，每年約投入營收額 4% 左右進行產品與技術創新的工程。雖然寶鹼不是所謂的高科技公司，但是對於產品與技術創新仍然相當重視,如利用電漿技術使得「汰漬」洗衣精可以讓消費者利用到最後一滴；利用靜電技術使得保養品在皮膚上的附著力更好，這些都是寶鹼精心研究的成果，希望可以賦予產品新的生命，延長產品生命週期，提高其附加價值。

◆個別品牌管理

個別品牌管理首先是由寶鹼所提出。他們改變舊有的管理方式，採取品牌經理制度。所謂的「品牌經理制度」

意指：該產品的生產、行銷、品質控制以及管理都由一位經理人負責，這樣的形式有助於加強資源的利用，減少人力重疊與控制廣告成本。由於這樣的經營形式，使得寶鹼營收激增，後來其他國際大廠，如：法國嬌蘭、GE 都採取這種形式。

◆創新的文化

不管是企業內部員工或企業外部聯盟，寶鹼都鼓勵創新行為。寶鹼鼓勵內部員工創新的活動，而且有專設一個部門負責管理「創新」案件，如果有新的提議，寶鹼都會重視然後進行評估可行性，並且會安排員工到世界各地體驗不同的生活，創造新的不同經驗，希望透過多元化的活動刺激員工的思考模式與激盪出不同的想法。對外，寶鹼也虛心求教，如果有新的技術對公司創新活動有利，寶鹼也會積極引入，網羅各地不

同的經驗與知識，同時加強彼此合作關係，以期共同開發出新的產品，搶得新的商機。

◎關鍵思考

創新是企業維持競爭優勢的來源之一。在現今環境變動快速之下，企業所面臨的挑戰愈來愈大，每一家公司都投入巨額的研發費用來發展新的產品，以維持其競爭能力。企業成功的祕訣就是要不斷的創新，持續推出新的服務、新的產品，鼓勵員工發揮想像力，締造不怕犯錯的文化。創新可以為企業帶來新的活力、新的市場、超額利潤，更是企業鞏固核心競爭力的重要因素。

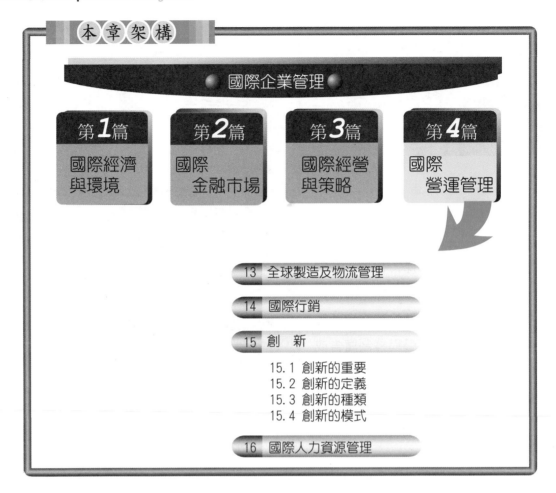

本 章 架 構

國際企業管理

第*1*篇
國際經濟
與環境

第*2*篇
國際
金融市場

第*3*篇
國際經營
與策略

第*4*篇
國際
營運管理

13 全球製造及物流管理

14 國際行銷

15 創 新
　　15.1 創新的重要
　　15.2 創新的定義
　　15.3 創新的種類
　　15.4 創新的模式

16 國際人力資源管理

▶ 本章學習目標

1.瞭解創新的重要性。

2.瞭解何謂創新? 創新的定義為何?

3.瞭解創新的種類:破壞式 (disruptive) 創新與漸進式 (incremental) 創新。

4.學習創新的模式以及其中之含意與真實案例。

隨著國際競爭愈來愈激烈，企業愈來愈重視創新 (innovation)，也讓「創新」成為社會上新的流行名詞。而談論創新比較有名的幾本書就是克里斯汀生 (Clayton M. Christensen) 所著的《創新者的兩難》、《創新者的解答》以及最近大家所討論金偉燦 (W. Chan Kim) 和芮妮‧莫伯尼 (Renée Mauborgne) 所著的《藍海策略》，這幾本書都強調企業應該要擁有與眾不同的企業價值以及如何創造出新的價值來讓企業能夠持續成長。有鑑於「創新」對於企業的重要性，因此本章將介紹一些有關「創新」的基本概念、種類、模式以及一些著名的例子來佐證。

15.1　創新的重要

隨著環境變化快速，企業必須因應這些變化，不斷進行調整。彼得‧杜拉克在《管理聖經》中也有提到，我們無法將「創新」視作為管理領域之外的活動，他認為「創新」是管理的核心，公司應該要有系統性的創新，並且將其納入我們的管理流程當中，以減少組織的僵化。除此之外，他也提到「創新」應該要著重於大構想，有了構想之後，我們進而思索如何才能使這些構想變成實際的成果，否則這些都只是紙上談兵而已。

「創新」在競爭激烈的市場中可以使企業免於遭受淘汰的命運，「創新」是企業創造差異化的根本，更是在知識經濟爆炸的社會中，扮演著企業鞏固核心競爭力的重要精神。

15.2　創新的定義

何謂「創新」？「創新」這個名詞最早是由熊彼得 (Joseph Schumpeter) 在 1912 年所提出，他認為創新就是建立一種新的生產要素組合的生產函數。Souder (1988) 認為創新必須具備新奇且對企業獲利有較大幫助的活動。羅伯茲 (Ed Roberts) 則是認為創新是將知識體現、結合或綜合於獨

創、相關、重要的新產品、流程或服務中。綜合以上所述，所謂的「創新」就是包括製程、產品、服務的改革活動，並且將這些東西透過商業化活動為消費者創造價值。

15.3 創新的種類

創新大致可以分為兩種類型，一種是破壞式創新，另外一種則是漸進式創新。

破壞式創新

所謂的「破壞式創新」就是大幅度或徹底改變原來的例規 (routine) 或是推出全新的產品、經營模式來打破產業均衡，使原來的潛在競爭者喪失掉他們原有的競爭優勢，進而改變原有的產業遊戲規則，也就是說讓公司成為市場的破壞者，這樣才可以擊敗市場的領導者。除此之外，「破壞式創新」更重要的是如何讓新的消費者消費，進而創造新的價值。

破壞式創新最典型的例子就是貝爾實驗室 (Bell Labs) 所開發的電晶體技術。當時業界大都專注於真空管技術，但是貝爾實驗室致力研究開發電晶體技術，電晶體的優點是體積更小、更可靠、且成本低廉，因此成就了當今遍及全球的電子半導體產業，同時也促成電腦業、醫學、太空探測等領域產生重大的改變。

另一個著名的例子就是目前流行的數位影像技術以及數位相機的誕生，這與一百年前就已經建立的伊士曼柯達公司 (Eastman Kodak Corporation) 的化學膠卷技術完全不同。伊士曼柯達公司曾經在化學原理當道的相機世界中佔有相當重要的地位，但是隨著數位影像技術以及數位相機的誕生，數位相機開啟的全面數位化時代，化學膠卷漸漸被人們所遺忘，以至於引發空前的經營危機。

漸進式創新

漸進式創新相較於破壞式創新，其改變的幅度相對較小且是一步一步慢慢循進式的改變，也就是說它通常都是在現有形式或技術的基礎上進行改變，或技術重新配置應用於其他用途，而不像破壞式創新，運用與從前完全不同的科學技術與經營模式來做徹底的改造。

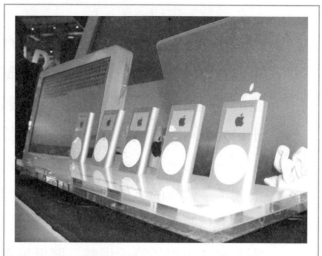

➡ iPod 銷售成績

成功讓蘋果公司成為創新流行公司的代表作品 iPod，自 2001 年年底登場至今，推出超過 10 代的新款 iPod，同時在 2007 年 4 月宣布在全球已銷售超過一億臺。

漸進式創新比較有名的例子是汽車上面的全球衛星定位 (GPS) 導航系統。我們在組裝設備比較豪華的汽車中，可以發現都裝有導航設備，其實這只不過是將全球衛星定位系統的技術應用在汽車的導航設備上，以便開車者可以更加快速找到地方。其實這個技術原本就已經存在，只是拿來做不同的應用，也就是說修改既有的技術，來達成其他目的，因此屬於漸進式創新。

另一個著名例子就是蘋果電腦的 iPod MP3 player。如同之前所說，其實 MP3 player 早已存在，只是蘋果電腦將外觀設計得更加人性化、更簡單，讓消費者可以容易使用，讓儲存容量更大。這些都是在現有形式或技術的基礎上進行改變，所以也是屬於漸進式創新。

15.4 創新的模式

15.4.1 商業模式創新 (Business Model Innovation)

商業模式創新在於對消費者重新界定一項價值的主張或重新界定公

司在價值鏈中的傳統角色。

其中最著名的例子就是臺灣的台積電 (TSMC)。台積電是在民國 76 年成立，是全球第一家的專業積體電路製造服務公司，為業界提供最先進的製程技術及服務。早期的半導體市場幾乎是由歐、美、日的二、三十家大公司所佔領，當時 IC 產業從設計一直到產品的產出都必須由業者包辦一切的流程，所以新進者要進入的障礙非常的高。但是台積電從中開創了一個新的經營模式——專業代工，它選擇了「只生產半導體，而不設計積體電路」，因此免去了和設計公司的競爭，專心生產一項產品，因此擁有規模經濟的優勢，降低生產成本；同時也藉著經驗的累積，提供客戶更加完善的服務品質，創造了一個獨特的經營模式，也為自己創造了龐大的商機。目前除了台積電之外，還有聯電、中國大陸的中芯都是採取這種經營模式。

www.amazon.com
www.umc.com

另一個有名的例子就是亞馬遜 (Amazon) 網路書局。過去我們要買書或雜誌必須親自到書局去購買、挑選，但是亞馬遜創造了一個新的商業模式，你只要上網就可以掌握到最新的資訊，透過網路書局就可以採購到全球各國的暢銷書，這對傳統的書局造成莫大的威脅，因此亞馬遜的商業模式也是一種成功的創新模式。

15.4.2 產品的創新 (Product Innovation)

產品的創新在於企業在市場上推出新產品或服務，以滿足消費者的需求，為消費者創造價值的一種活動。

www.acer.com.tw

其中比較著名的例子就是宏碁 (Acer) 在 2005 年 5 月推出全新一代的法拉利筆記型電腦——Ferrari 4000，Ferrari 4000 與一般的筆記型電腦不同的地方在於它採取與法拉利跑車一樣的材質——碳纖維 (Carbon-fiber) 材質，這種材質可以減輕筆記型電腦重量。除此之外，在組裝配備方面也是採用最新配備及藍芽技術，可以處理各項複雜的事物且達到最佳的效能。在造型方面，Ferrari 4000 採用流線型造型及更加符

合人體工學的設計，讓消費者使用起來更加方便及輕盈，也讓消費者感受到宏碁 (Acer) 的用心。

再來就是人所皆知的 Swatch 手錶。Swatch 賦予手錶一個新的訴求，打破過去只有計時的功能，它給手錶不一樣的產品定位，把手錶當做是流行的配飾、時髦的追求，它抓住了流行的趨勢，創造出各種不同主題的款式及造型，吸引很多年輕人的目光。除此之外，它也推出很多紀念手錶，如：千禧年紀念手錶、奧運紀念錶等等商品，令人有想要收藏的意願，更重要的是 Swatch 手錶的價格平易近人，高貴不貴，因此也造就了 Swatch 在鐘錶業的地位。

15.4.3 程序的創新 (Process Innovation)

程序的創新 (process innovation) 就是產品在製造的程序上變得更加有效率。其中著名的例子就是臺灣的鴻海。根據「製造市場機構」(Manufacturing Market Institution) 2005 年的最新排名，鴻海已是全球第二大的 EMS（電子專業製造）公司，但鴻海還是來勢洶洶，去年的成長率高達 42%。鴻海的主要優勢是在模組的製造，其中的關鍵因素就是製造程序的創新。別人需要幾個月時間才可以製造出來的東西，鴻海在一個月內或幾星期就可以製造出來，產品比競爭對手提早曝光上市，讓其他廠商望其項背，又加上它在全球各地都有廠房，全球運籌能力很強，可以縮短運送的時間。鴻海從製造到產品完成一直到運送至客戶手中，其無論在時間上或成本上都具有極大的效益，因此也成為國際著名的電子零組件公司。

再來是大家都熟悉的例子，就是目前屬於戴姆勒克萊斯勒 (Daimler Chrysler) 的克萊斯勒公司 (Chrysler Corporation)，其實戴姆勒克萊斯勒原本是一家沒有競爭力幾乎快要倒閉的公司，後來因為程序上的創新挽回了倒閉的命運。沒有競爭力的原因在於同業的競爭對手可以在短時間就推出新車款並且上市，可是克萊斯勒開發一個新產品卻動輒要五年，因

為內部對於一項新產品通過的流程太過於複雜,從設計到製造的過程中,需要反反覆覆、往返好幾次, 沒有效率可言, 因此他們決定徹底重整,除了不斷在研發製程上做改善, 還有整合內部的流程, 提升他們在國際上的競爭能力。

15.4.4　服務的創新 (Service Innovation)

服務創新意旨在服務同質性高或競爭激烈之下, 業者以不同或更佳的服務方式來提升服務的品質與附加價值, 讓服務的顧客倍感滿意。

服務創新可以創造出一個致勝的經營模式, 而比較有名的例子像是戴爾電腦 (Dell Computer Corporation)。以往我們要購買一部電腦時, 我們只能就市場上現有的幾種產品組合做選擇, 有時候並無法達到我們的需求, 當其他家廠商還延續這種經營模式時, 戴爾電腦推出直銷的服務模式, 顧客可以直接上網自訂自己想要的電腦規格, 然後戴爾再結合底下強大的供應鏈, 直接跳過中間的通路商, 將客製化的產品送至顧客的手中。戴爾的直銷服務模式, 不但可以滿足顧客的需求, 同時由於跳過中間的通路商, 因此也省下經銷上的費用, 所以價格會比一般的電腦還要低, 又加上迅速而又有效率的服務方式, 使得戴爾電腦成為全球成功的個人電腦製造商。

再來就是臺灣著名飯店: 台北亞都麗緻大飯店 (Landis Taipei)。台北亞都麗緻大飯店曾獲選為全球商務人士最愛的下榻飯店之一。從機場接送, 進入大廳接待人員親切的稱呼其名字, 也有非常舒適的環境可以坐下來辦理住房手續, 所居住的房間內

➔永慶房屋線上看屋
永慶房屋成立於 1988 年,現為房仲產業的龍頭之一,看準消費者需求提供影音宅速配買賣屋革新服務,可說是一項領先業界,並綜合應用科技技術的一項創新服務。

也有專用的信紙、信封以及名片，甚至上次要求的事務，如：希望桌子可以靠窗、不喜歡喝咖啡等等細節，他們都會按照客戶的需求而專門擺設，他們希望顧客會感覺好像在自己家一般的舒適。不像其他飯店有著金碧輝煌的建築，台北亞都麗緻大飯店以歐式風格及典雅氣質取勝，更重要的是提供一套新的服務模式，強調顧客服務的精神、提高顧客附加價值及認同感，因此使它成為飯店中的模範生。

3M──創意當家

3M 繼 2006 年被美國《商業週刊》選為「最具創意公司」第三名，今年 2007 年再度獲得美國《財星雜誌》(*Fortune*) 選為「最受推崇公司」之一。3M 在 1969 年建立臺灣 3M 子公司，距今已經有 38 個年頭，在臺銷售產品總類有三萬多種商品，其營運範疇從工業用品到家庭消費、辦公司用品，而最為大家所熟悉的產品，如辦公室裡的利貼便條紙 (Post-It)、家庭主婦洗碗用的百利菜瓜布，車窗玻璃上所用的隔熱紙，透氣膠帶，無痕掛勾、荳痘貼等等，都是 3M 所研發的產品，可見 3M 產品在我們日常生活中，扮演著重要的角色。擁有這麼多新奇又方便的產品，3M 究竟如何是如何辦到的呢？

15% 原則

所謂的 15% 原則意指：每位員工在工作時間內可以用 15% 的時間來做自己喜歡做的事情，讓有創意點子的員工可以自由發揮，不管這些活動是否有利於公司營運。在這 15% 的時間內，主管不會干涉員工，員工也可以要求公司提供所需的資源或是其他部門的員工一起參與。除此之外，3M 為了激發更多的創意點子，每年都會固定辦一次研討會，來自全球各地的員工可以一起討論、交換彼此意見，期待可以摩擦出更大的創意火花。像「便利貼」(Post-it) 就是一個很好的例子，「便利貼」(Post-it) 的粘著劑，就是 3M 一位員工運用 15% 原則鍥而不捨所研究出來，後來經過不斷的改良，3M 終於在 1981 年推出「便利貼」(Post-it) 產品，此項產品為 3M 創造極大的利潤，到目前止「便利貼」(Post-it) 銷售成績依舊搶眼，無論在學校或是一般辦公室，該產品隨處可見，在我們日常生活中扮演著重要的角色。15% 原則為 3M 創造一個良好的創新環境，讓 3M 從員工身上獲得各式各樣的新點子，每年為公司賺進大把鈔票。

創意資料庫

3M 企業內部建構了一套創意資料庫，這個資料庫紀錄了全球子公司所有新的點子，透過這個技術平臺，員工可以查詢、運用資料庫紀錄來研發與改造產品，除此之外也可以整合所有的技術在各類的產品上，只要有機會就可以改造原有的商品，使原有的產品加值，延長它的產品生命週期。使用創

意資料庫成功的案例有
很多，如荳痘隱形貼，荳
痘隱形貼是臺灣 3M 的
員工發現醫院常用美膚
貼來消除痘痘，因此 3M
員工就透過創意資料庫
搜尋相關資料而發明該
產品。

創新的企業文化

　　創新已經成為 3M 的企業文化之一，公司對於員工的創意都給予尊重與
賞識，並且從員工一踏入公司開始，3M 就灌輸員工創新的觀念。除此之外，
3M 對於員工不是以絕對服從、不容許員工犯錯的態度來對待他們。3M 的公
司文化鼓勵員工創新、從失敗中學習、堅持不懈、始終保持好奇心並且強調
合作團結的重要性，希望各部門大家集思廣益為公司創造最大的利益。

【進階思考】

1. 3M 擁有很多新奇又方便的產品，他們是如何辦到的？
2. 3M 給予員工如何的工作環境，以激發他們的創造力？
3. 你認為 3M 的競爭優勢為何？為什麼？

>> 參考資料

◆外文參考資料

1. Christensen, Clayton M. and Raynor, Michael E. (2000), *The Innovator's Dilemma*.

2. Christensen, Clayton M. and Raynor, Michael E. (2003), *The Innovator's Solution: Creating and Sustaining Successful Growth*, Harvard Business School Press.

3. Hill, Charles W. L. (2003), "Global Marketing and R&D," *International Business*, 4th ed., pp. 593–595, McGraw-Hill Higher Education.

4. Khalil, Tarek M. (2000), "Critical Factors in Management Technology," in *Management of Technology: The Key to Competitiveness and Wealth Creation*, McGraw-Hill Companies, Inc.

5. Kim, W. Chan and Mauborgne, Renée (2005), *Blue Ocean Strategy*, Harvard Business School Press.

6. Martin, Michael J. C. (1994), *Managing Innovation and Entrepreneurship in Technology Firms*, Wiley Interscience, New York.

◆中文參考資料

《經理人月刊》，第一期（2005 年 2 月），頁 108–115。

Chapter 16
國際人力資源管理

友訊：讓各地用自己的方式競爭

◆友訊外派人員管理

友訊成立於 1986 年，自創品牌「D-Link」，目前在全球各地有五十幾個分公司，產品行銷到一百七十幾個國家，從寒天冰凍的西伯利亞到沙漠的南非都有「D-Link」的蹤跡，目前為全球前三大專業網路的廠商，也是臺灣十大國際品牌之一。友訊在國際化過程中非常重視「本土化」，他們認為唯有深入瞭解當地的文化，才可以真正打入當地市場與瞭解市場，也因此有這樣的認知，造就友訊現今的國際版圖。

早期友訊在拓展國際版圖時，大多數都是外派內部員工到世界各地建立營運據點，這些外派的員工必須學會克服文化障礙與價值觀的差異，這樣才可以在陌生環境中，做出最好的決策。以往外派工作者都是在外地擔任決策者或指導者，但是這幾年慢慢變成溝通協調者，協調子公司與母公司之間的活動與全球策略，因此外派人員的溝通能力與觀察力變的相對重要。除此之外，他們也必須徹底瞭解當地居民生活習慣，否則在決策上可能會有所偏誤。舉例來說如印度，「D-Link」可以說是從印度開始起家，外派在當地的經理人發現，印度有些地方搖頭代表同意，點頭代表否定的意思，就算是面對面溝通，有時候還是會造成誤解，因此我們必須深入瞭解當地風俗民情才可以將正確資訊傳回母公司與作出正確的決策。

友訊對於外派人員都給予高度授權與充分信任，一切尊重經理人的決定。由於他們是第一線人員，比母公司瞭解當地的市場狀況，也掌控了所有的資訊，也較清楚消費者的消費型態，因此友訊採取信任的方式，尊重他們的決定。除此之外，友訊對於外派人員也會給予額外的福利，除了應有的薪水補貼，也會安排當地的住所、生活津貼、機票補助、聘請傭人。若已結婚，有小孩也會給予教育基金補助，以慰藉這些辛苦的外派人員。友訊對於外派人員可以說是相當照顧，畢竟他們都是為公司在海外市場

（圖片由聯合報系提供）

辛苦打拼的第一線人員，也因為有他們的努力，友訊才有今天的世界版圖，外派人員功不可沒。

全球各地有不同的文化，這些外派人員面對變化詭譎的外國市場，更需要有敏銳的觀察力與超強的適應力。要用怎樣的方式去接近當地消費者、要使用怎樣的行銷策略、要怎樣管理在地的員工、要如何因應在地的需求？這些問題在在都考驗著這些外派人員的智慧與應對能力，也考驗著母公司挑選外派人員的機制與教育訓練。

◎關鍵思考

隨著全球化的浪潮，愈來愈多的企業紛紛在海外各地設立子公司，然而在海外設立公司，首先要面對的即是文化差異問題。每個地區都有不同的文化，所雇用的員工，除了語言之外，生活習慣、風俗民情也不一樣；被外派的員工也必須克服文化、價值觀的差異，適應當地生活。因此，國際企業必須建立一套完整的制度來管理國際人力資源，以讓母公司與子公司之間的文化差異降到最低，盡快讓企業步入軌道，否則可能會使企業喪失競爭力。所以如何管理國際人力資源對國際企業來說是刻不容緩的任務，也是一項重大挑戰。

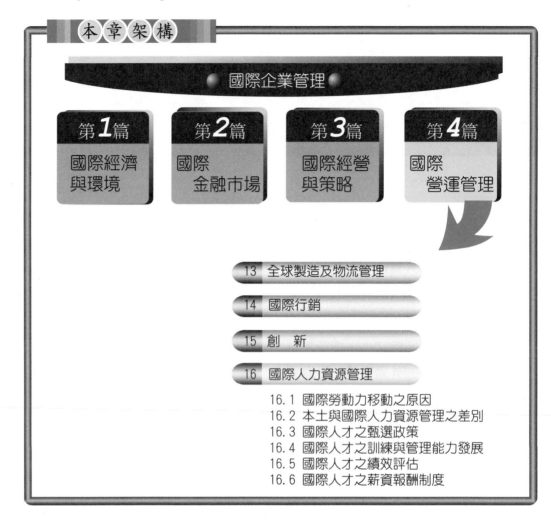

▶ 本章學習目標

1. 瞭解國際勞動力移動之原因。

2. 瞭解本土 (Domestic) 與國際 (International) 人力資源管理之差別。

3. 探討國際人才之甄選過程。

4. 定義外派員工之訓練、發展方式。

5. 探討外派員工之績效評估方式。

6. 定義良好國際獎酬計畫之特色。

在 國際營運管理方面，最後我們將介紹「國際人力資源管理」。隨著全球經濟走向國際化後，國際貿易以及企業海外投資有著顯著驚人的成長。過去二十幾年來，美國的海外投資金額從原本的 750 億急速成長至 7,500 億，而美國的經濟約有 75～80% 與國際商業活動相依存。再者，臺灣所製造之商品也有 90% 以上出口至國外，可以見得今日經濟全球化對於各個國家以及企業有著極大的挑戰。再加上近年來國際政治、經濟逐步趨向整合（如：歐盟、北美貿易自由協定、東南亞國協），使得各國企業的國際商業活動往來越趨密切。經濟全球化對於國際企業而言，更是一個增加市場機會以及降低生產成本的福音，然而，這股風潮也對於國際企業人力資源發展產生重大影響，因此如何做好國際人力資源管理，將是二十一世紀國際企業必須正視的議題。此章將首先提出國際勞動力移動之原因，在瞭解勞動力國際移動為經濟全球化必然之結果後，在本章第二部分會區別出本土 (Domestic) 與國際 (International) 人力資源管理的差別之處。在第三至第六節將分別根據國際人才之甄選政策、訓練及管理能力發展、績效評估以及國際獎酬計畫來進行討論。

16.1　國際勞動力移動之原因

由於各國勞動力市場隨著各國勞力政策、經濟發展及企業需求等因素考量，國內勞動力市場會產生大量的勞動力向國外移動，或由國外大舉引進國際人才，下列舉出國際勞動力移動之幾項主要原因：

(1) 已開發國家勞力市場的專業化越高或國內市場勞動力緊縮時，將會越傾向導入國外勞動力進入國內市場。（如臺灣之外籍勞工政策）

(2) 已開發國家之國際企業考慮工廠生產、營運成本，而逐漸將生產過程移往勞動成本較低之國家，而必須派遣外派人員到海外市場進行經營管理。（如至中國大陸投資設廠之外商須派遣本國籍幹部前往、輔助處理子公司營運）

(3) 開發中國家進行大量的勞力出口政策，為國家解決國民就業問題及

提升國家經濟發展。（如泰國、越南的國家勞力輸出政策）

(4)開發中國家為因應國內經濟發展需求，必須引進國外之高技術、高科技之國外人才來協助開發中國家的經濟快速發展。

這些國際勞動力移動往往造成國際員工對於國外文化、社會、生活上不能適應的問題。因此，國際企業對於國際人力資源管理的完善建立顯得刻不容緩。接下來將提供國際人力資源管理之方法以及建議。

16.2 本土與國際人力資源管理之差別

由於國際人力資源管理除了在企業之人力甄選、訓練、評估以及獎酬制度建立、執行外，還必須同時兼顧國際員工對於國外文化、環境適應、語言等相關問題。因此，本部分將整理出國際人力資源管理與本土人力資源管理之差別處如下：

(1)由於今日的全球化經濟，國際企業之員工必須時常從事國際商務處理、外派輪調活動，因此公司之國際人力資源管理部門必須給予員工對於派遣國之文化、語言、環境適應等支援協助，以幫助外派員工順利、快速融入派遣國的生活。

(2)由於外派員工除了國外文化、語言及環境適應等問題外，還必須兼顧例如國外稅務、家屬照顧、房屋租賃等問題，而國際人力資源管理部門應在此時給予必要之協助。

(3)外派員工在國外往往必須擔任比其在母公司更加重要之職位、責任。因此，國際人力資源管理部門會成立一專職團隊，負

➡為外派員工搞定「房」事！

企業若長期外派員工，通常除了給予薪資上的誘因外，多半也必須一併處理外派人員的食衣住行。

責外派員工之資訊更新提供（母公司資訊、外國經濟、社會資訊），以及協助其於外派期間所面臨管理問題之解決。

在瞭解國際人力資源管理與傳統人力資源管理之差別後，以下的第三節將針對國際人才甄選來進行介紹。

16.3 國際人才之甄選政策

適當的外派員工挑選，對於企業跨國營運是否成功事關重大，因此企業在進行國際人才的甄選時，必須仔細考量其工作能力以及派遣意願，並視其職位性質來挑選出符合資格且適合的人才。以下將先介紹國際人才之任用來源。

▌ 16.3.1 國際人才的任用來源

在今日之全球經濟體系下，各國間的勞動力皆可能因為國際企業的海外直接投資需求而進行跨國性的交流。因此，組織該如何因應各投資國間的文化、經濟、政策上之差異，來挑選出具備足夠才能且能夠適應當地環境的員工，將是國際企業的一項挑戰。而國際人才的來源可以分為下列三類：

➡競爭激烈的國際人才甄選

成為國際人才的基本條件就是擁有良好的語言能力與專業能力，另外絕對會加分的條件就是擁有多國文化薰陶，因為能夠同時瞭解兩種以上文化思考邏輯，可以幫助企業減少許多不必要的溝通成本。

1. 母國籍員工 (Home-country Nationals, or Expatriates)

由母國公司所派遣之員工，其屬母公司國家國籍，即外派員工。

2. 地主國籍員工 (Host-country Nationals)

由子公司所屬國家當地挑選出之員工，其屬子公司國家國籍。

3. 第三國籍員工 (Third-country Nationals)

非母公司或子公司所處國家之國籍的第三國籍員工。

此三種類型的國際人才皆有其優缺點，因為其地主國政府政策、文化、環境適應性、母公司資訊掌握程度、成本因素等考量，企業將視其需求來選擇哪種類型員工來擔綱該職務，以下將此三種類型的國際人才之優點予以整理。

表 16.1　各類型國際人才之優點

母國籍員工	地主國籍員工	第三國籍員工
母公司易控制	成本相對較低	具備國際視野
可代表母公司進行公司文化宣導	語言不成問題	廣泛的商業經驗
其外派經驗有助於公司成長	對於當地文化、環境的認識	多國語言能力

資料來源：Tung, R. L. (1988), "American Expatriates Abroad: From Neophytes to Cosmopolitans," *Journal of World Business*, 33 (2), pp. 125–44.

16.3.2　國際人才任用週期

國際企業在海外設立子公司的初期，往往因為地主國管理人才不足、子公司營運需與母公司政策配合，以及子公司與母公司溝通、配合等需要，母公司往往會大量派遣外派人員至子公司輔助進行公司運作，以求達到母公司之政策目標。但隨著子公司營運時間增加、經營經驗之累積，子公司往往已樹立一標準的營運模式。此時，為了營運成本節省以及子公司當地員工之工作升遷激勵考慮，母公司往往會減少外派人員在子公司之比重，而逐漸增加地主國籍員工的任用比例。其國際人才任用週期示意圖如下：

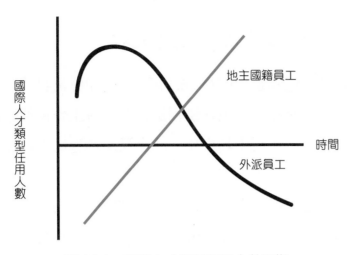

圖 16.1 國際人才類型任用人數週期

資料來源： Bohlander, G., Snell, S. and Sherman, A. (2001),
Managing Human Resources, 12th ed,.
South-western College Publishing.

16.3.3 國際人才的任用方式

1.殖民法 (Colonial Approach)

子公司重要職務皆由母國籍經理人擔任，優點為容易傳達母公司政策，母公司對子公司控制力較強。缺點為地主國人才升遷機會較少，會引起地主國員工不滿，且使用外派人員成本較高。因此，此方法在企業國際化初期或技術移轉階段較為適合。

2.保護法 (Protectorates Approach)

高度利用子公司地主國籍員工經營，其優點為文化、環境、語言能力無任何問題，且地主國員工工作士氣將會大幅提升。缺點為子公司自主性高，不易控制。

3.聯邦法 (Federal Approach)

「用人唯才」，不論國籍，只要該名員工符合資格且適合該職位，就協助其在此職位上的發展。此為一般較具規模、經驗之跨國企業所實施的人才任用方式。

16.3.4　國際工作指派選擇過程

國際工作指派選擇過程如圖 16.2 所示，當組織需挑選出一合適的員工來進行國際任務指派，首先要檢視是否有符合工作條件之地主國籍員工，若有則任用之，可利用其文化、語言及環境適應性，加速工作適應性以及節省成本，若無則考慮由母公司派遣外派員工。再者，必須考量此指派任務是否必須與當地社會、文化有密切的接觸，若關係密切則盡可能以地主國籍員工擔任此職。最後，當子公司沒有適合之地主國籍員工，則必須考慮以母國籍員工或第三國籍員工來擔任此職，並視工作之需求以及員工本身之能力予以協助。

16.3.5　派遣外派人員的決定因素

在企業國際化初期，公司多半會採取外派人員至地主國來經營新市場，主要原因為地主國當地經營人才不足，以及母公司外派人員較易與母公司聯繫、溝通並傳達公司經營理念與文化，使子公司能達成母公司的經營目標。然而，隨著子公司在地主國的持續營運，也持續需要母公司派遣外派人員協助子公司營運。以下整理出派遣外派人員主要原因：

1. 經營現實考量

　(1)商業機密的保密考量：企業一些重要的營運、生產機密仍須由母公司員工操作，以防止公司營運機密的外漏、竊取。

　(2)當地人才培養尚未成氣候：當地人才之管理能力未達標準，必須透過外派員工的協助來進行公司營運。

　(3)隨著外派公司營運時間增加,母公司會逐漸增加當地員工的管理權，但母公司還是需要一名瞭解地主國營運狀況，並能與母公司保持密切關係的人員，以隨時偵測子公司狀況。

2. 具備國際商業能力的員工培訓

由於企業國際化的趨勢，國際企業必須具備一群具有國際觀、跨國

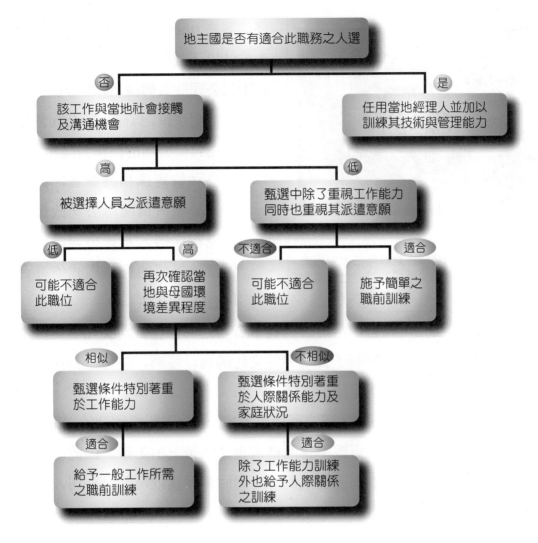

圖 16.2　外派人員甄選決策過程

資料來源：Tung, R. L. (1987), "Expatriate Assignments: Enhancing Success and Minimizing Failure," *Academy of Management Executive*, 1 (2), p. 119.

Bohlander, G., Snell, S. and Sherman, A. (2001), *Managing Human Resources*, 12th ed., South-western College Publishing.

商業經驗的員工。而海外派遣活動正可以提供員工培養此能力的機會，並且從企業高階主管外派經驗更是用來檢視企業國際化程度的一項重要指標 (Sullivan, 1994)。

3.對子公司控制需求

　　隨著子公司營運時間增加，子公司因為逐漸熟悉營運方式將擁有較多的自主權力。但不代表母公司就不干涉其經營，此時外派幹部就會擔

→ 你能外派嗎?

隨著全球化腳步,臺灣企業在近幾年也大規模的
向海外拓展腳步,是否接受外派安排,也成為企
業雇員的考量因素之一。

任傳譯者 (translator) 的角色,此傳譯
者扮演以下功能:

(1)母公司政策傳譯者: 即參加子公
司營運決策,以確保子公司營運
策略與母公司的目標方向相同。

(2)母公司管理風格傳譯者: 即母
公司外派人員將母公司政策與
營運程序帶入當地公司, 以確
保當地幹部的行為模式能符合
母公司期望。

(3)母公司文化傳譯者: 當母公司與子公司之間存在公司文化差異,則
利用外派人員做好與子公司間的文化溝通、協調, 使母子公司間的
公司文化差異消弭至最低。

(4)子公司所處國之政治、經濟環境風險: 若子公司所處國政治風險高,
政府政策將會時常更改不定而造成企業決策上的困難。因此母公司
將派遣外派人員實際瞭解狀況並立即回報真實狀況回母公司,以協
助子公司決策制定。

16.3.6 外派人員的甄選制度

外派人員需面對各國間不同的文化、社會、經濟及環境變化衝擊,
外派後所擔任之工作職責也往往高於原先工作,因此母公司如何挑選出
適合的人員,成為國際企業成功的重要課題。以下將針對外派人員所須
之條件能力、甄選準則及甄選方法進行探討:

1.外派人員須具備的能力

(1)核心能力 (core skills): 可導致成功外派之一系列工作所必要條件。

(2)擴增性能力 (augmented skills): 幫助外派者更容易達成指派工作之
能力。

上述外派人員須具備的能力整理如表 16.2 所示：

表 16.2　外派人員須具備的能力

外派人員須具備的能力	
核心能力	擴增性能力
決策能力	談判技巧
工作經驗值	授權技巧
文化敏感度	表達技巧
團隊建立能力	變革管理技巧
心態成熟	洞察力

資料來源：
⑴ Howard, C. G. (1992), "Profit of Century 21st Expatriate Managers," Hr Magazine, published by the Society for Human Resource Management, Alexandria, VA. All rights reserved.
⑵ Bohlander, G., Snell, S. and Sherman, A. (2001), *Managing Human Resources*, 12th ed., South-western College Publishing.

2.外派人員的甄選過程

⑴員工之自我遴選：由於員工本身最瞭解自己是否有能力或意願擔任外派工作，及其家庭因素的考量。要求員工自我評量自己外派工作的適合度，不僅可以避免員工在外派後產生的挫折與不滿，又可以提高外派工作的成功機率。

⑵編列出候選人名單：當員工進行完自我遴選動作後，國際人力資源管理部門可將適合的人選編列成一外派人員資料庫，此資料庫內容必須包括外派國家偏好、語文能力、外派經驗及具備之能力等資訊。

⑶評定核心能力：國際人力資源管理部門針對外派工作本身的需求，根據外派候選人所具備的技術以及管理能力，來選出最適合此外派工作的員工。

⑷評定附屬能力：除了考慮候選人核心能力外，候選人是否具備語文能力、文化同理心、外交手腕也是國際人力資源管理部門評估候選人是否能成功完成外派工作目標的考量項目。

3.外派人員甄選的方法

國際企業進行外派工作甄選時所運用的方法一般包括：書面審查、面談、心理及智力測驗、人資部的評價中心長期觀察外派候選人等。

16.4 國際人才之訓練與管理能力發展

國際企業必須隨時做好其國際指派的員工培訓之準備，當國際人力資源管理部門挑選出適合國際任務指派的員工後，並不代表其工作已結束。由於國內外文化、經濟以及企業內部的任務需求一直不斷的改變，因此，國際人力資源管理部門對於國際人才之資訊、技術訓練的持續提供便顯得十分重要。因此，本部分將針對國際人才派遣前、後的訓練需求來加以探討。

1.語文訓練

當國際企業進行員工國外任務派遣時，被派遣之員工第一個面臨的考驗就是語言的問題，當外派人員與當地員工進行一般工作上溝通時，若沒有流利的外語能力，通常會使一簡單的任務因為溝通的障礙而耗時甚久。因此，流利的語文訓練變成了國際人力資源管理部門對於外派員工最基本之訓練提供，一般的外語能力訓練多著重在英語訓練上。然而，在許多非使用英語為第二語言的國家，使用英語並無法有效率的溝通，因此，非英語之第三語言訓練對於外派員工顯得十分重要。

此外，不同的國家對於相同的手勢、動作常有著不同的解讀，外派人員因為不瞭解其中的差別常造成與客戶或當地工作同仁間的不

➡️ 手勢含意，世界大不同！

同樣是搭便車的手勢，在希臘可不能隨便亂比，在希臘這個手勢代表的意思與其他國家豎中指的意思相同，都是表示罵人的話，所以出國在外，或接待外賓，手勢要小心比。

必要誤會。例如：在西方國家，用手指搔頭表示對事情不清楚表示困惑，然而，在日本用手指搔頭表示氣憤；在大多數的國家，人們都會使用握手來表示對對方的歡迎，然而在回教國家左手被視為只有於上廁所時使用，因此若使用左手與回教國家人民接觸，會被認為是很大的不敬。

2. 文化訓練

　　國家間的文化差異往往是國際企業最難以克服之管理議題，每種文化對於管理者與員工間的表現預期皆不同。例如：日本企業十分重視企業與員工間「恩忠」的概念，若企業未虧待其員工，這些日本員工將會奉獻自己來回報公司，因此日本員工對於公司是十分忠誠的。但這種情形在歐美國家看來就顯得較不明顯，員工工作通常較以自己的成就為主要考量；另一種情形在拉丁美洲，員工是為了是否喜愛主管而決定工作之努力程度。而根據這些特點，當主管在設計員工激勵計畫時就必須考量這些文化上的差異進行設計。

　　另一方面，文化的差異也會顯現在禮儀的認知差異上，有一個例子如下：有一次國際商業合約的制定，美日之間的代表成功完成了此協議，在會議後日本代表根據日本傳統禮俗贈送了美國代表一項禮物代表感謝，但美國代表卻認為這是一種檯面下的賄賂手法，對於其人格是一大羞辱，因此憤而取消此次會議決定。可以見得瞭解國家間文化認知差異對於國際企業經營是多麼重要的一個課題。

➡ 送禮＝送錢？

禮尚往來的傳統文化觀念下，在東方社會，尤其是中國大陸、臺灣、日本等，送禮不光只是送禮，還代表了人情與面子，有時候包裝價格甚至多於禮品本身。當禮品價值過高，則又牽涉這個禮物的真正意義，是表示情意還是另有目的。

3. 追蹤生涯發展

　　有關於國際人才發展議題中，一項最被重視的就是外派者外派回任 (repatriation) 的探討。外派回任是「外派者完成公司海外派遣任務，返回母公司之程序」。國際人力

資源管理部門制定一套外派回任計畫，使得外派員工在經過多年的旅外生活後，能夠以系統化的管理調適辦法來幫助外派員工對於文化、環境重新調整，使得外派員工能在最短的時間內，以最有效率的方式重新適應母國生活，進而發揮出其在國外所取得之經驗、技巧來幫助公司營運。外派回任管理有下列重點：

1.前程規劃與發展

外派人員由於長時間的外派工作，對於母公司的營運、人事變化無法掌握，不免常擔心其外派任期過後回到母公司之職場生涯發展問題。若國際人力資源管理部門沒有制定好外派人員的前程規劃與工作發展計畫，將會發生外派人員回國後找不到發展空間，無法發揮其才能而離職的問題。這種情形的發生將會導致國際管理人才產生斷層的危機，因此，國際人力資源管理部門事先安排好各國際管理人才之前程規劃，以及人才保留是為國際企業保有競爭力的最佳方式。

2.外派回任準備及訓練

外派回任準備及訓練內容包括回國後新職務資訊、回國準備事宜，國際人力資源管理部門應指派一專職處理回派工作人員，主動協助外派員工處理家庭、生活上的準備。使回任員工能快速適應國內文化、環境之生活改變，以達到新工作快速熟悉之效。

16.5 國際人才之績效評估

由於外派人員的工作場所在子公司地主國，平時工作的同仁多為當地員工且受當地管理者監視，但外派人員與母公司又保持著高度密切的關係，因此外派人員同時受到地主國與母國主管的評估，故外派人員的績效評估必須同時參照子公司當地及母國管理者之觀點，分別討論如下：

1.地主圖管理者對於外派人員工作績效觀點

當地管理者由於與外派人員在工作場所有直接的工作互動，因此對

於外派人員平時工作表現會有最直接的瞭解。但在評估過程中由於當地的管理者會以自己國家的文化價值觀以及本土的期望來作為評估的標準，對於來自母公司國家的外派人員來說可能因為文化差異而產生績效判斷上的誤差。

2. 母國管理者對於外派人員工作績效觀點

雖然外派人員與母公司常保持密切的聯繫，但因為距離上的關係而無法全面瞭解外派人員在子公司的真實績效表現。因此大部分母公司只能利用一些較易衡量的績效表現，如：子公司市佔率、獲利率、生產率等是否增長，來判斷外派人員的貢獻。卻忘了考慮地主國政治上、經濟上的影響因素，如：罷工、經濟蕭條、物價上漲等因素，而使得對於外派人員的績效表現顯得有失公平。

由於上述兩種評估者都會因為本身的立場而未能全面性的理解員工績效的內涵，因此，同時考量這兩類型績效評估者的績效評估結果，對於外派員工來說才是較為公平的評量方式。除此之外，一些必要的績效評量準則也應該有所調整，分述如下：

1. 廣泛考慮其工作職責

外派人員進行海外子公司營運管理時，通常其績效表現只被簡單的定義在一些容易衡量的指標，例如子公司市佔率、獲利率、生產率等是否增長，來判斷外派人員的貢獻。但卻未考慮外派人員在其他細微之處所做的努力，如：與當地員工相處狀況、是否能帶動工作士氣、母公司文化複製等貢獻。因此，外派人員的績效評估應該加入此些考慮，對於外派員工而言才顯得完整、公平。

2. 個人學習

公司派遣員工進行海外工作的目的，通常不只是為了子公司營運考量，更是為了培養公司內國際人才的考慮。因此，外派員工是否願意在外派海外時努力融入當地文化，並且加強自己在管理能力上的提升，這些都是公司所寄望外派員工在外派任務中能學習到的。因此，國際人力

資源管理部門應該將個人學習也放入外派員工之績效評估的考量中。

3. 組織學習

　　誠如上述所提，公司寄望外派員工在外派任務中能學習到海外經營管理及文化差異解決經驗。但要是外派員工不懂得或是沒有意願與組織分享此學習經驗，組織培養此員工能力的美意便顯得毫無意義。因此，有效率且具效果的分享海外學習經驗，也應是用來評量一個外派員工績效表現的衡量指標。

16.6　國際人才之薪資報酬制度

　　由於各國間的文化差異，造成了各國人民對於其薪資報酬的想法有著很大的差距，例如：美國籍員工通常重視薪水的程度大於其他非財務誘因（尊敬、工作保障、組織和諧等）的提供。而日本籍員工則較重視工作尊嚴、社會地位等工作誘因。因此，如何訂定國際人才之薪資報酬制度是一項令國際企業煩惱的事情，而本節將根據國際企業不同類型之國際人才來源來探討其分別適合的獎酬方式。

地主國籍員工之獎酬制度

　　地主國籍員工的薪資計算通常是根據其生產力（計件）或是工作時間（計時）或是兩者合而為一。另外，在日本「年資」通常也是一個用來計算薪資的方式，於公司裡待的越久，其薪資就越高（但近年來此慣例已漸漸破除）。此外，在日本、臺灣以及義大利等地，每年增加一到二個月薪資的調薪被視為理所當然。

母國籍員工之獎酬制度

　　企業給予外派員工的薪資通常要符合以下目標：

1. 公平性

要符合公平性，根據各職位的重要程度給予差別性的薪資，以求全體員工能欣然接受，提高其工作士氣。

2.成本效益

薪資報酬制度應可幫助企業以最節省的方式，有效的調度全球工作的員工。

3.競爭性

薪資報酬制度須能吸引並保留國際人才，並能鼓勵其從事外派任務。

4.策略性

薪資報酬制度應與公司策略、組織結構及業務需求相符合。

5.激勵性

薪資報酬制度能鼓勵外派員工努力扮演其外派任務。

外派員工獎酬制度設計

外派員工在海外工作，若採取以當地薪資水準來計算外派員工所得，對於外派員工而言是非常不公平的計算方式。無論外派員工在哪裡工作，其薪資應該隨著母公司薪資變動而有所調整。故 Reynold (1986) 提出「平衡表法」，目標是使得外派員工在國外擁有與母國相同的薪資購買力 (purchasing power)。其執行步驟如下：

1.計算基本報酬 (Base Pay)

計算在母國所得的毛所得 (gross income)，包含獎金、扣除稅、保險等。

2.計算生活成本津貼 (Cost-of-living Allowance)

在基本報酬上增加或減去生活成本津貼。

3.增加激勵獎金 (Incentive Premiums)

獎勵外派員工因為外派工作而離開其家人、朋友、社交圈所給予的補助，通常為基本薪資的 15% 左右。

4.增加支援方案

補貼外派員工因為移往海外工作所增加之交通費、教育費的額外開銷。

Amgen 生物科技公司人力「本土化」

Amgen 全名為 Applied Molecular Genetics（分子應用基因公司），在 1980 年於美國加州 Thousand Okas 設立，目前總部員工約有 3,900 名左右，若加上全球其他國家員工在內總共約有 6,000 名員工。Amgen 在美國那斯達克 (NASDAQ) 股票交易市場的掛名為 AMGN。其主要專門業務為從事先進細胞級分子生物學的開發、製造以及銷售藥物活動。Amgen 的第一項產品：紅血球生成素 (EPOGEN)，為很多腎衰竭貧血患者帶來福音，到目前為止，該藥物依然為 Amgen 帶來可觀的營收。除此之外，還有一項新藥物 Infergen(Interferon alfacon-1)，是目前世界上唯一由生物工程人工合成的 C 型肝炎治療藥，該產品也即將成為 Amgen 的金牛之一。

經過二十幾年的努力，Amgen 已成為一家世界級藥廠規模的生物科技公司。Amgen 在英國、加拿大、澳洲都有設立臨床試驗中心，並在瑞士設立歐洲營運總部。為什麼 Amgen 會選擇這些地方設立臨床試驗中心呢？上述地方除了因為一些法律規定之外，還有考慮當地的學術以及醫學合作機會，最重要的是研究人才的因素。英國、加拿大、澳洲以及瑞士在生物科技方面都有不錯的表現，人才濟濟，因此為了可以研發出更好的藥物，所以選擇在這些國家設廠與研究。

起初 Amgen 在國外設廠的時候，都會先外派本國人員到當地去蒐集資訊與觀察當地風情習俗，為公司訂定一套完整的營運策略。不過近幾年來，Amgen 也開始慢慢採取「本土化」政策，逐漸增加當地員工人數，運用地主國人才來管理營運，因為這些當地的經理人可能會比外派員更加瞭解當地的文化與員工做事態度，所以外派員工從負責管理營運的角色慢慢轉變為協助設立工作、短暫的外派與協調溝通的角色。在研究人才方面，Amgen 無論國籍，只要有好實力與研發潛能，Amgen 都相當歡迎這些人才的加入，目前總部約有 15% 的海外國籍員工，這些人員包含研發技術人員、科學家、醫療人員以及優秀的國際經營管理者。根據 Amgen 高階經理人指出，他們已經發展出一套良好的人力資源管理系統，無論是地主國或是全球各地的人員，只要可以提升 Amgen 的競爭能力，公司都會展開雙臂歡迎他們到來。

Amgen 也認為國際企業需要來自不同國家人才的加入，由於他們的加入才可以使企業更加多元化，也可以吸收不同國家的研究經驗，彼此之間可以互相學習成長，激發出更多創新的想法。不過由於員工來自不同的國家，因此在協調溝通上可能會有障礙與不適應，

為了解決此困擾，Amgen 特別設計一套員工訓練課程。除了語言之外，還有溝通、協調、談判、決策以及團隊合作的能力，並且建立相同的願景，讓員工可以更加團結一致，一起為 Amgen 維持競爭優勢，並且成為生物科技廠商的龍頭。

【進階思考】

1. 從此案例中，你認為 Amgen 成功的主要因素為何？
2. 你認為雇用國際人才有助於一家公司的營運績效嗎？為什麼？

>> 參考資料

◆外文參考資料

1. "10 tips for expatriate management," *HR Focus*, 75 (3).

2. Adler, N. and Batholomew, S. (1992), "Managing globally competent people," *Academy of Management Executive*, 6 (3), 52–65.

3. Ashamalla, M. H. (1998), *International Human Resource Management Practices: The Challenge of Expatriation. Comprtitiveness Review*, 8 (2), pp. 54–65.

4. Bartlett, C. A. & Ghoshal, S. (1992), *What is a global manager?* Harvard Business Review Press.

5. Bartlett, C. A. & Ghoshal, S. (1998), *Managing across borders: The Transnational Solution*. Harvard Business Review Press.

6. Bohlander, G., Snell, S., and Sherman, A. (2001), *Managing Human Resources*, 12th ed. South-western College Publishing.

7. Brenda Paik Sundoo (1996), "Amgen's Latest Discovery," *Personnel journal*, 75, no.2.

8. Franklin, W. E. (1998/09/15), "Careers in International Business: Five Ideas or Principles," *Vital Speechs of the Day*, 64 (23), pp. 719–21.

9. Frazee, V. (1998/09), "Is the Balance Sheet Right for Your Expats?" *Workforce*, 77 (9), pp. 19–26.

10. Halcrow (1998/09), "Expats"; "Expat Assignments: Key Is Preparedness," HR Focus, 75 (9).

11. Harvey, M. (1997), "Focusing the International Personnel Performance Appraisal Process," *Human Resource Development Quarterly*, 8 (1), pp. 41–62.

12. Kemper, C. L. (1998/02), "Global Training's Critical Success Factors," *Training and Development*, 52 (2), pp. 35–37.

13. McIntosh, S. S. (1999/06), "Breaking through Culture Shock: What You Need to Succeed in International Business," *HR Magazine*, 44 (6).

14. Solomon, C. M. (1994), "Staff Selection Impacts Global Success," *Personnel Journal*, 73 (1) (1997), pp. 33–93.

推薦|閱讀

國際金融理論與實際　康信鴻　著

掌握國際金融理論、制度與實際情況，
瞭解兩岸經濟相互影響之關係。

本書共分十六章，寫作上強調理論與實際並重，如第十六章人民幣升值對臺灣的影響，所有資料取材舉例方面，力求本土化，因為要先理解本國金融運作，才能悠遊國際金融市場，利用國際金融資本市場的操作，才可以幫助企業加速國際化。

國際財務管理　劉亞秋　著　蔡政言　修訂

國際金融大環境的快速變遷，
跨國企業不斷面臨更多挑戰與機會。
財務經理人必須深諳市場才能掌握市場脈動，
熟悉並持續追蹤國際財管各項重要議題發展，
才能化危機為轉機。

本書共計四篇十六章：第一篇介紹總體國際金融環境，如國際貨幣制度、匯率相關之概念等等；二至四篇則偏向個體觀念的架構，如不同類型匯率風險的衡量與管理、跨國企業的各項管理與資本預算決策等，另可配合每一章所列參考文獻選取相關論文閱讀，以加強對各項議題的認知。

貨幣與金融體系　賈昭南　著

掌握趨勢才能掌握未來，
瞭解資訊才能解析訊息，
全球化下的金融體系環環相扣，
你知道嗎？

總覽貨幣與金融體系的特徵並引述其發展歷史，使讀者能夠全方位掌握當前貨幣與金融體系的現況與未來發展趨勢。引用資訊經濟學理論介紹金融機構的特徵，使讀者更深入瞭解貨幣與金融體系的重要性與其在經濟體系中的地位。以我國金融體系的相關統計數據，使讀者瞭解國內的貨幣與金融體系現況。介紹歐美日等先進國家的貨幣與金融體系發展現況，供讀者相互比較並加深印象。